"十四五"时期国家重点出版物出版专项规划项目

智能建造理论·技术与管理丛书

北京建筑大学教材建设项目资助出版

物联网技术
及其在智能建造中的应用

主　编　张　蕾

副主编　张军蕊

参　编　马晓轩　夏鹏飞　张炎炎

机械工业出版社

智能建造在现代化建筑领域得到了广泛应用，它实现了人们利用信息技术进行建筑控制的目标，强化了建筑的使用效率和应用价值。物联网是通过约定的协议将原本独立存在的设备相互连接起来，并最终实现智能识别、定位、跟踪、监测、控制和管理的一种网络，通俗来说就是"物物相连的互联网"，主要应用于智能交通、智能仓储、智能家居、智能物流、智慧工地等领域。本书内容包括物联网概述、物联网架构、射频识别技术、智能传感技术、定位技术、物联网标准化体系、物联网安全与隐私、物联网计算技术、物联网在智能建造中的应用案例及物联网开发实战。

　　本书内容丰富、重点突出。为强化教学的适宜性，章前给出了本章导读和学习要点；章中有针对性地设置了延伸拓展知识；章末给出了适量的习题，作为巩固深化知识之用。

　　本书可作为高等学校土建类专业相关课程的教材，也可作为工程建设单位或智能建造相关领域从业人员的参考书。

图书在版编目（CIP）数据

物联网技术及其在智能建造中的应用 / 张蕾主编 . —北京：机械工业出版社，2024.8

（智能建造理论·技术与管理丛书）

"十四五"时期国家重点出版物出版专项规划项目

ISBN 978-7-111-75815-0

Ⅰ.①物…　Ⅱ.①张…　Ⅲ.①智能技术 – 应用 – 建筑工程　Ⅳ.① TU74–39

中国国家版本馆 CIP 数据核字（2024）第 097955 号

机械工业出版社（北京市百万庄大街 22 号　邮政编码 100037）
策划编辑：马军平　　　　　　责任编辑：马军平
责任校对：郑　婕　梁　静　封面设计：张　静
责任印制：常天培
北京机工印刷厂有限公司印刷
2024 年 8 月第 1 版第 1 次印刷
184mm×260mm · 17 印张 · 409 千字
标准书号：ISBN 978-7-111-75815-0
定价：59.00 元

电话服务　　　　　　　　　网络服务
客服电话：010-88361066　机　工　官　网：www.cmpbook.com
　　　　　010-88379833　机　工　官　博：weibo.com/cmp1952
　　　　　010-68326294　金　书　网：www.golden-book.com
封底无防伪标均为盗版　机工教育服务网：www.cmpedu.com

前　言

2020 年，住房和城乡建设部等部门联合印发的《关于推动智能建造与建筑工业化协同发展的指导意见》指出，要以大力发展建筑工业化为载体，以数字化、智能化升级为动力，创新突破相关核心技术，加大智能建造在工程建设各环节的应用。到 2035 年，"中国建造"核心竞争力将世界领先，建筑工业化全面实现，我国迈入智能建造世界强国行列。发展智能建造，不仅能够带动人工智能、物联网、高端装备制造等新兴产业发展，还能培育建筑产业互联网、建筑机器人、数字设计等新产业、新业态、新模式，进而培育新的经济增长点。发展智能建造，推动建筑业绿色低碳转型，也是助力实现碳达峰、碳中和目标的重要举措。借助 5G、人工智能、物联网等新技术发展智能建造，成为促进建筑业转型升级、提升国际竞争力的迫切需求。这其中，智能建造人才的培养是关键。当前既了解土木建筑工程又熟悉信息技术的复合型人才还相对缺乏，迫切需要高校院所围绕交叉学科新方向展开布局，打造与之相适应的人才培养方案。

本书作为智能建造专业课用书，为培养智能建造领域人才提供基础性教材。第 1 章介绍了物联网的基本概念、特点及其在智能建造中的应用；第 2 章主要介绍了物联网的三层基本架构；第 3 章介绍了自动识别技术 RFID 的概念、特点及其典型应用场景与面临的应用挑战；第 4 章通过介绍无线传感器网络的概念、特点、现状与趋势，引出智能传感技术在智能建造领域中的应用价值；第 5 章介绍了几种典型的定位技术及其应用；第 6 章主要介绍了物联网的标准化体系结构；第 7 章介绍了物联网发展过程中必然面临的安全与隐私问题及对应的解决方案；第 8 章介绍了融合于物联网应用中的几种新技术；第 9 章列举了物联网在智能建造中的应用案例；第 10 章提供了物联网开发实战，并给出了完整的实现细节。

本书由北京建筑大学张蕾任主编，山东大学张军蕊任副主编，北京建筑大学马晓轩、夏鹏飞及中国移动通信集团设计院有限公司数智化解决方案中心张炎炎参编。具体分工如下：第 1 章由马晓轩编写；第 2 章、第 6 章、第 7 章由夏鹏飞编写；第 3 ～ 5 章、第 10 章由张蕾编写；第 8 章由张军蕊编写；第 9 章由张炎炎编写。

北京邮电大学田辉教授、山东财经大学杨成伟副教授、中国移动通信集团设计院有限公司数智化解决方案中心李鹏程等，以及诸多同事为本书的编写给予了支持和帮助，在此表示衷心的感谢。

本书参考了有关方面大量文献，并引用了部分资料，在此向文献作者表示诚挚的谢意。

限于编者水平，书中不妥之处在所难免，恳请广大读者批评指正。

编　者

目　录

第 1 章

物联网概述

本章导读

2023 年 2 月，中共中央、国务院印发了《数字中国建设整体布局规划》，指出要夯实数字中国建设基础。一是打通数字基础设施大动脉。加快 5G 网络与千兆光网协同建设，深入推进 IPv6 规模部署和应用，推进移动物联网全面发展，大力推进北斗规模应用。二是畅通数据资源大循环。构建国家数据管理体制机制，健全各级数据统筹管理机构。"十三五"期间，物联网技术开始应用，提出推进物联网感知设施规划布局。"十四五"期间，明确了加快推进物联网建设向规模化方向发展。以社会治理现代化需求为导向，积极拓展应用场景；以产业转型需求为导向，推进物联网与传统产业深度融合；以消费升级需求为导向，推动智能产品的研发与应用。推动交通、能源、市政、卫生健康等传统基础设施的改造升级，将感知终端纳入公共基础设施统一规划建设。在智慧城市、数字乡村、智能交通等重点领域，加快部署感知终端、网络和平台。围绕强化数字转型、智能升级、融合创新支撑，物联网已经成为新型基础设施的重要组成部分。

物联网技术并不特指某一技术，它是各种技术融合在一起的总称，除了那些特性相近的可以融合的技术，不同的技术之间也因为物联网的存在能够融合在一起成为一个有机整体。如电子、生物、机械等毫不相干的科研技术，物联网将其融合成智能机器人。物联网可以让人与物、物与物进行交流拓展，因此应用广泛，需求量大，市场规模也在不断扩大。

学习要点

1）掌握物联网的特点和基本架构。

2）了解物联网的核心技术。

3）了解物联网在智能建造中的应用。

1.1 物联网的概念

工业革命改变了整个世界，计算机技术和信息技术无疑是其中最璀璨的两颗星。而信息技术的发展，在经历了计算机、互联网及移动通信之后，迎来了第四次技术革命浪潮——物联网。物联网具有十分广阔的应用前景和发展前景，在各国都受到广泛重视。

物联网技术，就是通过目前已经十分成熟的射频识别（Radio Frequency Identification，RFID）技术与智能计算等共同实现所有设备的互联。在因特网高速发展的当今社会，以互联为特征的"物联网"时代的到来，生活中的汽车到房屋、衣物到家具等，都可以通过网络来进行信息的交换。智能化的服务将成为物联网系统在未来发展中的一个显著特征。

目前"大智移云"这一词汇逐渐进入人们的视域。"大智移云"，即大数据、智能化、移动互联网、云计算。物联网正是大数据时代的产物。

1.1.1 物联网的定义

物联网的英文名称为"The Internet of Things"，简称：IoT。可以说，物联网就是"物物相连的互联网"。更深层次地说，也就是物联网仍然以互联网为核心，但将其从人与人之间的交互延伸到了实物与实物之间。虽然物联网的发展已经有了一定的规模，但是对物联网还没有统一的定义，比较流行又能被各方所接受的物联网的定义是：通过射频识别装置、红外感应器（Infrared Sensors）、全球定位系统（Global Positioning System，GPS）、激光扫描器（Laser Scanners）等信息传感设备，按约定的协议，把任何物品与互联网相连接，进行信息交换和通信，以实现智能化识别、定位、跟踪、监控和管理的一种网络[1]。那么，作为物联网的关键因子"物"应该具备什么特点呢？简单地说，就是"智能化"，即位置标识能力——告诉外界"我是谁？""我在哪里？"；环境感知能力——可以感知周围的各种情况；通信能力——能将知道的信息存储并传递给外界；最后，还可以听从统一的指示命令。

由此得出物联网具有以下三个方面的特征：首先，传感技术在其中的广泛应用，及时采集环境中的数据信息；其次，物联网融合了各种网络（有线、无线），是一种泛在网络，能够将获取的信息及时、可靠无误的传递出去；最后，物联网除了具备传统网络的互联功能，还加入了智能的特点，充分利用了"云计算""模糊识别"等智能信息处理技术，实现对物体的智能控制。

物联网以互联网和传统电信网络为信息载体，将原先独立工作的各单元设备连接，使其能够以前所未有的融合状态统一操作。物联网可以实现物与物、人与物之间的无障碍通信，且能够适应多种终端特点，实现了在互联网基础上进行的拓展和延伸。此外，物联网系统形成的前提是物品的感知化，互联网实现了物品的自动通信，要求物品在实际使用过程中，能够具备一定的识别和判断能力，即在物体上植入相应的微型感应芯片，让芯片在运作时帮助物品更好地接收来自外部的信息变化情况，通过信息处理，让其能够应用于物品的下一步操作中。物联网系统让物品有了感官能力，可以实现企业功能自动化，实现一定程度的自我反馈和智能控制。具备以上功能的物品，可以完成一定程度的自动操作，摆脱了人为重复控制操作的局面，减轻了使用者的负担，让设备具有一定的自主工作能力，并且可以利用互联网作为媒介，进行远程管理。

1.1.2 物联网的历史

物联网的概念虽然最早出现于比尔·盖茨在 1995 年所著的《未来之路》一书中，但限于当时的技术水平，未能引起足够的重视。1998 年，美国麻省理工学院创造性地提出了当时被称作电子功率控制（Electronic Power Control，EPC）系统的"物联网"的构想[2]。

1999 年，美国 Auto ID 首先提出"物联网"的概念，主要是建立在物品编码、RFID 技术和互联网的基础上。过去在中国物联网被称为传感网。中国科学院早在 1999 年就启动了传感网的研究，并取得了一些科研成果，建立了一些适用的传感网。同年，在美国召开的移动计算和网络国际会议上提出"传感网是下一个世纪人类面临的又一个发展机遇"[3]。

2005 年 11 月 17 日，在突尼斯举行的信息社会世界峰会（World Summit of Information Society，WSIS）上，国际电信联盟（International Telecommunication Union，ITU）发布了《ITU 互联网报告 2005：物联网》，正式提出了"物联网"的概念。报告指出，无所不在的"物联网"通信时代即将来临，世界上所有的物体从轮胎到牙刷、从房屋到纸巾都可以通过因特网主动进行交换。射频识别技术、传感器技术、纳米技术、智能嵌入技术将得到更加广泛的应用和关注。

2008 年的世界金融危机大潮，各国经济都有不同程度的衰退下滑，为了寻找新的突破口，各国政府都开始着手研究新的技术力量，并将目光都聚焦在了已有一定发展的物联网上。如美国的"智慧地球（Smarter Planet）"战略、欧盟的"欧盟物联网行动计划（Internet of Things An action plan for Europe）"[4]、日本的"I-Japan 战略 2015"[5]、韩国的"U-Kores"战略及与该战略的实施相配合的"u-City""Telematics 示范应用与发展""u-IT 产业集群"和"u-Home"四项 u-IT 核心计划[6]。中国在 2009 年提出的"感知中国"使得"物联网"概念在国内迅速升温，并于 2010 年首次被写进政府工作报告。2011 年，我国科学技术部发布了《国家"十二五"科学和技术发展规划》[7]。至此，物联网作为新一代信息技术纳入了国家重点发展的战略性新兴产业，同时还列入了国家科技重大专项——"新一代宽带移动无线通信网"中。2012 年年初，中国工信部也颁布了《物联网"十二五"发展规划》[8]，这被称为是中国的第一个物联网五年规划，具有极其重大的意义。

2021 年 7 月 13 日，中国互联网协会发布了《中国互联网发展报告（2021）》，物联网市场规模达 1.7 万亿元，人工智能市场规模达 3031 亿元。

2021 年 9 月，工信部等八部门印发《物联网新型基础设施建设三年行动计划（2021—2023 年）》，明确到 2023 年年底，在国内主要城市初步建成物联网新型基础设施，社会现代化治理、产业数字化转型和民生消费升级的基础将更加稳固。

1.1.3 物联网的特点

从通信对象和过程来看，物与物、人与物之间的信息交互是物联网的核心。物联网的基本特征可概括为整体感知、可靠传输和智能处理。

1）整体感知。可以利用射频识别、二维码、智能传感器等感知设备感知获取物体的各类信息。

2）可靠传输。通过对互联网、无线网络的融合，将物体的信息实时、准确地传送，以便进行信息交流、分享。

3）智能处理。使用各种智能技术，对感知和传送到的数据、信息进行分析处理，实现监测与控制的智能化。

根据物联网的以上特征，结合信息科学的观点，围绕信息的流动过程，可以归纳出物联网有以下处理信息的功能：

1）获取信息的功能。主要是信息的感知、识别。信息的感知是指对事物属性状态及其变化方式的知觉和敏感；信息的识别是指能把感受到的事物状态用一定方式表示出来。

2）传送信息的功能。主要是信息发送、传输、接收等环节，最后把获取的事物状态信息及其变化的方式从时间（或空间）上的一点传送到另一点的任务，这就是常说的通信过程。

3）处理信息的功能。是指信息的加工过程，利用已有的信息或感知的信息产生新的信息，实际是制定决策的过程。

4）施效信息的功能。是指信息最终发挥效用的过程，有很多的表现形式，比较重要的是通过调节对象事物的状态及其变换方式，始终使对象处于预先设计的状态。

延伸阅读

物联网的发展前景

1. 政策利好行业发展

2023 年 2 月，中共中央、国务院印发了《数字中国建设整体布局规划》，目标是加快 5G 网络与千兆光网协同建设，深入推进 IPv6 规模部署和英语，推进移动物联网全面发展，大力推进北斗规模应用。强调在行业标准体系、网络数据安全、知识产权等方面不断完善提高，支持物联网健康发展。

2. 技术突破带动行业发展

物联网行业发展的内生动力正在不断增强。连接技术不断突破，NB-IoT、eMTC、LoRa 等低功耗广域网全球商用化进程不断加速；物联网平台迅速增长，服务支撑能力迅速提升；区块链、边缘计算、人工智能等新技术题材不断注入物联网，为物联网带来新的创新活力。受技术和产业成熟度的综合驱动，物联网呈现"边缘的智能化、连接的泛在化、服务的平台化、数据的延伸化"等特点。各项技术不断突破带动行业不断发展。

3. 应用领域丰富，市场前景广阔

随着物联网的快速发展，物联网在生活中的应用越来越广，遍及智能交通、环境保护、政府工作、公共安全、工业监测、个人健康等多个领域。物联网应用领域丰富，市场需求逐渐被释放，市场前景广阔。

1.2 物联网的基本架构

体系架构可以精确地定义系统中各组成部件及其之间的关系，指导开发人员遵从一致的原则实现系统，保证最终建立的系统符合预期的设想。由此可见，体系架构的研究与设计关系到整个物联网系统的发展。

按照自底向上的思路，目前主流的物联网体系架构可以被分为三层：感知层、网络层和应用层。根据不同的划分思路，也有将物联网系统分为五层的：信息感知层、物联接入层、网络传输层、智能处理层和应用接口层。还有一些其他的设计方法，诸如由美国麻省理工学院 Auto ID 实验室提出的 networked Auto ID[9]；由日本东京大学发起的非营利标准化组织 UID 中心制订的物联网体系结构 IDIoT[10]；由美国弗吉尼亚大学的 Vicaire 等针对多用户多环境下管理与规划异构传感和执行资源的问题，提出的一个分层物联网体系结构 physical-net[11]；欧洲电信标准组织（ETSI）制订的 M2M[12] 等其他体系架构。虽然物联网的定义目前没有统一的说法，但物联网的技术体系架构基本得到统一认识，即分为感知层、网络层、应用层三个大层次，如图 1-1 所示。

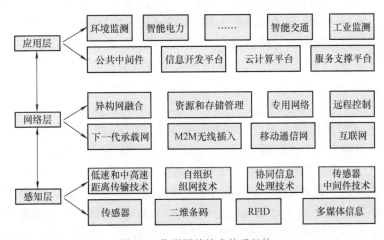

图 1-1 物联网的技术体系架构

1.2.1 感知层

感知层犹如人的感知器官，物联网依靠感知层识别物体和采集信息。感知层在物联网技术体系架构中处于最底端，是物联网三层体系架构中最基础的一层，也是最为核心的一层。感知层的作用是通过传感器对物质属性、行为态势、环境状态等各类信息进行大规模的、分布式的获取与状态辨识，然后采用协同处理的方式，针对具体的感知任务对感知到的多种信息进行在线计算与控制并做出反馈，是一个万物交互的过程。感知层被看作是实现物联网全面感知的核心层，主要完成的是信息的采集、传输、加工及转换等工作。

感知层主要由传感网及各种传感器构成。传感网被视为随机分布的集成有传感器、数据处理单元和通信单元的微小节点，这些节点可以通过自组织、自适应方式组建无线网络。传感网主要包括以窄带物联网（Narrow Band Internet of Things，NB-IoT）和远距离无线电（Long Range Radio，LoRa）等为代表的低功耗广域网（Low Power Wide Area Network，LPWAN），其次包括 Zigbee、WiFi、蓝牙、Z-wave 等短距离通信技术。传感网主要解决物联网低带宽、低功耗、远距离、大量连接等问题。传感设备包括 RFID 标签、传感器、二维码等。

1.2.2 网络层

网络层犹如人的大脑和中枢神经。感知层获取信息后，依靠网络层进行传输。网络层建立在现有的互联网（IPv4/IPv6 网络）、移动通信网（如 GSM、CDMA、CDMA2000、4G/5G/6G）、专用网络等基础上，将感知层感知到的信息进行接入和传输。网络层作为整个体系架构的中枢，起到承上启下的作用，解决的是感知层在一定范围一定时间内所获得的数据传输问题，通常以解决长距离传输问题为主。感知到的数据可以通过企业内部网、通信网、互联网、各类专用通用网、小型局域网等网络进行传输交换。网络层中的长距离通信技术主要包含有线、无线通信技术及网络技术等，其中，以 4G/5G/6G 等为代表的通信技术成为物联网技术的一大核心。

网络层使用的技术与传统互联网之间在本质上没有太大差别，各方面技术相对来说已经很成熟了。然而，物联网的网络层不能简单地模仿传统互联网的技术模式，主要是因为物联网终端感知的数据多源异构，必须要有可以接入各种异构感知设备的承载网络，有统一的网络体系架构，对数据的接入、管理和安全方面提供统一的平台。

1.2.3 应用层

应用层位于三层架构的最顶层，是物联网和用户（包括人、组织和其他系统）的接口，能够针对不同用户、不同行业的应用，提供相应的管理平台和运行平台，并与不同行业的专业知识和业务模型相结合，实现更加准确和精细的智能化信息管理。

应用层的主要功能包括数据及应用。首先应用层需要完成数据的管理和数据的处理；其次要发挥这些数据的价值还必须与应用相结合。如在电力行业中的智能电网远程抄表：部署于用户家中的读表器可以被看作是感知层中的传感器，这些传感器在收集到用户的用电信息后，经过网络发送并汇总到应用系统的处理器中。该处理器及其对应相关工作就是建立在应用层上的，它将完成对用户用电信息的分析及处理，并自动采取相关措施。

应用层包括各种技术平台及可供用户直接使用的各种应用。另外，还可以根据市场需求开发出面向各类行业实际需求的管理和运行平台，并集成相关的服务内容，这也是物联网发展的最终目标。物联网的应用可分为监控型（物流监控、环境监测）、查询型（智能检索、远程抄表）、控制型（智能交通、智能家居、智慧路灯）、扫描型（手机钱包、高速公路不停车收费）等，既有行业专业应用，也有以公共平台为基础的公共应用，表现为各种各样的数据中心以中间件的形式采用数据挖掘、模式识别和人工智能技术，提供数据分析、局势判断和控制决策等处理功能。

延伸阅读

2012 年 6 月 6 日，国际互联网协会举行了世界 IPv6 启动纪念日，这一天，全球 IPv6 网络正式启动。多家知名网站，如 Google、Facebook 和 Yahoo 等，于当天全球标准时间 0 点（北京时间 8 点整）开始永久性支持 IPv6 访问。

2017 年 11 月 26 日，中共中央办公厅、国务院办公厅印发《推进互联网协议第六版（IPv6）规模部署行动计划》。

2018 年 7 月，百度云制定了中国的 IPv6 改造方案。11 月，国家下一代互联网产业技术创新战略联盟在北京发布了中国首份 IPv6 业务用户体验监测报告显示，移动宽带 IPv6 普及率为 6.16%，IPv6 覆盖用户数为 7017 万户，IPv6 活跃用户数仅有 718 万户，与国家规划部署的目标还有较大距离。

2019 年 4 月 16 日，工业和信息化部发布《关于开展 2019 年 IPv6 网络就绪专项行动的通知》。

2020 年 3 月 23 日，工业和信息化部发布《关于开展 2020 年 IPv6 端到端贯通能力提升专项行动的通知》，要求到 2020 年年末，IPv6 活跃连接数达到 11.5 亿，较 2019 年 8 亿连接数的目标提高了 43%。

2021 年 7 月，中央网信办等部门印发《关于加快推进互联网协议第六版（IPv6）规模部署和应用工作的通知》提出，到 2025 年年末，全面建成领先的 IPv6 技术、产业、设施、应用和安全体系，IPv6 活跃用户数达到 8 亿，物联网 IPv6 连接数达到 4 亿。移动网络 IPv6 流量占比达到 70%，城域网 IPv6 流量占比达到 20%。

2023 年，我国移动网络 IPv6 占比达到 50.08%，首次实现移动网络 IPv6 流量超过 IPv4 流量的历史性突破。此外，我国 IPv6 活跃用户数已达 7.765 亿，IPv6 用户占比达到 71.96%，IPv6 用户规模已位居世界前列。

当前，我国也在探索"IPv6+"技术生态体系的创新发展，在多个领域取得了重要进展。例如，在"IPv6+5G"方面，我国已经建成开通 5G 基站 231.2 万个，在全球范围内处于领先地位。

1.3　物联网的核心技术

物联网的关键技术主要包括以下几个方面：射频识别技术、智能传感技术、定位技术、嵌入式系统技术及云计算技术。

1.3.1　射频识别技术

射频识别技术简称电子标签、无线射频识别，是一种自动识别技术。RFID 是一种无线通信技术，可以通过无线电信号识别特定目标并读写相关数据，而无须在识别系统与特定目标之间建立机械或者光学接触。射频识别最重要的优点是非接触识别，它能穿透雪、雾、冰、涂料、尘垢和条形码无法使用的恶劣环境阅读标签，并且阅读速度极快，大多数情况下不到 100ms。

在物联网体系中，RFID 系统的工作示意图如图 1-2 所示。最基本的 RFID 系统一般包括电子标签（Tag，射频卡）、阅读器（Reader）及应用软件系统三部分。标签用来标识产品的各种信息，可分为有源标签（主动标签）、无源标签（被动标签）两类。当有源标签进入到磁场中，可以通过自身主动发送某一频率的信号，阅读器读取信息后，解码并送至软件系统进行相关计算。无源标签则通过接收阅读器发出的射频信号，把存储在标签中的产品信息发送出去。

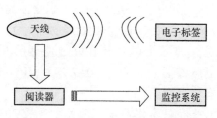

图 1-2　RFID 系统工作示意图

1. RFID 的组成及工作原理

射频识别系统由电子标签（Tag）、阅读器（Reader）、天线（Antenna）组成。

1）电子标签（Tag）。由耦合元件及芯片组成，每个标签具有唯一的电子编码，附着在物体上标识目标对象。

2）阅读器（Reader）。又称为读出装置，可以无接触地读取并识别电子标签中保存的电子数据，从而达到自动识别物体的目的，有手持式和固定式两种。通常，阅读器与计算机相连，读取的标签信息被传送到计算机上进行下一步处理。

3）天线（Antenna）。在标签和阅读器间传递射频信号。

阅读器通过天线发送出一定频率的射频信号；当标签进入磁场时产生感应电流从而获得能量，向阅读器发送出自身编码等信息；阅读器采集信息、解码之后，将信息/数据送至计算机主机进行处理。

按照阅读器与标签之间射频信号的耦合方式，可以把它们之间的通信分为电感耦合和电磁反向散射耦合。

1）电感耦合。依据电磁感应定律，通过空间高频交变磁场实现耦合。电感耦合方式一般适用于中、低频工作的近距离 RFID 系统。

2）电磁反向散射耦合。依据电磁波的空间传播规律，发射出去的电磁波碰到目标后发生反射，从而携带回相应的目标信息。电磁反向散射耦合方式一般适用于高频、微波工作的远距离 RFID 系统。

通俗的理解，电感耦合这种模式主要应用在低频、中频波段。由于低频 RFID 系统的波长更长，能量相对较弱，因此，主要依赖近距离的感应来读取信息。电磁反向散射耦合主要应用在高频、超高频波段。由于高频率的波长较短，能量较高，因此，阅读器天线可以向标签辐射电磁波，部分电磁波经标签调制后反射回阅读器天线，经解码后发送到中央信息系统接收处理。

2. RFID 的应用领域

RFID 是物联网感知外界的重要支撑技术。传感器可以监测感应到各种信息，但缺乏对物品的标识能力，而 RFID 技术恰恰具有强大的标识物品的能力。因此，对于物联网的发展，传感器和 RFID 两者缺一不可。如果没有 RFID 对物体的识别能力，物联网将无法实现万物互联的最高理想。缺少 RFID 技术的支撑，物联网的应用范围将受到极大的限制。但另一方面，由于 RFID 技术只能实现对磁场范围内的物体进行识别，其读写范围受到阅读器与标签之间距离的影响。因此，提高 RFID 系统的感应能力，扩大 RFID 系统的覆盖能力是当前亟待解决的问题。同时，考虑到传感网较长的有效距离能很好地拓展 RFID 技术的应用范围，实现 RFID 与传感网的融合是一个必然方向。

RFID 技术以其独特的优势，被广泛地应用于工业自动化、商业自动化和交通运输控制管理等领域。随着大规模集成电路技术的进步以及生产规模的不断扩大，RFID 产品的成本将不断降低，其应用也将越来越广泛。RFID 技术在国外发展非常迅速，RFID 产品种类繁多，是实现自动检测和自动控制的首要环节。在我国，由于 RFID 技术起步较晚，应用领域正在逐步拓展。RFID 技术的典型应用主要在以下几方面：

（1）车辆自动识别　早在 1995 年北美铁路系统就采用了 RFID 技术的车号自动识别标准，在北美 150 万辆货车、1400 个地点安装了射频识别装置。近年来，澳大利亚开发了用于矿山车辆的识别和管理的 RFID 系统。

（2）高速公路收费及智能交通　香港"驾易通"采用的就是 RFID 技术，装有射频标签的汽车能被自动识别，无须停车缴费，大大提高了行车速度和效率。虽然我国很多地区高速公路都采用了射频卡，但是大部分还是应用人工停车收费与 ETC（Electronic Toll Collection）收费相结合的方式。利用 RFID 技术的不停车高速公路自动收费系统是将来的发展方向，人工收费包括 IC 卡的停车收费方式也终将被淘汰。

（3）货物的跟踪、管理及监控　英国的西思罗机场将 RFID 技术应用于旅客行李管理中，大大提高了分拣效率，降低了出错率。欧共体从 1997 年要求生产的新车型必须具有基于射频识别技术的防盗系统。我国的货物跟踪系统也在快速地普及应用。货物运输之前，相关人员把相关信息录入计算机，在运输途中扫描条形码进行信息的录入，通过信息技术手段把所有信息都汇总在中心计算机进行汇总整理，这样货物的信息就被集中在一起，只需要技术人员实现查询的功能即可，货物跟踪系统就是这个原理。

（4）射频卡应用　1996 年 1 月韩国在首尔的 600 辆公共汽车上安装 RFID 系统用于电子月票，实现了非现金结算，方便了市民出行。德国汉莎航空公司使用射频卡作为飞机票，改变了传统的机票购销方式，简化了机场入关的手续。在我国，射频卡主要应用于公共交通、地铁、校园、社会保障等方面。上海、深圳、北京等地陆续采用了射频公交卡；射频卡应用最大的项目则是第二代公民身份证。

（5）生产线的自动化及过程控制　德国宝马公司为保证汽车在流水线各位置准确地完成装配任务，将 RFID 系统应用在汽车装配线上。而 Motorola 公司则采用了 RFID 技术的自动识别工序控制系统，满足了半导体生产对于环境的特殊要求，同时提高了生产效率。

（6）供应链管理　美国的沃尔玛使用了 RFID 系统，从而使供应链的透明度大大提高，物品能在供应链的任何地方被实时追踪，同时消除了以往各环节上的人工差错。安装在工厂、配送中心、仓库及商场货架上的阅读器能够自动记录物品从生产线到最终消费者的整个供应链上的流动。现阶段，较为热门的技术是区块链溯源模式，包括全生命周期信息上链、一码通信息可信追溯和售后质量监测。

RFID 不需要人工去识别标签，阅读器每 250ms 就可以从射频标签中读出位置和商品的相关数据。有一些阅读器可以每秒读取 200 个标签的数据，这比传统扫描方式要快 1000 倍以上，节省了货物验收、装运、意外处理等劳动力资源。通过在跨组织界限的共享实施中实现 RFID 技术，可以最大化其在供应链中的价值。

就目前 RFID 的发展情况而言，在很多工业行业中已经实现了 RFID 与传感网络应用的融合，两者取长补短的互补优势正在深化物联网应用，它们的相互融合和系统集成必将

极大地推动整个物联网产业的发展，应用前景不可估量。

1.3.2 智能传感技术

传感器是指将收集到的信息转换成设备能处理的信号的元件或装置，是实现物联网的关键技术之一。人类可以基于视觉、听觉、嗅觉、触觉获得的信息进行行动，设备也一样，会根据传感器获得的信息进行控制或处理。传感器收集转换的信号（物理量）有温度、光、颜色、气压、磁力、速度、加速度等，这些利用了半导体的物质变化。除此之外，还有利用酶和微生物等生物物质的生物传感器。传感器的种类繁多，有三万种以上。常见的传感器种类有温度、湿度、压力、位移、流量、液位、力、加速度、转矩传感器等。传感器在工业过程控制、机械制造、消费电子产品、通信电子产品等领域有着广泛的应用。而由分布在被监测区域的数量众多的传感器节点组成的传感器网可以满足许多特殊环境下的监测要求。

传感器节点结构如图 1-3 所示。敏感元件直接接受来自测量物体的基本信息，如物体或者物体周围环境的温度、湿度、光度、声音等，相当于赋予了物体各种感觉器官，去感知周围情况。敏感元件感知到的信息被转换元件转换成电信号，经由处理器模块将信号进行调制、放大处理后进入无线通信网络传输到监控平台。电源供应模块在这期间不间断地提供能量，以保证传感器工作正常进行。

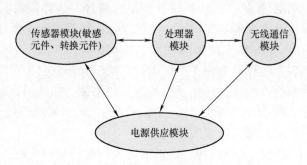

图 1-3　传感器节点结构

传感器是收集信息的关键，是信息系统不可缺少的采集信息的手段。若是在缺少传感器的情况下进行信息的收集，那么收集到的信息势必是不完整的，接下来的信息处理和分析也势必会出错，最后由于系统构成的物联网是不完整的，在执行任务时不能发挥应有的能力，甚至会出错。

在未来的传感器技术研发中，应将感知收集信息作为发展的重点，要做到收集信息又快又好。另一个发展方向也应额外给予关注，就是传感器本身的网络化。传感器的应用前景越来越广阔，势必会应用于多个领域中：多功能化和集成化；发现及利用新信息和新材料；智能传感器的研发；生物传感器的开发等。传感器技术是一门综合性很强的高新技术，它的发展水平从很大层面上反映出了很多高新技术的发展水平。

典型的智能传感技术应用案例：上海的浦东国际机场在防入侵系统中应用了物联网中的传感器技术，系统组成如图 1-4 所示。机场的防入侵系统设置了三万个左右的传感节点，覆盖了全部地面和低空领域，可以用来防止恐怖袭击等具有破坏进攻性的入侵行为。在上海世博会上，组委会也花费上千万元购买了防入侵传感网。

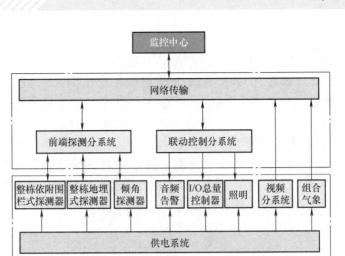

图 1-4　上海浦东国际机场防入侵系统一期工程的系统组成

1.3.3　定位技术

从物联网整体架构的角度来看，位置感知是感知层中不可或缺的一部分，为整个物联网体系提供基础的位置信息；从应用的角度来看，位置服务将渗透在诸多物联网应用场景中，提供差异化服务。其实，位置服务无时无刻不被使用，大多数物联网设备都需要定位装置。智能终端定位装置搜集信息，传上云端，云端接收信息，下达反馈信息给终端设备，设备完成相应的指令。在这一连串的信息传递过程中，位置信息作为重要数据提供给云端控制中心，一方面，设备位置作为"物"的基本属性被云端记录，作为参考信息；另一方面，云端平台利用多台设备的位置信息，绘制可视化界面，有助于物联网系统综合分析，做智能化决策。

总体来说，定位可以按照使用场景的不同划分为室内定位和室外定位两大类（图 1-5），因为场景不同，需求也就不同，所以采用的定位技术也不尽相同。

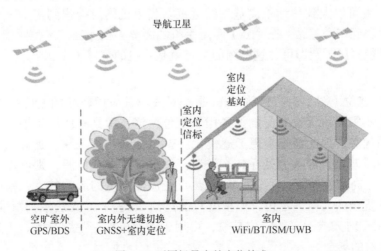

图 1-5　不同场景中的定位技术

1. 室外定位技术

（1）卫星定位　卫星定位即通过接收卫星提供的经纬度坐标信号来进行定位（图1-6），卫星定位系统主要有美国全球定位系统（GPS）、俄罗斯格洛纳斯系统（GLONASS）、欧洲伽利略系统（GALILEO）、中国北斗卫星导航系统，其中，GPS系统是现阶段应用最为广泛、技术最为成熟的卫星定位技术。GPS全球卫星定位系统由三部分组成：空间部分、地面控制部分、用户设备部分。空间部分是由24颗工作卫星组成，它们均匀分布在6个轨道面上（每个轨道面4颗），卫星的分布使得在全球任何地方、任何时间都可观测到4颗以上的卫星，并能保持良好定位解算精度的几何图像。卫星定位虽然精度高、覆盖面广，但其成本昂贵、功耗大，并不适合所有用户。

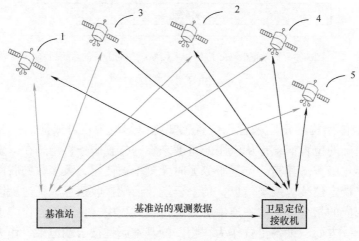

图1-6　卫星定位

（2）基站定位　基站定位一般应用于手机用户，手机基站定位服务又称基于位置服务（Location Based Service，LBS），它是通过电信移动运营商的网络（如5G网）获取移动终端用户的位置信息。基站定位的原理也很简单：距离基站越远，信号越差，根据手机收到的信号强度可以大致估计距离基站的远近。当手机同时搜索到至少三个基站的信号时，也就可以得到三个基站（三个点）距离手机的距离。根据三点定位原理，以基站为圆心，距离为半径多次画圆即可，这些圆的交点就是手机的位置（图1-7）。

2. 室内定位技术

（1）WiFi定位（图1-8）　目前WiFi是相对成熟且应用较多的定位技术，由于WiFi已普及，因此不需要再铺设专门的设备用于定位。该技术具有便于扩展、可自动更新数据、成本低的优势，因此最先实现了规模化。WiFi定位一般采用"近邻法"判断，即最靠近哪个热点或基站，即认为处在什么位置。如附近有多个信源，则可以通过交叉定位（三角定位），提高定位精度。不过，WiFi热点受周围环境的影响较大，精度较低。WiFi定位可以实现复杂的大范围定位，但精度只能达到2m左右，无法做到精准定位。因此，WiFi定位适用于对人或者车的定位导航，可用于医疗机构、主题公园、工厂、商场等各种需要定位导航的场合。

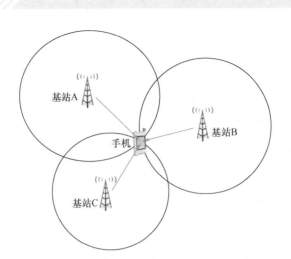

图 1-7　基站定位

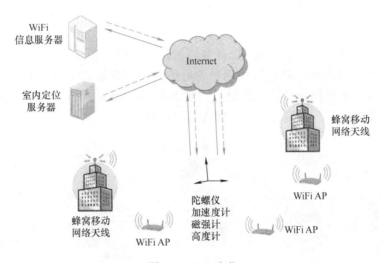

图 1-8　WiFi 定位

（2）RFID 定位（图 1-9）　RFID 定位是通过一组固定的阅读器读取目标 RFID 标签的特征信息（如身份 ID、接收信号强度等），同样可以采用近邻法、多边定位法、接收信号强度等方法确定标签所在位置。这种技术作用距离短，一般最长为几十米。但它可以在几毫秒内得到厘米级定位精度的信息，且传输范围很大，成本较低；同时由于其非接触和非视距等优点，可望成为优选的室内定位技术。但是其作用距离近，不具有通信能力，而且不便于整合到其他系统中，无法做到精准定位，布设读卡器和天线需要有大量的工程实践经验，难度较大。

（3）视觉定位（图 1-10）　视觉定位系统可以分为两类，一类是通过移动的传感器（如摄像头）采集图像确定该传感器的位置，另一类是根据固定位置的传感器确定图像中待测目标的位置。根据参考点选择的不同，又可分为参考三维（3D）建筑模型和图像、参考预部署目标、参考投影目标、参考其他传感器和无参考。

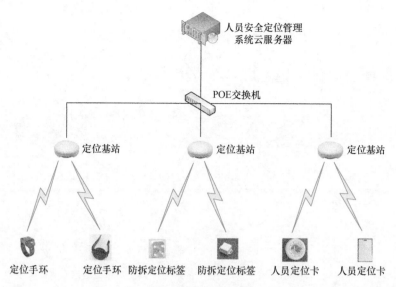

图 1-9 RFID 定位

参考 3D 建筑模型和图像分别是以既有建筑结构数据库和预先标定图像进行比对。而为了提高鲁棒性，参考预部署目标使用布置好的特定图像标志（如二维码）作为参考点；投影目标则是在参考预部署目标的基础上，在室内环境投影参考点。参考其他传感器则可以融合其他传感器数据，以提高精度、覆盖范围或鲁棒性。

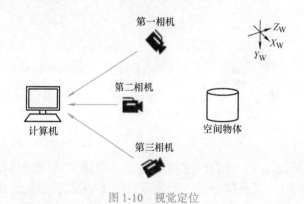

图 1-10 视觉定位

延伸阅读

尽管我国的物联网技术较国外起步晚，在核心技术的掌握能力上稍落后于发达国家，但如今在社会生活中的应用也变得越来越多。共享单车、移动 POS 机、电话手表、移动售卖机等产品都是物联网技术的实际应用。智慧城市、智慧物流、智慧农业、智慧交通等场景中也用到了物联网技术。

我国的物联网技术的发展虽然取得了不错的成绩，但加快和推动物联网的持续发展，还需要解决一些问题，最主要的是核心技术、信息安全、产品研发等方面。

1）核心技术方面待突破。信息技术的发展促使物联网技术的初步形成，虽然我国物联网技术发展还处于初级阶段，存在的问题比较多，一些关键技术还处于初始应用阶段，但急需优先发展的是传感器接入技术和核心芯片技术等。

2）标准方面也有待统一。物联网技术的发展对互联网技术有一定的依赖性。目前，我国互联网技术仍处于发展阶段，尚未形成较完善的标准体系，这在一定程度上阻碍了我国物联网技术的进一步发展。目前由于各国之间的发展以及感应设备技术的差异性，难以形成统一的国际标准，导致难以在短时间内形成规范标准。

3）此外，计算机技术和互联网技术在方便人们工作生活的同时，也对人们的信息安全和隐私提出一定的挑战。这个问题在物联网技术的发展中也有重要影响。物联网技术主要是通过感知技术，获取信息，因此如果不采取有效的控制措施，会导致信息的自动获取，同时感应设备由于识别能力的局限性，因此在对物体进行感知的过程中容易造成无限制追踪问题，从而对用户隐私造成严重威胁。

因此需要设立必要的访问权限（具体可以通过密钥管理），但由于网络的同源异构性，导致管理工作存在一定的难度，保密工作也存在一定的难度。此外，在不断加强管理，提高设备水平的同时，这对物联网的发展成本提出了较大的挑战。

1.4　物联网在智能建造中的应用领域

物联网的行业特性主要体现在其应用领域内，目前工业监控、公共安全、城市管理、远程医疗、智能建造、智能交通和环境监测等各个行业均有物联网应用的尝试，某些行业已经积累了一些成功的案例。

1.4.1　智能仓储

什么是智能仓储？以亚马逊为例，这家在线零售商每秒钟处理数百个订单，该公司使用机器人在仓库中挑拣和搬运商品，这正是智能仓储系统的应用之一。

1. 概述

智能仓储（图 1-11）使用物联网、仓储管理软件和其他技术来自动化工作流程并提高效率。这样，机器、计算设备和对象就被链接到单个网络中。通过该网络，可以传输数据并对其进行分析。然而，大多数零售、制造和运输机构仍在使用传统方法来管理销售、存储、拣配和供应商品，将来可以通过智能仓储管理系统对其进行增强。

智能仓储是物流过程的一个环节，保证了货物仓库管理各个环节数据输入的速度和准确性，确保企业及时准确地掌握库存的真实数据，合理保持和控制企业库存。通过科学的编码，还可方便地对库存货物的批次、保质期等进行管理。利用仓库管理系统（Warehouse Management System，WMS）的管理功能，更可以及时掌握所有库存货物当前所在位置，有利于提高仓库管理的工作效率。RFID 智能仓储解决方案，还配有 RFID 通道机、查询机、读取器等诸多硬件设备可选。

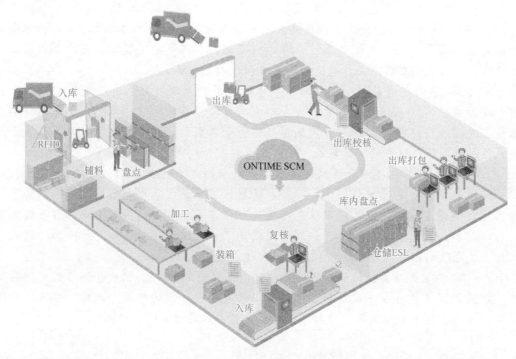

图 1-11　智能仓储

2. 智能仓储的主要技术

（1）射频识别　利用超高频 RFID 系统雷达反射原理的自动识别系统，阅读器通过天线向电子标签发出微波查询信号，电子标签被阅读器微波能量激活，接收到微波信号后应答并发出带有标签数据信息的回波信号。RFID 技术的基本特点是采用无线电技术实现对静止的或移动的物体进行识别，达到确定待识别物体的身份、提取待识别物体的特征信息或标识信息的目的。

（2）自动导引运输车　自动导引运输车（Automated Guided Vehicle，AGV），是指装备有电磁或光学等自动导引装置，能够沿规定的导引路径行驶，具有安全保护及各种移载功能的运输车。工业应用中无须驾驶员的搬运车，以蓄电池为其动力来源。一般通过计算机控制其行进路线及行为，或利用电磁轨道来设立其行进路线。电磁轨道粘贴于地板上，无人搬运车依循电磁轨道带来的信息进行移动与动作。

（3）机器人堆码垛　托盘码垛机器人是能将不同外形尺寸的包装货物，整齐地、自动地码（或拆）在托盘上的机器人。为充分利用托盘的面积和码堆物料的稳定性，机器人具有物料码垛顺序、排列设定器。根据码垛机器人结构的不同，可以分为多关节型、直角坐标型，根据抓具形式的不同可以分为侧夹型、底拖型、真空吸盘型。

（4）立体化仓库　立体化仓库又称高层货架仓库、自动存取系统（Automatic Storage & Retrieval System，AS/RS）。它一般采用几层、十几层甚至几十层高的货架，用自动化物料搬运设备进行货物出库和入库作业的仓库。立体化仓库一般由高层货架、物料搬运设备、控制和管理设备及土建公用设施等部分构成。

（5）仓库管理系统　仓库管理系统是通过入库业务、出库业务、仓库调拨、库存调拨和虚仓管理等功能,并综合批次管理、物料对应、库存盘点、质检管理和即时库存管理等功能的信息化管理系统。WMS 有效控制并跟踪仓库业务的物流和成本管理全过程,实现完善的仓储信息管理。该系统既可以独立执行物流仓储库存操作,也可以实现物流仓储与企业运营、生产、采购和销售的智能化集成。

（6）仓库控制系统 仓储控制系统（Warehouse Control System,WCS）位于仓储管理系统（WMS）与物流设备之间的中间层,负责协调、调度底层的各种物流设备,使底层物流设备可以执行仓储系统的业务流程,并且这个过程完全是按照程序预先设定的流程执行,是保证整个物流仓储系统正常运转的核心系统。

现代物流最大的趋势是网络化与智能化。在制造企业内部,现代仓储配送中心往往与企业生产系统相融合,仓储系统作为生产系统的一部分,在企业生产管理中起着非常重要的作用。因此,仓储技术的发展不是跟公司的业务相互割裂的,跟其他环节的整合配合才更有助于仓储行业的发展。

1.4.2 智能运维

智能运维（Artificial Intelligence for IT Operations,AIOps）是指通过机器学习等人工智能算法,自动地从海量运维数据中学习并总结规则,并做出决策的运维方式。智能运维能快速分析处理海量数据,并得出有效的运维决策,执行自动化脚本以实现对系统的整体运维。当前主流运维技术已从自动化运维向智能运维发展,利用人工智能来辅助甚至部分替代人工决策,可以进一步提升运维质量和效率。

1.智能运维的发展及主要技术研究

智能运维的概念最早由 Gartner 提出,是将人工智能融入运维系统中,以大数据和机器学习为基础,从多种数据源中采集海量数据（包括日志数据、业务数据、系统数据等）进行实时或离线分析,通过主动性、人性化和动态可视化,增强传统运维的能力。

尽管智能运维是运维领域最新技术,其应用的人工智能产业目前也是朝阳产业,但在技术成熟度上仍有待提升。

表 1-1 给出了手工运维、自动化运维、智能运维在运维效率、系统可用性、系统可靠性、学习成本、建设与使用成本、应用范围六个方面的比较。

表 1-1 三种运维模式的比较

项目	手工运维	自动化运维	智能运维
运维效率	受限于人为因素,运维效率较低	部分操作自动化,运维效率较高	自动分析处理事件,将多种自动化工具实现联动,运维效率高
系统可用性	处理效率异常低,系统可用性相对较低	得益于自动化工具,异常处理与恢复速度较快,系统可用性相对较高	采用智能分析、预警、决策等手段,异常处理效率高,甚至可规避异常,系统可用性高
系统可靠性	系统的可靠性较低	将重复性操作实现为自动化工具,系统可靠性较高	结合自动化工具,并采用多种策略使用工具,可靠性高
学习成本	需掌握多个系统的运维知识和操作指令,学习难度高,成本高	需对自动化工具有一定的掌握,学习难度较高,成本较高	故障分析、预警及异常处理可由智能运维自动实现,学习难度低,成本低

（续）

项目	手工运维	自动化运维	智能运维
建设与使用成本	建设运维的工具成本低，可采用系统自带的运维命令。但对复杂系统的运维需投入大量的人力，人力成本高	建设自动化运维的成本较高，投入运维的人力成本则相对较低	建设智能运维的成本较高，投入运维的人力成本低
应用范围	应用广泛，但不适用于分布式、大规模系统运维	在互联网企业、金融行业得到广泛应用，适用于集群系统、服务器数量一般的分布式系统运维	目前有部分金融企业、互联网企业开展研究与实践，适用于大规模分布式系统运维

智能运维是基于机器学习等人工智能算法，分析挖掘运维大数据，并利用自动化工具实施运维决策的过程。因此，智能运维的主要技术组成是运维大数据平台、智能分析决策组件、自动化工具，如图 1-12 所示。

运维大数据平台如同眼睛一样，能采集、处理、存储、展示各种运维数据。智能分析决策组件如同大脑，它以眼睛感知到的数据作为输入，做出实时的运维决策，从而驱动自动化工具实施操作。自动化工具如同手一样，能根据运维决策，实施具体的运维操作，如重启、回滚、扩缩容等。

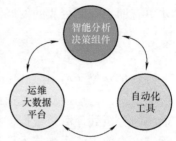

图 1-12　智能运维的技术组成

（1）运维大数据平台

运维大数据平台是对各种运维数据进行采集、处理、存储、展示的统一平台。运维数据包含监控数据、日志数据、配置信息等，其详细组成见表 1-2。

表 1-2　运维大数据组成

运维数据种类	具体数据
监控数据	设备监控数据
	系统监控数据
	数据库监控数据
	中间件监控数据
	应用监控数据
	安全监控数据
	环境监控数据
	统一告警事件
日志数据	系统日志
	应用日志
	网络日志
	设备日志
	安全日志
配置信息	CMDB
	变更管理

大数据平台存储的数据，按照更新的频率可分为静态数据和动态数据。静态数据主要包含配置管理数据库（Configuration Management Database，CMDB）、变更管理数据、流程管理数据、平台配置信息数据等。此类数据一般情况下在一定时间范围内是固定不变的，主要是为动态数据分析提供基础的配置信息。对此类数据的查询操作多，增删改操作较少。当智能运维平台启动时，部分静态数据可直接加载到内存数据库中，因此，静态数据一般保存在结构化数据库中或者 Hive 平台。

动态数据主要包含各类监控指标数据、日志数据及第三方扩展应用所产生的数据。此类数据一般是实时生成并被获取，作为基础数据，需要通过数据清洗转换成可使用的样本数据。动态数据一般按不同的使用场景保存在不同的大数据组件中，如用于分析的数据保存在 Hive 数据库，用于检索的日志数据可保存在 ES（Elastic Search）中。

参考大数据平台的架构，运维大数据平台由数据采集层、数据存储层、数据计算层、数据展示层等组成，其逻辑架构如图 1-13 所示。

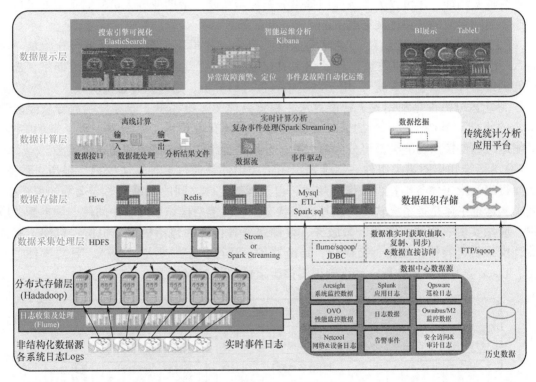

图 1-13　运维大数据平台的逻辑架构

数据采集处理层是整个大数据平台的数据来源，接入的运维数据类型包括日志数据、性能指标数据、网络抓包数据、用户行为数据、告警数据、配置管理数据、运维流程类数据等，其格式包括系统中的结构化数据、半 / 非结构化数据，以及实时流数据。

采集方式可分为代理采集和无代理采集。其中代理采集一般为拉的方式，在采集端部署 Agent（代理）来采集。无代理采集一般利用 logstash、flume 等组件直接获取运维数据。在该层也会对数据做预处理，使其能满足定义的格式，用以在数据存储层落地。

数据存储层用于落地运维数据，可根据不同的数据类型、数据消费和使用场景，选择不同的数据存储方式。

① 用于实时全文检索、分词搜索的数据可选用 ES。

② 用于以时间维度进行查询分析的数据，如时间序列数据，可采用 rrdtool、graphite、influxdb 等时序数据库。

③ 关系类数据可采用图数据库。

④ 用于长期存储、离线挖掘、数据仓库等数据可采用 Hadoop、Spark 等。

数据计算层提供实时和离线计算框架。离线计算是针对存储的历史数据进行批量分析与计算，可用于大数据量的离线模型训练和计算，如告警关联关系挖掘、趋势预测计算、容量预测模型计算等。实时计算是对流处理中实时数据进行在线计算，包括数据查询、预处理、统计分析、异常数据实时监测。目前主流的流计算框架包括 Spark Streaming、Kafka Streaming、Flink、Storm 等。

数据展示层为用户提供可视化方式展示时序指标数据，并提供统一的告警监控配置和告警通知功能，还可以为业务应用提供分析展示功能，帮助业务人员实时了解业务应用状态。目前主流的开源框架有 Kibana、Graphic 等。

（2）智能分析决策组件　在智能运维平台中，如果将大数据运维平台比喻成"眼睛"，用于直接感知运维数据，自动化工具比喻成"手"，用于直接处理运维操作，那么智能运维组件相当于"大脑"，用于对运维事件进行分析、处理，并做出决策。

智能运维组件是利用人工智能算法，根据具体的运维场景、业务规则或专家经验等构建的组件，类似于程序中的 API 或公共库，它具有可重用、可演进、可了解的特性。智能运维组件按照功能类型可分为两大类，分别是运维知识图谱类和动态决策类。

1）运维知识图谱类组件。运维知识图谱类组件是通过多种算法挖掘运维历史数据，从而得出运维主体各类特性画像和规律，以及运维主体之间的关系，形成运维知识图谱。其中，运维主体是指系统软硬件及其运行状态。软件包括操作系统、中间件、数据库、应用、应用实例、模块、服务、微服务、存储服务等；硬件包括机房、机群、机架、服务器、虚拟机、容器、硬盘、交换机、路由器等；运行状态主要是由指标、日志事件、变更、Trace 等监控数据体现。运维知识图谱类组件如图 1-14 所示。

图 1-14　运维知识图谱类组件

以故障失效传播链构建为例，故障失效传播链构建是对失效现象进行回本溯源的分析，查找引起该失效的可能的故障原因。一种对故障失效传播链的智能分析方法是基于故障树的分析方法，通过模块调用链获得模块之间的逻辑调用关系，以及配置信息所获得的物理模块的关联关系，构成可能的故障树用以描述故障传播链。利用机器学习的方法，对该故障树进行联动分析与剪枝，形成最终的子树，即故障失效传播链。其他的算法包括

FP-Growth、Apriori、随机森林、Pearson 关联分析、J-Measure，Two-sample test 等。

2）动态决策类组件。动态决策类组件则是在已经挖掘好的运维知识图谱的基础上，利用实时监控数据做出实时决策，最终形成运维策略库。实时决策主要有异常检测、故障定位、故障处置、故障规避等，如图 1-15 所示。

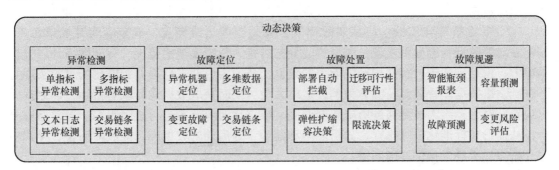

图 1-15　动态决策类组件

动态决策类组件一般是对当前的日志或事件进行分析，对其做出及时响应与决策，甚至对未来一段时间内系统运行状态进行预测。可以将异常发现、故障定位、异常处置作为一种被动的运维，异常规避则是一种主动异常管理的方式，准确度高的预测能提高服务的稳定性。通过智能预测的结果，运维人员可采用多种运维手段，如切换流量、替换设备等方式规避系统失效。以故障预测为例，预测是基于历史经验的基础上，使用多种模型或方法对现有的系统状态进行分析，判断未来某一段时间内发生失效的概率。基于故障特征的预测是在离线状态下从历史系统日志中通过机器学习算法提取出异常特征，对模型进行训练。在在线预测阶段，将实时的运行状态信息与模型中的异常特征进行匹配，从而确定未来某时间段系统失效的概率。

（3）自动化工具　自动化工具是基于确定逻辑的运维工具，对技术系统实施诸如运行控制、监控、重启、回滚、版本变更、流量控制等系列操作，是对技术系统实施运维的手段，用以维护技术系统的安全、稳定、可靠运行。自动化工具是自动化运维的产物，也是智能运维组件做出决策后，实施具体运维操作所依赖的工具。

自动化工具按照功能可分为监控报警类自动化工具、运维操作类自动化工具两类。监控报警类自动化工具是对各类 IT 资源（包括服务器、数据库、中间件、存储备份、网络、安全、机房、业务应用、操作系统、虚拟化等）进行实时监控，对异常情况进行报警，并能对故障根源告警进行归并处理，以解决特殊情况下告警泛滥的问题，如机房断网造成的批量服务器报警。运维操作类自动化工具主要是把运维一系列的手工执行烦琐的工作，按照日常正确的维护流程分步编写成脚本，然后由自动化运维工具按流程编排成作业自动化执行。

2. 智能运维实施路径

智能运维的建设是从无到有的过程，是从局部单点应用的探索到单点能力完善，再到形成解决某个局部问题的一个过程，最终将各个智能运维场景相结合，形成一体化智能运维能力。因此智能运维的实施路径可分为以下四个层面：

（1）运维大数据平台建设　数据是智能运维落地的基础，首先需要建立运维大数据平台，对运维数据进行采集、分析、计算、存储，并定义标准化的指标体系，对运维数据进行萃取，积累大量的、可用的运维数据。以性能指标体系为例，可对操作系统、数据库、中间件等应用建立可供分析的性能指标体系，并在系统运行中获取性能数据，以此来刻画各应用的正常状态、异常状态的画像，为后续的检测、预测、分析等提供基础的运维知识图谱数据。

（2）单点智能化实践　应从实际出发，立足当前运维痛点，从单点运维场景切入，如建立时序数据智能异常发现、流量智能异常告警、数据库智能监控、智能网络日志分析等能力，由点到面进行智能化运维能力的建设，从而为后期进行局部智能化场景的实现打下基础。以数据库智能监控能力为例，运维人员可实时获取数据运行状态指标，当数据库出现异常时，运维人员可通过历史数据回溯、数据比对等方式进行故障跟踪、异常指标分析，从而形成标准化故障排查、分析能力和经验，为后期的数据库智能故障预警、异常根因分析等局部场景提供基础支持。

（3）局部场景智能化　局部场景智能化是指对运维场景中硬件、系统、网络、数据库、中间件等分别实现智能监控、异常预警、故障发现、故障分析、根因分析、故障自愈等闭环场景。局部场景智能化的实现，使得故障发现、处理、排查效率得到极大的提升，有效保障了业务稳定运行。同时，该能力的实现使得智能化运维具备场景化、标准化、自动化等能力。以网络异常为例，当智能运维系统检测到网络异常指标时，将发出告警信号，经运维人员确认故障后，智能运维系统将通过机器学习算法定位故障，然后调用自动化运维工具执行相应的修复操作，实现该场景下的故障自愈。

（4）一体化智能运维　一体化智能运维是智能运维系统发展的终极目标。该阶段不仅实现各运维场景智能化闭环，而且智能运维能力与运维管理流程、运维组织架构、运维自动化是深入融合的。运维人员不再以发现故障、解决故障作为目标导向，转而专注业务运行状态，探索运维需求，定义并实现运维场景，丰富智能运维的广度与深度。

1.4.3　智能建筑

智能建筑是信息时代的必然产物，是计算机技术（Computer）、通信技术（Communication）、控制技术（Control）、图形显示技术（CRT）与建筑技术（Architecture）相结合的产物，即4C+A技术。随着科学技术的迅猛发展，建筑智能化的程度正在逐步提高，它将结构、系统、服务、运营及相互关系全面综合，以达到最优化组合，获得高效率、高性能与高舒适性。建筑智能化系统框架如图1-16所示。

1.智能建筑的基本功能

智能建筑的基本功能主要由三大部分构成，即建筑设备自动化（Building Automation，BA）、通信自动化（Communication Automation，CA）和办公自动化（Office Automation，OA），它们是智能化建筑中最基本的且是必须具备的基本功能，从而形成"3A"智能建筑。智能建筑所用的主要设备通常放置在智能建筑内的系统集成中心（System Integrated Center，SIC）。它通过建筑物综合布线（Generic Cabling，GC）与各种终端设备，如通信终端（电话机、传真机等）、传感器（如压力、温度、湿度等传感器）的连接，"感知"建筑物内各个空间的"信息"，并通过计算机进行处理后给出相应的控制策略，再通过通信终端或控制终端（如开关、电子锁、阀门等）给出相应的控制对象的动作反应，使建筑达到某种程度的智能，从而形成建筑设备自动化系统、办公自动化系统、通信网络自动化系统。

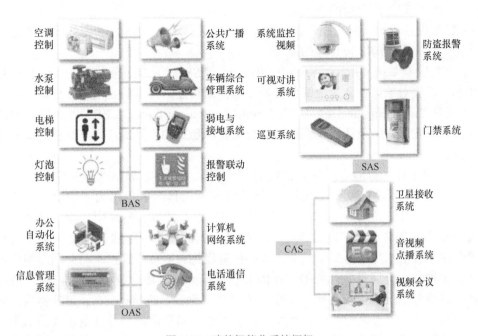

图 1-16　建筑智能化系统框架

2. 设计要求

（1）系统集成的功能

1）对弱电子系统进行统一的监测、控制和管理。集成系统将分散的、相互独立的弱电子系统，用相同的网络环境，相同的软件界面进行集中监视。

2）实现跨子系统的联动，提高大厦的控制流程自动化。弱电系统实现集成以后，原本各自独立的子系统在集成平台的角度来看，就如同一个系统一样，无论信息点和受控点是否在一个子系统内都可以建立联动关系。

3）提供开放的数据结构，共享信息资源。随着计算机和网络技术的高度发展，信息环境的建立及形成已不是一件困难的事。

4）提高工作效率，降低运行成本。集成系统的建立充分发挥了各弱电子系统的功能。

（2）组成

1）智能化集成系统（Intelligented Integration System，IIS），将不同功能的建筑智能化系统，通过统一的信息平台实现集成，以形成具有信息汇集、资源共享及优化管理等综合功能的系统。

2）信息设施系统（Information Technology System Infrastructure，ITSI），为确保建筑物与外部信息通信网的互联及信息畅通，对语音、数据、图像和多媒体等各类信息予以接收、交换、传输、存储、检索和显示等进行综合处理的多种类信息设备系统加以组合，提供实现建筑物业务及管理等应用功能的信息通信基础设施。

3）信息化应用系统（Information Technology Application System，ITAS），以建筑物信息设施系统和建筑设备管理系统等为基础，为满足建筑物各类业务和管理功能的多种类信息设备与应用软件而组合的系统。

4）建筑设备管理系统（Building Management System，BMS），对建筑设备监控系统和公共安全系统等实施综合管理的系统。

5）公共安全系统（Public Security System，PSS），为维护公共安全，综合运用现代科学技术，以应对危害社会安全的各类突发事件而构建的技术防范系统或保障体系。

6）机房工程（Engineering of Electronic Equipment Plant，EEEP），为提供智能化系统的设备和装置等安装条件，以确保各系统安全、稳定和可靠地运行与维护的建筑环境而实施的综合工程。

（3）防御措施　智能建筑在一二类建筑物中采用较多，防雷等级通常为一二级。一级防雷的冲击接地电阻应小于10Ω，二级防雷的冲击接地电阻不大于20Ω，公用接地系统的接地电阻应小于或等于1Ω。在工程中，将屋面避雷带、避雷网、避雷针或混合组成的接闪器作为接闪装置，利用建筑物的结构柱内钢筋作为引下线，以建筑物基础地梁钢筋、承台钢筋或桩基主筋为接地装置，并用接地线将它们良好焊接。与此同时将屋面金属管道、金属构件、金属设备外壳等与接闪装置进行连接，将建筑物外墙金属构件或钢架、建筑物外圈梁与引下线进行连接，从而形成闭合可靠的"法拉第笼"。建筑物内，将智能系统中的设备外壳、金属配线架、敷线桥架、穿线金属管道等与总等电位或局部等电位相逢在配电系统中的高压柜、低压柜安装避雷器的同时，在智能系统电源箱及信号线箱中安装电涌保护器SPD，从而达到综合防御雷击的目的，确保智能建筑的安全。

（4）安保措施　在智能大厦安装监控、门禁、报警和技防设施，是目前的主流措施；与此同时，需结合人防。智能大厦需要一种坚固的门控设施，如电锁。依据固定资产投资建设，电锁硬件产品的前期预算和后期维护，必须从建筑防火设计方面充分考虑，确保选择的产品能最大限度地提高安全，即在紧急情况下工作人员的迅速撤离。从应用的角度，要求不同功能的智能建筑，其电锁是不同的。在此基础上，智能电锁产品的选择必须考虑建设项目的结构、功能、款式、消防和安全等因素，选择最合适的产品解决方案。

电锁和硬件产品在智能化公共建筑的要求如下：

1）紧急逃生。为了确保任何紧急情况下所有人员在建筑物内的安全，以确保他们能够在最短的时间内逃脱，所以在选择锁和硬件产品时，要充分考虑到紧急情况下能便于打开逃生门，在这些特定的位置要设置特殊类型的锁。

2）火灾。消防及逃生是相互关联的，火灾应给予优先考虑，要保证在火灾发生时，防火卷帘设施安全地隔离火灾蔓延，以确保人员和财产，所有电锁和硬件产品要兼容建筑物的门禁电锁防火等级。

3）内部管理职能。内部分区的不同功能有不同的管理权限，电锁和硬件产品匹配必须是智能建筑的设施和设备安装需要的地方，以确保隔离区工作人员的不同职能相结合的内部管理。

4）系统的耐久性。对智能建筑主体结构的使用寿命是超过一百年，但往往出现电锁或硬件产品在数年后需要修理或更换的情况，因此在电锁或硬件产品的选择过程中不应单纯追求低价格，而应全面评估，选择成本效益最高的产品。

5）通道控制。在进行智能建筑设计时，电门禁、电锁及五金产品的选择必须依据不同使用功能的通道、不同规范的要求，以满足项目要求。

6）为了方便残疾人，设置无障碍通道。无障碍通道的国家有关规范，尽可能反映在建筑锁和硬件产品能保证残疾人可以使用身体的任何部位，打开通道门的权利。在这方面选定的门禁电锁产品，应仔细评估，以做出对用户最友好的设计。

7）审美。要求每一个建筑师在设计时使用某种建筑风格，这种风格将反映在各方面的基础建设上。在选择锁和硬件产品时，也应充分理解和尊重设计师的想法和风格，使用的产品要满足整体建筑外观的需求。

（5）节能趋势　在"双碳"战略目标下，智能建筑节能是世界性的大潮流和大趋势，也是我国改革和发展的迫切需求，这是不以人的主观意志为转移的客观必然性，是我国建筑事业发展的一个重点和热点。节能和环保是实现可持续发展的关键。可持续建筑应遵循节约化、生态化、人性化、无害化、集约化等基本原则，这些原则服务于可持续发展的最终目标。

从可持续发展理论出发，建筑节能的关键在于提高能量效率，因此无论是制定建筑节能标准，还是从事具体工程项目的设计，都应当把提高能量效率作为建筑节能的着眼点，智能建筑也不例外。业主建设智能化大楼的直接动因就是在高度现代化、高度舒适的同时能实现能源消耗大幅度降低，以达到节省大楼运营成本的目的。

依据我国可持续建筑原则和现阶段国情特点，能耗低且运行费用低的可持续建筑设计包含了以下技术措施：节能；减少有限资源的利用，开发利用可再生资源；室内环境的人道主义；场地影响最小化；艺术与空间的新主张；智能化。

自20世纪70年代爆发能源危机以来，发达国家单位面积的建筑能耗已有大幅度的降低。与我国北京地区采暖日数相近的一些发达国家，新建建筑每年采暖能耗已从能源危机时的 $300kW \cdot h/m^2$ 降低至 $150kW \cdot h/m^2$ 左右。在以后不会很长的时间内，建筑能耗还将进一步降低至 $30 \sim 50kW \cdot h/m^2$。

创造健康、舒适、方便的生活环境是人类的共同愿望，也是建筑节能的基础和目标，为此，智能型节能建筑应该是冬暖夏凉、通风良好、光照充足（尽量采用自然光，天然采光与人工照明相结合）、智能控制（采暖、通风、空调、照明、家电等均可由计算机自动控制，既可按预设程序集中管理，又可局部手工控制，既满足不同场合下人们不同的需要，又可少用资源）。

1.4.4　智能交通

智能交通系统（Intelligent Traffic System，ITS）又称智能运输系统（Intelligent Transportation System），是将先进的科学技术（信息技术、计算机技术、数据通信技术、传感器技术、电子控制技术、自动控制理论、运筹学、人工智能等）有效地综合运用于交通运输、服务控制和车辆制造，加强车辆、道路、使用者三者之间的联系，从而形成一种保障安全、提高效率、改善环境、节约能源的综合运输系统。图1-17所示为智能交通愿景。

图 1-17　智能交通愿景

1. 智能交通子系统

智能交通系统是一个复杂的综合性系统，从系统组成的角度可分成以下一些子系统：

（1）先进的交通信息系统（Advanced Traveler Information System，ATIS）　ATIS 是建立在完善的信息网络基础上的。交通参与者通过装备在道路上、车上、换乘站上、停车场上及气象中心的传感器和传输设备，向交通信息中心提供各地的实时交通信息；ATIS 得到这些信息并通过处理后，实时向交通参与者提供道路交通信息、公共交通信息、换乘信息、交通气象信息、停车场信息及与出行相关的其他信息；出行者根据这些信息确定自己的出行方式、选择路线。更进一步，当车上装备了自动定位和导航系统时，该系统可以帮助驾驶员自动选择行驶路线。

（2）先进的交通管理系统（Advanced Transportation Management System，ATMS）ATMS 有一部分与 ATIS 共用信息采集、处理和传输系统，但是 ATMS 主要是给交通管理者使用的，用于检测、控制和管理公路交通，在道路、车辆和驾驶员之间提供通信联系。它对道路系统中的交通状况、交通事故、气象状况和交通环境进行实时的监视，依靠先进的车辆检测技术和计算机信息处理技术，获得有关交通状况的信息，并根据收集到的信息对交通进行控制，如调控信号灯、发布诱导信息、道路管制、事故处理与救援等。

（3）先进的公共交通系统（Advanced Public Transport System，APTS）　APTS 的主要目的是采用各种智能技术促进公共运输业的发展，使公交系统实现安全便捷、经济、运量大的目标。如通过个人计算机、闭路电视等向公众就出行方式和事件、路线及车次选择等提供咨询，在公交车站通过显示器向候车者提供车辆的实时运行信息。在公交车辆管理中心，可以根据车辆的实时状态合理安排发车、收车等计划，提高工作效率和服务质量。

（4）先进的车辆控制系统（Advanced Vehicle Control System，AVCS）　AVCS 的目的是开发帮助驾驶员实行本车辆控制的各种技术，从而使汽车行驶更加安全、高效。AVCS 包括对驾驶员的警告和帮助、障碍物避免等自动驾驶技术。

（5）货运管理系统（Transportation Management System，TMS）　这里指以高速道路网和信息管理系统为基础，利用物流理论进行管理的智能化的物流管理系统。综合利用卫星定位、地理信息系统、物流信息及网络技术有效组织货物运输，提高货运效率。

（6）电子收费系统（Electronic Toll Collection System，ETC）　ETC 是世界上最先进的路桥收费方式。通过安装在车辆挡风玻璃上的车载器与在收费站 ETC 车道上的微波天线之间的微波专用短程通信，利用计算机联网技术与银行进行后台结算处理，从而达到车辆通过路桥收费站不需停车而能交纳路桥费的目的，且所交纳的费用经过后台处理后，分给相关的收益业主。在现有的车道上安装电子不停车收费系统，可以使车道的通行能力提高 3～5 倍。

（7）紧急救援系统（Emergency Rescue System，ERS） ERS 是一个特殊的系统，它的基础是 ATIS、ATMS 和相关的救援机构和设施，通过 ATIS 和 ATMS 将交通监控中心与职业的救援机构联成有机的整体，为道路使用者提供车辆故障现场紧急处置、拖车、现场救护、排除事故车辆等服务。

2. 智能交通技术

智能交通系统的应用技术包括了交通信号控制系统、集装箱管理系统、可变消息标志、自动车牌识别或高速摄影机及监视应用程序。如安全 CCTV 系统及更高级的应用程序集成了实时数据和来自其他方面的反馈信息；又如停车指导信息系统、桥梁除冰系统等。此外，较为热门的预测技术可以允许进行高级建模，并与历史基准数据进行比较。

（1）无线通信 包括特高频（Ultra High Frequency，UHF）和甚高频（Very High Frequency，VHF）。无线电调制解调器通信被广泛用于 ITS 中的短距离和长距离通信。可以使用 IEEE 802.11 协议［特别是 WAVE 或由美国智能交通协会和美国运输部推广的专用短距离通信（DSRC）标准］来完成 350m 的短距离通信。从理论上讲，可以使用移动自组织网络或网状网络来扩展这些协议的范围。还可以使用诸如 WiMAX（IEEE 802.16）、全球移动通信系统（GSM）或 4G/5G 等基础设施网络进行远程通信。但是，与短距离协议不同，这些方法需要广泛且非常昂贵的基础架构部署，对于哪种业务模型应支持此基础结构尚缺乏共识。

（2）计算 车辆电子技术的最新进展已向功能更强大的计算机处理器发展。2000 年初期的典型车辆具有 20～100 个带有非实时操作系统的独立网络微控制器 / 可编程逻辑控制器模块。新的嵌入式系统平台允许实施更复杂的软件应用程序，包括基于模型的过程控制、人工智能和无处不在的计算。对于智能交通系统而言，最重要的就是人工智能。

（3）感应 ITS 的传感系统是基于车辆和基础设施的联网系统，即智能车辆技术。基础设施传感器是不可破坏的（如道路反射器）设备，可根据需要安装或嵌入在道路或道路周围（如建筑物、路标和标牌上），并可在预防性道路建设维护期间手动分发或通过传感器注入机械进行快速部署。车辆传感系统包括部署基础设施到车辆和车辆到基础设施的电子信标以进行识别通信，并且可以按照期望的时间间隔，使用视频自动车牌识别或车辆磁签名检测技术，以增加对关键车辆的持续监控。

（4）信息融合 来自不同传感技术的数据可以以智能方式进行组合，以更加准确地确定交通状态。

延伸阅读

智能建造是指在建造过程中充分利用智能技术和相关技术，通过应用智能化系统，提高建造过程的智能化水平，减少对人的依赖，达到安全建造的目的，提高建筑的性价比和可靠性。

也有其他学者定义为"以建筑信息模型、物联网等先进技术为手段，以满足工程项目的功能性需求和不同使用者的个性需求为目的，构建项目建设和运行的智慧环境，通过技术创新和管理创新对工程项目全生命周期的所有过程实施有效改进和管理的一种管理理念和模式"。

综上所述，智能建造是为适应以"信息化"和"智能化"为特色的建筑业转型升级国家战略需求而设置的新工科专业，可推动我国智能智慧项目建设所必需的专业技术人员的培养。

本章习题

1. 单选题

（1）物联网的特征是（　　）。

A. 具有传感技术　　　　　　　　　B. 是泛在融合的网络

C. 具有智能信息处理技术　　　　　D. 以上均是

（2）物联网的体系结构不包括（　　）。

A. 感知层　　　　B. 传输层　　　　C. 网络层　　　　D. 应用层

（3）射频识别系统包括（　　）。

A. 阅读器　　　　B. 天线　　　　C. 电子标签　　　　D. 以上均是

（4）不属于室内定位技术的是（　　）。

A. RFID 技术　　B. 视觉定位技术　C. GPS 技术　　　D. WiFi 技术

2. 填空题

（1）物联网的基本特征可概括为_____、_____和_____。

（2）目前主流的物联网体系架构可以被分为三层：_____、_____和_____。

（3）物联网的应用可分为监控型、_____、控制型、_____等

（4）智能仓储是一种仓储管理理念，是通过_____、_____和机电一体化共同实现的智慧物流。

（5）智能运维的主要技术组成是运维大数据平台、_____和_____。

（6）智能建筑的基本功能主要由三大部分构成，即_____、通信自动化和办公自动化。

3. 简答题

（1）简述物联网的概念。

（2）简述物联网的特点。

（3）简述物联网的核心技术。

参考文献

［1］　胡向东. 物联网研究与发展综述［J］. 数字通信，2010（2）：17-21.

［2］　甘志祥. 物联网的起源和发展背景的研究［J］. 现代经济信息，2010（1）：157-158.

［3］　黄静.物联网综述［J］.北京财贸职业学院学报，2016（6）：21-26.

［4］　Internet of Things An Action Plan for Europe［EB/OL］.http://ec.europa.eu/information society/ policy/rfid/documents/commiot2009.pdf

［5］　i-Japan Strategy 2015［EB/OL］.http://www.kantei.go.jp/foreign/policy/it/i-Japan Strategy2015_ full.pdf

［6］　韩国通过《物联网基础设施构建基本规划》［EB/OL］.http://www.cnii.com.cn/20080623/ ca586-145.htm

［7］　国家"十二五"科学和技术发展规划［S］.http://www.most.gov.cn/kjgh/sewkjfzgh/

［8］　工业与信息化部.物联网"十二五"发展规划［R］.http://www.miit.gov.cn/xwdt/gxdt/ldhd/ art/2020/art_f89e4ac2612a411a8b5d5ec5ca7e90f7.html，2011.11.

［9］　S Sarma，DL Brock，K Ashton. The Networked Physical World-Proposals for Engineering the Next Generation of Computing，Commerce & Automatic-Identification［White Paper］.2001.1.

［10］　Koshizuka N，Sakamura K. Ubiquitous ID：Standards for Ubiquitous Computing and the Internet of Things［J］.IEEE Pervasive Computing，2010，9（4）：98-101.

［11］　Vicaire P A，Xie Z，Hoque E，et al. Physicalnet：A Generic Framework for Managing and Programming Across Pervasive Computing Networks［C］// Real-Time and Embedded Technology and Applications Symposium. IEEE，2010：269-278.

［12］　OASIS WS-DD echnical Committee. Devices Profile for Web Services. OASIS，Standard：Version1.1，2009.

第 2 章

物联网架构

本章导读

物联网是互联网向世界万物的延伸和扩展,是实现万物互联的一种网络,而万物互联是实现物与物、人与人、物与人之间的通信。在物联网中,首先通过信息采集装置采集信息,然后通过各种通信技术将采集到的信息传输至数据处理中心,进而提取有效信息,再由数据处理中心对信息进行处理从而做出决策。物联网涉及许多领域及关键技术,为了更好地梳理物联网系统结构、关键技术和应用特点,促进物联网产业的稳定快速发展,就要建立统一的物联网系统架构和标准的技术体系,主要包括感知层、网络层、应用层。

物联网体系架构是系统框架的抽象性描述,是物联网实体设备功能行为角色的一种结构化逻辑关系,为物联网开发和执行者提供了一个系统参考架构。在物联网体系架构的三个层次中,感知层利用射频识别、传感器、二维码等随时随地获取物体的信息;网络层通过电信网络与互联网的融合,将物体的信息实时准确地传递出去;应用层把感知层得到的信息进行处理,实现智能化识别、定位、跟踪、监控和管理等实际应用。

学习要点

1)掌握物联网的三层基本架构及其功能。

2)了解物联网的不同体系架构。

2.1 物联网的三层基本架构

物联网的三层基本架构如图 2-1 所示。

物联网中大量原始数据信息从感知层获取,经过网络层传输以后,放到一个标准平台上,利用高性能的云计算对其进行处理,赋予这些数据智能,最终转换成对终端用户有用的信息[1]。而根据数据的交换情况也可以分为终端、传输管道、云端三层,两者对应关系如图 2-2 所示。

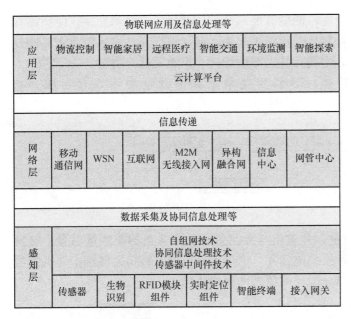

图 2-1 物联网的三层基本架构

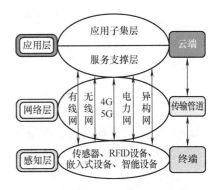

图 2-2 物联网基本架构与
数据交换架构的对应关系

2.2 感知层

感知层是物联网三层基本架构中最基础的一层，也是最为核心的一层。感知层的主要功能是识别物体、采集信息和自动控制。它由数据采集子层、短距离通信技术和协同信息处理子层组成。数据采集子层通过各种类型的传感器获取物理世界中发生的物理事件和数据信息，如各种物理量、标识、音视频多媒体数据。物联网的数据采集涉及传感器、RFID、多媒体信息采集、二维码和实时定位等技术。短距离通信技术和协同信息处理子层将采集到的数据在局部范围内进行协同处理，以提高信息的精度，降低信息冗余度，并通过具有自组织能力的短距离传感网接入广域承载网络。感知层在关键技术、标准化和产业化方面亟待突破，其发展的关键在于具备更精确、更全面的感知能力，并解决低功耗、小型化和低成本的问题。

另外，在感知层中应设置通信模块与智能模块，在通信模块作用下实现远距离信息传输，提升终端数据通信独立性，并且此模块可以为智能建造提供多种物联网智能服务，而智能模块可以对信息数据进行运算处理及执行[2]。

2.2.1 传感器

传感器作为物联网最底层的终端技术，对支撑整个物联网起到基础性作用，是实现物物互联的基础，是互联网延伸成为物联网的前提条件。传感器是一种检测采集装置，能感受并采集到被测量的信息，并能将感受到的信息按特定的要求变换成电信号或其他所需的信号进行输出，以满足信息的传输、处理、转换、存储、显示、记录和控制等要求[3]。

传感器的特点包括微型化、数字化、多样化、智能化、多功能化、系统化、网络化等，是实现自动控制、自动传输和自动检测的首要环节。传感器的存在和发展，使物体有了触觉、味觉、嗅觉等感官能力，让物体变得活了起来。通常根据其基本感知功能又被分为热敏元件、气敏元件、光敏元件、力敏元件、湿敏元件、声敏元件等类型。

传感器一般由敏感元件、转换元件、变换电路和辅助电源四部分组成，如图 2-3 所示。

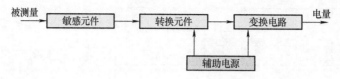

图 2-3　传感器的组成

其中，敏感元件直接感受被测量，并输出与被测量有确定关系的物理量信号；转换元件将敏感元件输出的物理量信号转换为电信号；变换电路负责对转换元件输出的电信号进行放大调制；转换元件和变换电路一般还需要辅助电源供电。

传感网络是由传感器、执行器、通信单元、存储单元、处理单元和能量供给单元等模块组成的，以实现信息的采集、传输、处理和控制为目的的信息收集网络。传感网络的结构如图 2-4 所示。

在传感网络中，传感器通过监测物理、化学、空间、时间和生物等非电量参数信息，将监测结果按照一定规律转化为电信号或其他所需信号的单元。它主要负责对物理世界参数信息进行采集和数据转换。

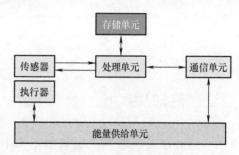

图 2-4　传感网络的结构

1）处理单元是传感器的核心单元，它通过运行各种程序处理感知数据，利用指令设定发送数据给通信单元，并依据收到的数据传递给执行器来执行指令的动作。

2）执行器主要用于实现决策信息对环境的反馈控制，执行器并非是传感网络的必需模块，无须实现反馈控制的传感网络则不需要该模块。

3）存储单元主要实现对数据及代码的存储功能。存储器主要分为随机存取存储器（RAM）、只读存储器（ROM）、电可擦除可编程只读存储器（EEPROM）和闪存（Flash Memory）四类。随机存取存储器用来存储临时数据，并接收其他节点发送的分组数据等，电源关闭时，数据不保存。只读存储器、电可擦除可编程只读存储器及闪存用来存储非临时数据，如程序源代码等。

4）通信单元主要实现各节点数据的交换。通信模块可分为有线通信和无线通信两类。有线通信是用导线（如架空明线、同轴电缆、光导纤维、波导等）作为传输媒质完成通信；无线通信是依靠电磁波在空间传播达到传递消息的目的，主要有射频、大气光通信和超声波等。

5）电源模块主要为传感网络各模块的可靠运行提供电能。

上述模块共同作用可实现物理世界的信息采集、传输和处理，为实现万物互联奠定了基础。例如，在智能建筑方面，智能建筑传感器是现代物业管理系统中不可或缺的一部分，尤其是商业房地产。支持物联网的传感器，可降低能源、运营和人员成本，同时提高效率、可持续性、生产力、安全性和安保性。智能建筑传感器可以改变住宅和商业房地产，超越传统的气候控制和能源效率范围。智能建筑传感器可以检测和调节温度、湿度、灯光、电器和空气质量，还可以监测运动、接近、接触、水质、电力和安全性，实现各种系统的自动化，并提供有价值的数据。现代智能建筑传感器使用不同的技术和物联网来提供实时自动化。大多数智能建筑传感器还有助于物业管理和基本操作，包括预防性维护、安全和紧急服务。

2.2.2 无线传感器网络的特点

单一的传感器在通信、电能、处理和储存等多个方面受到限制，通过组网连接后，具备应对复杂计算和协同信息处理的能力，它能够更加灵活、以更强的鲁棒性来完成感知任务。无线传感器网络（Wireless Sensor Networks，WSN）是集成了检测、控制及无线通信的网络系统，其基本组成实体是具有感知、计算和通信能力的智能微型传感器。无线传感器网络通常由大量无线传感器节点对监测区域进行信息采集，以多跳中继方式将数据发送到汇聚节点，经汇聚节点的数据融合和简单处理后，通过互联网或者其他网络将监测到的信息传递给后台用户。无线传感器网络的体系架构如图 2-5 所示。

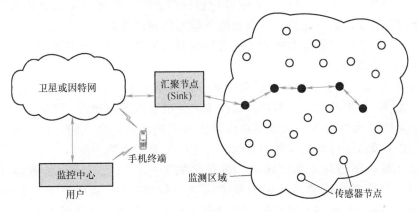

图 2-5　无线传感器网络的体系架构

无线传感器网络的部署一般通过飞行器播撒、火箭弹射和人工埋置等方式。当部署完成后，监测区域内的节点可以以自组织的形式构成网络。与传统无线网络、无线自组网、Bluetooth 蓝牙网络、蜂窝网及无线局域网相比，无线传感器网络具有以下特点：

（1）分布式和自组织性　在无线传感器网络中并没有预先设置中心节点，所有的节点都拥有相同的权限，各节点之间都是通过分布式算法来协调，可以在无人操作的情况下自动将所有节点组织到一起，自动地进行网络配置和管理，通过相应的协议和算法自动形成一个具有收发大量环境数据的无线网络。为了应对环境的复杂性，无线传感器网络可以随时加入或者切除一部分节点，网络不会因此而失效或者崩溃[4]。

（2）规模大、密度高　为了获取监测环境中完整精确的信息，并且保证网络较长的生存寿命和可用性，可能在一个无线传感器网络中需要部署的节点达到成千上万，甚至更多，特别是在人类难以接近或无人值守的危险地区。大规模的无线传感器网络通过分布式采集大量信息，以便提高监测区域的监测精确度；同时有大量冗余节点协同工作，提高系统容错性和覆盖率，减少监测盲区。

（3）动态拓扑　无线传感器网络是一个动态的网络，节点可以随处移动[5]；某个节点可能会因电池能量耗尽或其他故障而退出网络，也可能由于工作的需要而被添加到其他网络中。

（4）电源能量有限　传感器节点作为一种微型嵌入式设备应用于无线传感器网络中，成本低、功耗小是对传感器节点的基本要求，这就限制了节点的处理器容量较小且处理能力弱。传感器节点通常采用能量有限的纽扣式电池供电。随着节点电池能量的耗尽，节点寿命将终止。当寿命终止的节点达一定比例时，整个网络将不能工作。在执行任务时，传感器节点以较少的能量消耗，利用有限的计算和存储资源，完成监测数据的采集、传递和处理，这是无线传感器网络设计中必须考虑的因素之一。

（5）相关应用性　无线传感器网络不像互联网有统一的通信平台，而是根据不同的应用背景，其软件系统、硬件平台和网络协议都有着很大的差别。相对于不同无线传感器网络应用中的共性问题，在实际应用中关注更多的是其差异性。因此，考虑如何设计系统，使其贴近应用，才能做出更加高效的目标系统。针对应用研究无线传感器网络设计方法及部署策略，这是无线传感器网络优于传统网络的显著特征。

（6）以数据为中心　在对某一区域进行目标监测时，传感器节点随机部署，监测网络的无线通信是完全动态变化的，需要监测到动态的观测数据，而不是单个节点观测到的数据。无线传感器网络以数据为中心，需要快速有效地接收并融合各个节点的信息，提取出有效信息传递给用户。

（7）多跳路由　网络中节点的通信距离一般在数十米到数百米范围内，节点只能与其邻居直接通信。如果希望与其射频覆盖范围之外的节点进行通信，则需要通过中间节点进行路由。无线传感器网络中的多跳路由是由普通网络节点完成的，没有专门的路由设备。因此，每个节点既可以是信息的发起者，也可以是信息的转发者[6]。

（8）低功耗、微型化、高度集成、低价格的传感器节点　无线传感器网络并不能简单地理解为"将现有传感器通过无线方式进行组网"。微机电系统（Micro-Electro-Mechanical System，MEMS）技术和低功耗电子技术的发展，使得开发低功耗、小体积、低价格，同时集成有微传感器、执行器、微处理器和无线通信等功能部件的无线传感器节点成为可能[7]。

2.2.3　无线传感器网络的研究范畴

目前对于无线传感器网络本身的研究热点主要集中在三个方面的关键技术上：网络通信协议、网络管理技术、网络支撑技术。在网络通信协议上，研究重点是网络拓扑控制、数据链路层介质访问控制（Media Access Control，MAC）协议和网络层路由协议；在网络管理技术上，研究重点是数据融合、收集数据的管理、节能降耗问题及网络通信安全的实现；在网络支撑技术上，主要研究节点定位问题、时间同步技术的实现及用户操作系统的实现问题。

（1）网络拓扑控制　拓扑控制是传感器节点实现无线自组织的基础。良好的拓扑结构能够提高数据链路层和网络层传输协议的效率，合理的拓扑结构能够维持网络的链接，节省电能，延长网络生命周期。同时，拓扑结构能够为节点定位、时间同步和数据融合等研究奠定基础。

（2）MAC 协议　MAC 协议直接控制射频模块，对节点功耗有重要影响，而射频模块是节点中最大的耗能部件，因此到目前为止，能源效率是无线传感器网络 MAC 层协议中最主要的设计目标。目前，MAC 协议在降低功耗方面主要采用的方法有减少数据流量、增加射频模块休眠时间和冲突避免等。其中，减少数据流量是最根本的解决方案。

（3）路由协议　路由协议的主要任务是在节点间建立路由，可靠地传递数据。其首要设计原则是节省能量，延长网络系统的生存期。协议不能太复杂，不能在节点保存太多的状态信息，节点间不能交换太多的路由信息；同时应尽量避免发送冗余信息，减少能量的浪费。近年来比较新的路由协议可归为能量感知路由、以数据为中心的路由、洪泛式路由及基于地理位置的路由四种。也有许多新的路由协议被提出，但目前仍然有很多关键问题未解决，如节能与通信服务质量的平衡、面向应用的路由协议、安全路由协议等问题。

（4）数据融合　相邻的传感器可能采集到相同的数据，重复传输这些数据会浪费大量的网络资源。为了节省网络资源，延长网络的生命周期，无线传感器网络应能够检测出冗余的数据，并对相异的数据进行组合，然后传送给目标节点。所以，数据融合技术是改善无线传感器网络性能的重要技术之一。

（5）数据管理　无线传感器网络从本质上看也是由多个分布式数据库组成的，与传统数据库相比，这些分布式数据库的载体容量小，能量有限，因此，传统数据库的管理方式不能应用在无线传感器网络中。研究如何高效、安全、实时地管理这些数据具有重要意义。

（6）节能损耗　传感器网络节点分布众多、覆盖范围大、工作环境复杂，因而通过更换电池来延长网络工作寿命的方法是不现实的。对于整个传感器网络，必须在设计时就充分考虑节能降耗问题，使得节点生存时间长达数月甚至数年，以尽可能少的能量完成尽可能多的任务。目前，在节能问题的研究中，休眠机制是节省能源最有效的方式之一。由于传感器节点监测事件的偶发性，没有必要让所有单元均在正常状态下工作，此时即可启用休眠模式，能自适应的休眠和唤醒，进行突发工作，节省能量。另外，根据负载状态动态调节供电电压，形成一个闭环控制系统，也可达到节能的目的。

（7）网络安全　无线传感器网络多用于军事、商业领域，安全性是其重要的研究内容。由于传感器网络中节点随机部署、网络拓扑的动态性及信道的不稳定性，使传统的安全机制无法适用，因此需要设计新的网络安全机制。可借鉴扩频通信、接入认证/鉴权、数据水印、数据加密等技术。目前，无线传感器网络安全问题的研究工作相对较少，还存在着很多挑战性的问题，如安全路由方法、安全网内数据处理技术、低能耗加密方法、入侵模型和入侵抵御方法、支持新节点加入的密钥预分配技术等。

（8）节点定位　节点定位是指确定传感器节点的相对位置或绝对位置，节点采集到的数据必须结合其在测量坐标系内的位置信息才有意义。无线传感器网络的一个重要作用是能够查知数据的传输来源和位置，查知传感器的位置信息及传感器周围发生的事件的位置信息尤为重要，如森林火灾预测系统、煤矿井下安全事件、野生生物生活习性统计系统都需要这样的位置信息。

（9）时间同步　无线传感器网络是由很多节点共同组成的，要使各个节点能够协调工作，前提是每个节点都要通过与邻居节点的同步协调，才能完成复杂任务。

（10）嵌入式操作系统　无线传感器网络的操作系统根据检测的环境的不同有所区别。不同的操作系统应用于不同的场景，并满足不同的需求。对无线传感器网络操作系统的研究是当前无线传感器网络的关键技术之一。

延伸阅读

传感器与高端芯片、工业软件一起被称为拓展和征战数字世界疆域的三大"利剑"，是衡量一国数字化竞争力的关键产品，是赢得数字时代战略竞争的杀手锏。当前我国正在加快数字化转型，推进数字中国建设，传感器产业已经成为支撑万物互联、万物智能的基础产业，各领域数字化转型进程和深度跟传感器产业技术创新水平、产品供给能力等因素息息相关，但我国较多领域传感器技术产品对外依存度较大，部分领域传感器技术产品供应商选择十分有限，存在严重安全发展隐患，应引起国家高度重视。

传感器在国民经济和社会发展各领域中有着极为广泛的应用，智能手机、智能家居、智慧楼宇、智能汽车、智慧交通、智慧物流、智能制造、智慧医疗、应急救灾、疫情防控等领域应用无处不在。传感器安装应用是产品智能提档、社会治理提升、服务升级的重要保障。

传感器是现代智能产品中极为关键的核心部件，在移动智能终端、智能网联汽车、智能家居、医疗设备、智能装备、数控仪器仪表等高端电子信息物理系统中，传感器都是关键的核心部件，决定系统的能力、功效和品质，扮演着极为关键的作用。以智能手机为例，高端智能手机中的传感器多达十多款，包括图像（摄像头）、声音（麦克风）、信号（天线）、压力（触摸屏）、角速度（陀螺仪）、磁力、距离、光线、温度、气压、加速度、心率、指纹等各类传感器，每个传感器的功能和性能都关系到手机功能和品质。传感器是技术高度密集产品，对原材料、关键技术、制造工艺、工具软件等都有严格要求，对稳定性、可靠性、耐用性和一致性都有严格要求，各领域高端传感器与工业软件一样，都是产业竞争杀手锏，掌握着产业发展的命脉，把控着产业链的价值分配。

传感器是打通物理世界和数字世界的信息流动的桥梁，是虚拟现实、数字孪生、元宇宙等产业发展的基础性技术，是推进信息化和工业化深度融合的关键所在，离开了形形色色的传感器，物理世界和数字世界是隔离的，数字技术赋能经济社会发展的作用就会大幅削弱。以快递物流行业为例，近年来我国快递物流行业作业效率快速提升，离不开快递行业各个环节的数字化改造，让各种安装有传感设备的自动化数字设备替代了人类作业，简化了信息处理过程，大大提升了快递物流在收揽、分拣、配送过程中的作业效率。

2.3　网络层

网络层作为整个基本架构的中枢，起到承上启下的作用，解决的是感知层在一定范围一定时间内获得的数据的传输问题，通常以解决长距离传输问题为主。网络层由互联网、电信网等组成，负责信息传递、路由和控制。网络层将来自感知层的各类信息通过基础承载网络传输到应用层，承载网络包括移动通信网、互联网、卫星网、广电网、行业专网，以及形成的融合网络等。网络层中的关键长距离通信技术包含有线、无线通信技术及网络技术等，以 4G、5G 等为代表的通信技术，将成为物联网技术的一大核心[8]。

网络层主要关注来自感知层的、经过初步处理的数据经由各类网络的传输问题。这涉及智能路由器、不同网络传输协议的互通、自组织通信等多种网络技术。其中，全局范围内的标识解析将在该层完成。除了全局标识解析，其他技术较为成熟，以现有标准为主。

在智能建造中，网络层除了需要通用网络，还需要多架构网络。多架构网络是指为了构建出可靠的智能建造系统所需的各种网络。

2.3.1 互联网体系架构

互联网是由网络与网络之间串联成的庞大网络，这些网络以一组通用的协议相连，形成逻辑上的单一巨大的国际网络。将计算机网络互相联结在一起，在这基础上发展出覆盖全世界的互联网络称互联网。其中，计算机网络是一组通过一定形式连接起来的计算机系统，它需要四个要素的支持，即通信线路和通信设备、有独立功能的计算机、网络软件的支持、能实现数据通信与资源共享。计算机网络具有两大参考模型，分别为 OSI 模型和 TCP/IP 模型。其中，OSI 模型为理论模型，而 TCP/IP 模型已成为互联网事实上的工业标准。现在的通信网络一般都是采用 TCP/IP 协议簇，而应用编程都是采用 socket 套接字进行编程。

开放系统互连参考模型（Open System Interconnect，OSI）是国际标准化组织（International Organization for Standardization，ISO）和国际电报电话咨询委员会（Consultative Committee for International Telegraph and Telephone，CCITT）联合制定的一个用于计算机或通信系统间开放系统互连参考模型，一般称为 OSI 参考模型或七层模型。它从低到高分别是物理层、数据链路层、网络层、传输层、会话层、表示层和应用层。

七层模型的目的是为异种计算机互联提供一个共同的基础和标准框架，并为保持相关标准的一致性和兼容性提供共同的参考。开放系统是指遵循 OSI 参考模型和相关协议，能够实现互联的具有各种应用目的的计算机系统。OSI 参考模型如图 2-6 所示。

开放系统环境由信源端和信宿端开放系统及若干中继开放系统通过物理介质连接构成。这里的端开放系统和中继开放系统相当于资源子网中的主机和通信子网中的节点机（Interface Message Processor，IMP）。主机需要包含所有七层的功能，通信子网中的 IMP 一般只需要最低三层或者只需要最低两层的功能。

OSI 参考模型是计算机网络体系架构发展的产物，基本内容是开放系统通信功能的分层结构。模型把开放系统的通信功能划分为七个层次，从物理层开始，上面分别是数据链路层、网络层、传输层、会话层、表示层和应用层。每一层的功能是独立的，它利用其下一层提供的服务为其上一层提供服务，而与其他层的具体实现无关。服务是下一层向上一层提供的通信功能和层之间的会话规定，一般用通信原语实现。两个开放系统中的同等层之间的通信规则和约定称为协议。

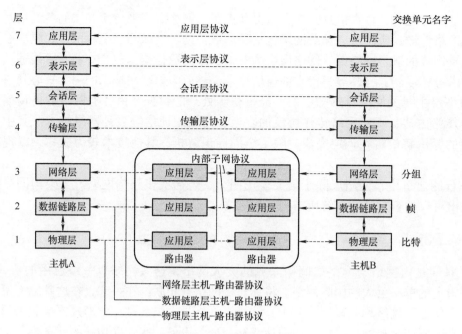

图 2-6　OSI 参考模型

OSI 七层模型的各部分功能如下：

（1）物理层　物理层是 OSI 参考模型中的最底层，主要定义了系统的电气、机械、过程和功能标准，如电压、物理数据速率、最大传输距离、物理连接器和其他的类似特性。物理层的主要功能是利用传输介质为数据链路层提供物理连接，负责数据流的物理传输工作。物理层传输的基本单位是比特流，即 0 和 1，也就是最基本的电信号或光信号，表示最基本的物理传输特征。

（2）数据链路层　数据链路层是在通信实体间建立数据链路链接，传输的基本单位为"帧"，并为网络层提供差错控制和流量控制服务。数据链路层由 MAC（介质访问控制子层）和 LLC（逻辑链路控制子层）组成。介质访问控制子层的主要任务是规定如何在物理线路上传输帧。逻辑链路控制子层对在同一条网络链路上的设备之间的通信进行管理，主要负责逻辑上识别不同协议类型，并对其进行封装。也就是说，数据链路控制子层会接受网络协议数据、分组的数据报，并添加更多的控制信息，从而把这个分组传送到它的目标设备。

（3）网络层　网络层主要是为数据在节点之间传输创建逻辑链路，通过路由选择算法为分组选择最佳路径，从而实现拥塞控制、网络互联等功能。网络层是以路由器为最高节点俯瞰网络的关键层，它负责把分组从源网络传输到目标网络的路由选择工作。互联网是由多个网络组成在一起的集合，正是借助了网络层的路由路径选择功能，才能使得多个网络之间的连接得以畅通，信息得以共享。

网络层提供的服务有面向连接和面向无连接的两种服务。面向连接的服务是可靠的连接服务，即数据在交换之前必须先建立连接，然后传输数据，结束后终止之前建立连接的服务。网络层以虚电路服务的方式实现面向连接的服务。面向无连接的服务是一种不可靠的服务，不能防止报文的丢失、重发或失序。面向无连接的服务优点在于其服务方式灵活方便，且非常迅速。网络层以数据报服务的方式实现面向无连接的服务。

（4）传输层　传输层是网络体系结构中高低层之间衔接的一个接口层。传输层不仅仅是一个单独的结构层，而是整个分析体系协议的核心。传输层主要为用户提供 End-to-End（端到端）服务，处理数据报错误、数据报次序等传输问题。传输层是计算机通信体系结构中关键一层，它向高层屏蔽了下层数据的通信细节，使用户完全不用考虑物理层、数据链路层和网络层工作的详细情况。传输层使用网络层提供的网络连接服务，依据系统需求可以选择数据传输时使用面向连接的服务或是面向无连接的服务。

（5）会话层　会话层的主要功能是负责维护两个节点之间的传输连接，确保点到点传输不中断，以及管理数据交换等功能。会话层在应用进程中建立、管理和终止会话。会话层还可以通过对话控制来决定使用何种通信方式：全双工通信或半双工通信。会话层通过自身协议对请求与应答进行协调。

（6）表示层　表示层为在应用过程之间传送的信息提供表示方法的服务。表示层以下各层主要完成的是从源端到目的端可靠的数据传送，而表示层更关心的是所传送数据的语法和语义。表示层的主要功能是处理在两个通信系统中交换信息的表示方式，主要包括数据格式变化、数据加密与解密、数据压缩与解压等。在网络带宽一定的前提下，数据压缩的越小其传输速率就越快，所以，表示层的数据压缩与解压被视为影响网络传输速率的关键因素。表示层提供的数据加密服务是重要的网络安全要素，确保了数据的安全传输。表示层为应用层提供的服务包括语法转换、语法选择和连接管理。

（7）应用层　应用层是 OSI 模型中的最高层，是直接面向用户的一层，用户的通信内容要由应用进程解决，这就要求应用层采用不同的应用协议来解决不同类型的应用要求，并且保证这些不同类型的应用所采用的低层通信协议是一致的。应用层中包含了若干独立的用户通用服务协议模块，为网络用户之间的通信提供专用的程序服务。需要注意的是应用层并不是应用程序，而是为应用程序提供服务。

OSI 模型中数据的实际传送过程如图 2-7 所示。

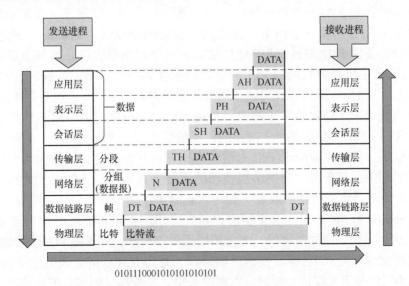

图 2-7　OSI 模型数据传送过程

数据由发送进程送给接收进程：经过发送方从上到下传递到物理介质；通过物理介质传输到接收方后，再经过从下到上的传递，最后到达接收进程。

在发送方从上到下逐层传递的过程中，每层加上该层的头信息首部，即图 2-7 中的应用层，表示层，…，物理层，到底层为由 0 或 1 组成的数据比特流（位流），然后转换为电信号或光信号在物理介质上传输至接收方，这个过程还可能采用伪随机系列扰码，便于提取时钟。接收方在向上传递时的过程正好相反，要逐层剥去发送方相应层加上的头部信息。

开放系统互联参考模型各层的功能可以简单地概括为：物理层正确利用媒质，数据链路层协议走通每个节点，网络层选择走哪条路，传输层找到对方主机，会话层指出对方实体是谁，表示层决定用什么语言交谈，应用层指出做什么事。

互联网的基础是 TCP/IP。TCP/IP 也可以看成四层的分层体系架构，从底层开始分别是物理数据链路层、网络层、传输层和应用层。为了和 OSI 七层协议模型对应，物理数据链路层还可以拆分成物理层和数据链路层，每一层都通过调用它的下一层所提供的网络任务来完成自己的需求。OSI 七层模型和 TCP/IP 四个协议层的关系如图 2-8 所示。

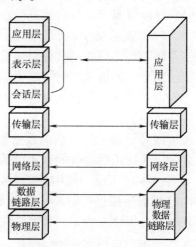

图 2-8　OSI 七层模型和 TCP/IP 四个协议层

TCP/IP 分层模型的四个协议层及其功能如下：

（1）物理数据链路层　物理数据链路层又称网络接口层，还可以划分为物理层和数据链路层，包括用于协作 IP 数据在已有网络介质上传输的协议。该层的主要工作是对电信号进行分组并形成具有特定意义的数据帧，然后以广播的形式通过物理介质发送给接收方。

（2）网络层　网络层对应于 OSI 七层参考模型的网络层。本层包含 IP、ARP 及路由协议。网络层引入了 IP，制定了一套新地址，使得能够区分两台主机是否同属一个网络，这套地址就是网络地址，也就是 IP 地址。ARP 即地址解析协议，是根据 IP 地址获取 MAC 地址的一个网络层协议。路由协议是指首先通过 IP 来判断两台主机是否在同一个子网中，如果在同一个子网，就通过 ARP 查询对应的 MAC 地址，然后以广播的形式向该子网内的主机发送数据报 1；如果不在同一个子网，以太网会将该数据报 1 转发给本子网的网关进行路由。网络层的主要工作是定义网络地址、区分网段、子网内 MAC 寻址、对不同子网的数据报 1 进行路由。

（3）传输层　传输层对应于 OSI 七层参考模型的传输层。传输层为两台主机的应用程序提供端到端的通信服务。与网络层使用的逐跳方式不同，传输层只关心通信的起始端和目的端。传输层负责数据的收发、链路的超时重发等功能。传输层主要有三个协议：TCP、UDP 和 SCTP。TCP 即传输控制协议，为应用层提供可靠的、面向连接的和基于流的服务。UDP 即用户数据报协议，为应用层提供不可靠、无连接和基于数据报的服务，优点是实时性比较好。SCTP 即流控制传输协议，是为在互联网上传输电话信号设计的。传输层的主要工作是定义端口，标识应用程序身份，实现端口到端口的通信。

（4）应用层　应用层对应于 OSI 七层参考模型的应用层、表示层和会话层。理论上讲，有了以上三层协议的支持，数据已经可以从一台主机上的应用程序传输到另一台主机的应用程序了，但此时传过来的数据是字节流，不能很好地被程序识别，操作性差。因此，应用层定义了各种各样的协议来规范数据格式，常见的有 HTTP（超文本传输协议）、FTP（文件传输协议）、SMTP（简单邮件传送协议）等。应用层的主要工作是定义数据格式并按照对应的格式解读数据。

随着互联网在全球范围的广泛应用，互联网网络节点数目呈几何级数增长。互联网上使用的网络层协议 IPv4，其地址空间为 32 位，理论上支持 40 亿台终端设备的互联。随着互联网的迅速发展，这样的 IP 地址空间正趋于枯竭。1996 年美国克林顿政府出台"下一代互联网"研究计划（Next Generation Internet，NGI），目标是将 Internet 的连接速率提高 100 倍到 1000 倍，突破网络瓶颈的限制，解决交换机、路由器和局域网之间的兼容问题。其中 IPv6 为 NGI 的主要特征。

IPv6 的地址空间由 IPv4 的 32 位扩大到 128 位，2 的 128 次方形成了一个巨大的地址空间，可以让地球上每个人拥有 1600 万个 IP 地址，甚至可以给世界上每一粒沙子分配一个 IP 地址。采用 IPv6 地址后，未来的移动电话、冰箱等家电都可以拥有自己的 IP 地址，数字化生活无处不在。任何人、任何东西都可以随时、随地联网，成为数字化网络化生活的一部分，为物联网终端地址提供了保障。

IPv6 的主要优势体现在以下几方面：扩大地址空间，提高网络的整体吞吐量，改善服务质量（QoS），安全性有更好的保证，支持即插即用，能更好地实现多播功能。

我国从 1996 年起就开始跟踪和探索下一代互联网的发展。1998 年，CERNET（中国教育和科研计算机网）采用隧道技术组建了我国第一个连接国内八大城市的 IPv6 试验床，获得我国第一批 IPv6 地址；1999 年，与国际上的下一代互联网实现连接；2001 年，以 CERNET 为主承担建设了我国第一个下一代互联网北京地区试验网 NSFCNET；2001 年 3 月首次实现了与国际下一代互联网络 Internet2 的互联。2003 年，由国家发展和改革委员会主导，中国工程院、科技部、教育部、中科院等八部委联合酝酿并启动了中国下一代互联网示范工程（CNGI）建设，该项目的主要目的是搭建下一代互联网的试验平台，IPv6 是其中要采用的一项重要技术。2004 年 3 月，我国第一个下一代互联网主干网——CERNET2 试验网在北京正式开通并提供服务，标志着我国下一代互联网建设的全面启动。CERNET2 是我国下一代互联网示范工程最大的核心网，也是唯一的全国性学术网。

2.3.2　传输网与传感网的融合

物联网系统的核心网络由传输网络和传感器网络两部分组成。传输网络主要实现数据的稳定传送，而传感网络主要实现被测对象的数据感知和处理[9]。传感网络是由大量部署在物理世界中的，具备感知、计算和通信能力的微小传感器组成，对物理环境和各种事件进行感知、检测和控制的网络。传感网络采集到的物理世界的信息，可通过互联网、电信网等传输网传输到后台服务器，并融入传输网络的业务平台之中。

传输网络的主要特点是：网络寿命较长；网络传输容量较大；网络覆盖范围较广阔；网络节点的数据处理能力较强。在整个物联网系统中，属于数据中心与传感网络的纽带，是数据和指令的传输通道。传感网络的主要特点是：网络节点多；节点的能力有限（电量及数据处理能力较差）；网络传输距离有限。传感网络是物联网数据的最终来源，同时是物联网的感知层，是通过传感器来感应或者采集不同外界信号实现数据的采集、处理、转换，变成人们需要的信号，大多数情况下是电信号。

传输网络和传感网络在物联网中同时存在，这是由当前的硬件能力限制造成的，数量庞大的传感网络必须要实现低成本，而当前的较低成本通信设备的传输距离必然受限，其网络复杂度也较低。因此，当前的传感网络不能只是在一定范围内的小局域网络，这就需要传输网把传感网的数据传送到处理中心。由于无线传输网络和传感器网络的物理层的硬件不同，且两者的通信协议也不同，这就不能在网络的底层实现两者的融合，因此，这两种网络的融合必须在应用层来实现。

（1）一级传输网络架构　一级传输网络架构主要是针对较为简单的物联网应用设计的。简单是指网络中的网络终端设备较少，即所要检测的对象数目较少，同时网络数据也不需要进行远距离传输，仅需在本地或者本地附近进行相应处理。

针对网络中终端的数量规模，可以把一级传输网络分为两种网络架构：一是针对小规模网络的应用，系统只需要对其中某几个重要地点或者用户进行检测或者数据采集，这时网络的规模较小，甚至可以降低到单个数据采集，如图 2-9 所示；二是针对大规模网络的应用，这种网络规模适用于较多的检测点或者检测用户，网络的规模较大，网络节点较多，相比于上个网络模型，这种网络的拓扑结构复杂，路由优化非常重要，如图 2-10 所示。

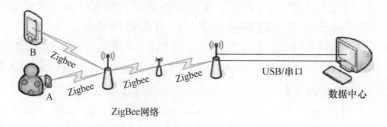

图 2-9　小规模物联网的一级传输网络的网络结构

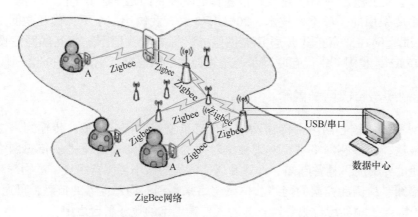

图 2-10　大规模物联网的一级传输网络的网络结构

两种网络的共同特点是只是在本地进行数据的传输，而不需要进行远程传送，这就使得网络的架构相对简单，只需关注在本地一定范围内的传送。此时，物联网系统的传输网络是由局域网来实现的，网络的拓扑结构简单。

（2）二级传输网络架构　二级传输网络架构主要是由两级网络结构组成的，主要应用在数据采集地或者检测地与数据的控制处理中心相距较远，需要借助第二层网络来进行数据的传输的情形。这种典型应用也被称作远程检测。此种传输网络的架构主要解决的是网络类型选型、局域网的出口及出口路线的选择等，如图 2-11 所示。

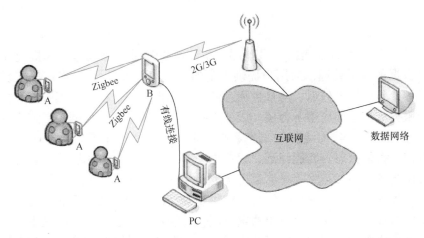

图 2-11　物联网传输网络的二级网络结构

（3）三级传输网络架构　三级传输网络架构主要是针对局域网的传输距离及传输容量不足以提供大数据量传送的情形。如话音及视频数据的传输时，在二级网络的基础上增加一个中间网络，能够接入到各级一级局域网络，作为一个小局域网的中心，然后把小局域网的数据通过此中心节点发送到外层网络。此中间网络的网络带宽和承载速率都较大，此种传输网络具有良好的扩展性，同时网络的容量可随数据流的大小进行调整。此种传输网络的架构扩展性最为便利，能够迅速地进行网络扩展，如图 2-12 所示。

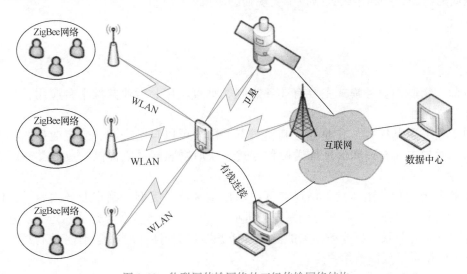

图 2-12　物联网传输网络的三级传输网络结构

根据上述基于传输网络与传感网络融合的物联网网络分析，传感器采集转化后的数据可以通过以下三种方式达到数据中心：通过传感器网络直接到达数据中心；通过传感器网络和传输网络到达数据中心；通过传输网络到达数据中心。

2.4 应用层

应用层位于物联网基本架构的最顶层，主要解决的是信息处理、人机交互等相关问题，通过对数据的分析处理，为用户提供丰富的、特定的服务[10]。应用层实现所感知信息的应用服务，包括信息处理、海量数据存储、数据挖掘与分析、人工智能等技术。应用层主要包括服务支撑层和应用子集层。服务支撑层的主要功能是根据底层采集的数据，形成与业务需求相适应、实时更新的动态数据资源库。应用子集层包括智能建造、智能交通、智能医疗、智能家居、智能物流、智能电力等行业应用。应用层将为各类业务提供统一的信息资源支撑，通过建立实时更新可重复使用的信息资源库和应用服务资源库，使得各类业务服务根据用户的需求随需组合，使得物联网的应用系统对于业务的适应能力明显提高。该层能够提升对应用系统资源的重用度，为快速构建新的物联网应用奠定基础，满足在物联网环境中复杂多变的网络资源应用需求和服务。该部分内容涉及数据资源、体系结构、业务流程类领域，是物联网能否发挥作用的关键，可采用的通用信息技术标准不多，因此尚需研制大量的标准。

例如，在智能建造中，应用层是由中间件平台、智慧模型、应用管理平台及多种软件构成的。其中，建立起智能建造的中间件平台，可以增强对子系统的管理、控制及信息采集、传输、查询等多种功能作用。智能建造中的物联网通用软件可以满足不同建造场所需，依照建造需求个性化定制出不同的功能，创建出物联策略组件、节能环保的智慧模型，然后物联系统会依照具体的智慧模型选取合理的方式运行。应用管理平台则可以采集项目全周期数据，并利用大数据技术实现辅助决策。

2.4.1 业务模式和流程

1. 业务模式

目前，物联网业务模式主要有业务定制、垂直应用、行业共性平台应用、公共服务和灾害应急五种。

（1）业务定制模式 在业务定制模式下，用户可以自己查询、确定业务的类型和内容。用户通过主动查询和信息推送两种方式，获取物联网系统提供的业务类型以及业务内容。

业务定制过程（图2-13）描述如下：用户挑选业务类型，确定业务内容后，向物联网应用系统定制业务。物联网应用系统受理业务请求后，确认业务已成功定制。建立用户与所定制业务的关联，将业务相关的操作以任务形式交付后台执行。任务执行返回的数据和信息由应用系统反馈给用户。

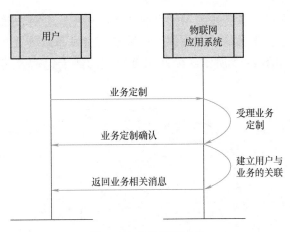

图 2-13　业务定制过程

业务退订过程（图 2-14）描述如下：用户向物联网应用系统提交退订的业务类型和内容，应用系统受理业务退订的要求，解除用户与业务之间的关联，给用户一个确认业务已成功退订。

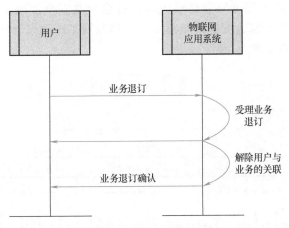

图 2-14　业务退订过程

业务定制模式，如个人用户向物联网应用系统定制气象服务信息、交通服务信息等，企业用户向物联网应用系统定制的服务有智能电网、工业控制等。

（2）垂直应用模式　垂直应用模式是目前常见的物联网应用模式，它是针对一个企业或者一个行业开展的业务，这个业务和需求应用只满足这一个行业或企业的要求，比较典型的应用包括电力、石油、铁路行业等。

（3）行业共性平台应用模式　行业共性平台应用模式是指物联网应用不仅仅服务于一个行业或者一个企业，而是服务于一类行业，如物流行业、医疗行业、智能家居行业等。行业共性平台的应用模式与垂直应用模式有很大的不同。例如，物流行业没有特别大的垄断企业，它不同于垂直模式的行业，如电力、石油、铁路等，垂直力度很大。

（4）公共服务模式　在公共服务模式下，常由政府或非营利组织建立公共服务的业务平台，在业务平台之上定义业务类型、业务规则、业务内容、业务受众等。业务平台的核心层包括业务规则、业务逻辑和业务决策，它们之间彼此关联、相互协调，保证公共服务业务顺利、有效地进行。业务逻辑与信息收集系统相连；业务决策与指挥调度系统、信息发布系统相连。信息收集系统、指挥调度系统和信息发布系统处在外围层，这三个系统由第三方厂商提供，如图 2-15 所示。公共服务模式的例子包括公共安全系统、环境监测系统等。

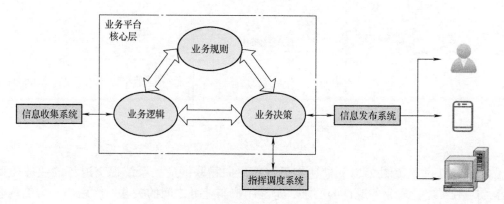

图 2-15 物联网公共服务业务平台系统结构

（5）灾害应急模式 随着突发自然灾害和社会公共安全复杂度的不断提高，应急事件牵涉面也会越来越广，这为灾害应急模式下的物联网系统的设计提出了更高的要求。灾害应急物联网系统结构如图 2-16 所示。

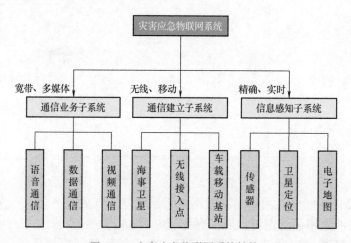

图 2-16 灾害应急物联网系统结构

在通信业务层面，物联网系统必须提供宽带和实时服务，并将语音、数据和视频等融合于一体，为指挥中心和事发现场之间提供反映现场真实情况的宽带音视频融合通信手段，支持应急响应指挥中心和现场指挥系统之间的高速数据、语音和视频 IP 电话通信，支持对移动目标的实时定位。

在通信建立层面，物联网系统必须支持无线和移动通信方式。由于事发现场的不确定性，应急指挥平台必须具备移动特性，在任何地方、任何时间、任何情况下均能和指挥中心共享信息的能力，减少应急呼叫中心对固定场所的依赖，提高应急核心机构在紧急情况下的机动能力。

在信息感知层面，物联网系统必须实现对应急事件多个参数信息的采集和报送，并与应急综合数据库的各类信息相融合，同时结合电子地图，基于信息融合和预测技术，对突发性灾害发展趋势进行动态预测，进而为辅助决策提供依据，有效地协调指挥救援。

典型的灾害应急模式的物联网应用场景包括地震、泥石流、森林火灾等。

2. 业务流程

业务流程就是过程节点及执行方式有序组成的工作过程。业务流程具有物理结构、功能组织及为实现既定目标的协作行为。业务流程的组件是业务流程相关的人和系统，参与者具有物理结构，能按照功能进行组织，并相互协作产生业务流程的预期结果。

业务流程开发者设计和规划业务流程时，需要考虑如下问题：

1）定义业务流程的组件和服务。

2）为组件和服务分配活动职责。

3）确定组件和服务之间所需的交互。

4）确定业务流程组件与服务的网络地理位置。

5）确定组件之间的通信机制。

6）决定如何协调组件和服务的活动。

7）定期评估业务流程，判断它是否符合需求，并进行反馈调整。

物联网应用服务系统构建方法不少是基于面向服务的体系结构（Service-Oriented Architecture，SOA），原理是将物联网的物端资源与云端资源提供的感知、执行与数据处理等能力分别抽象为实体服务和云服务。支持实体服务和云服务协同工作的服务组合是物联网服务灵活提供的关键。SOA 架构将信息系统模块化为服务的架构风格。一条业务流程是一个有组织的任务集合，SOA 的思想就是用服务组件去执行各个任务。

如图 2-17 所示，SOA 定义的服务层和扩展阶段的关系分为三个阶段：

1）第一个阶段只有基本服务。每个基本服务提供一个基本的业务功能，基本功能不会被进一步拆分。基本服务可以分为基本数据服务和基本逻辑服务两类。

2）第二个阶段在基本服务之上增加组合服务。组合服务是由其他服务组合而成的服务。组合服务的运行层次高于基础服务。

3）第三个阶段在第二个阶段基础上增加流程服务。流程服务代表了长期工作流程或业务流程。业务流程是可中断的、长期运行的服务流，与基本服务、组合服务不同，流程服务通常有一个状态，该状态在多个调用之间保持稳定。

图 2-17　基础服务层次和 SOA 扩展阶段

基于 SOA 的思路进行业务流程的建模、设计，是业界推崇的方法，也是业务流程设计的一个重要原则。目前，事件驱动的 SOA 架构（Event-Driven SOA，EDSOA）在物联网服务领域初步应用，EDSOA 在 SOA 架构基础上引入事件驱动的交互模式，将服务组合模式由原来的预先通过集中服务编排定制业务流程，改为去中心化的服务组合模式，实现基于隐式的事件流驱动服务执行，提供动态的服务组合，更适用于动态业务匹配的服务系统[11]，如图 2-18 所示。

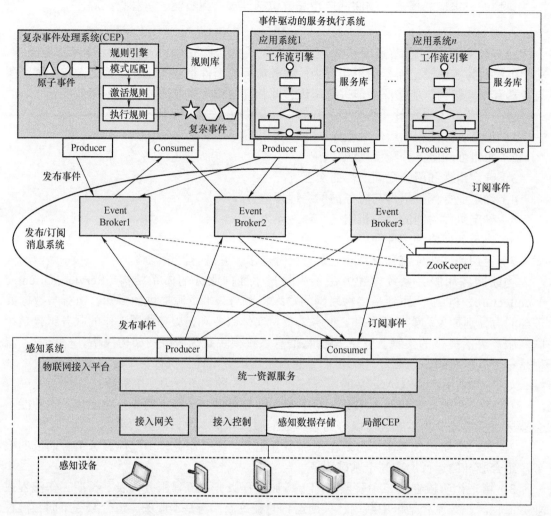

图 2-18　EDSOA 物联网服务系统架构

根据业务流程管理（Business Process Management，BPM）提供的准则和方法，物联网业务流程包含以下三个层次：

1）业务流程的建立。根据预计的输出结果，整理业务流程的具体要求，定义各种具体的业务规则，划分业务中各参与者的角色，为他们分配功能职责，设计和规划详细的业务方案，协调参与者之间的交互。

2）业务流程的优化。由于环境、用户群的变化，业务流程提供的功能和服务也应随之调整变化，优化调整过程，去除无用、低效和冗余流程环节，增加必需的新环节，之后重新排列调整，优化各个环节之间的顺序，形成优化之后的业务流程。

3）业务流程的重组。相对业务流程优化，业务流程重组是更为彻底的变革行动。对原有流程进行全面的功能和效率分析，发现存在的问题；设计新的业务流程改进方案，并进行评估；制定与新流程匹配的组织结构和业务规范，使三者形成一个体系。

2.4.2　服务资源

物联网系统的服务资源，包括标识、存储系统、计算能力等。

1. 标识

物联网标识是识别各种物理和逻辑实体的方法，识别之后可以实现对物体信息的查询、管理和控制，并以此为基础实现各种各样的物联网应用。物联网标识管理就是对物联网标识进行编码、分发、注册、解析、寻址及发现等贯穿物联网标识产生和应用全过程的管理。在互联网中，连接上层业务应用和底层物理基础设施的就是 DNS 这种标识服务。互联网中的标识服务包括域名、IP 地址、网络标识在内的互联网标识的管理、解析服务。物联网突破了传统的人与人之间的通信模式，引入对物理世界的感知，从而建立人与物、物与物之间的通信，并实现信息的动态获取、智能处理、无缝交互与协同共享。作为识别区分不同目标对象的物联网标识，则是实现以上信息通信和各类应用的基础与前提。物联网标识用于在一定范围内唯一识别物联网中的物理和逻辑实体，以便网络或应用基于此对目标对象进行相关控制和管理，以及相关信息的获取、处理、传送与交换，它是物联网中最重要的基础资源，是物联网对象的"身份证"[12]。

基于识别目标和应用场景，物联网标识可分为三类（图 2-19）。

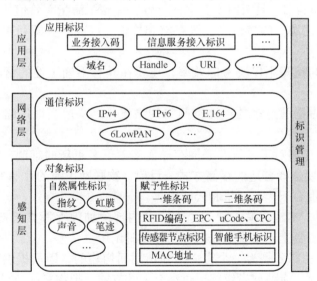

图 2-19　物联网标识体系

（1）对象标识　对象标识用于唯一识别物联网中的实体对象（如传感器节点、电子标签、网卡等）或逻辑对象（如文档、温度等）。根据标识形式的不同，对象标识又可进一步分为自然属性标识和赋予性标识。一个对象可以拥有多个对象标识，但一个标识必须唯一地对应一个实体对象或逻辑对象。

（2）通信标识　通信标识用于唯一识别具备通信能力的网络节点（如智能网关、手机终端、电子标签读写器及其他网络设备等）。通信链路两端的节点一定具有同类别的通信标识，作为相对地址或绝对地址用于寻址，以建立到目标对象的通信连接。

（3）应用标识　应用标识用于唯一识别物联网应用层中各项业务或各领域的应用服务的组成元素（如电子标签在信息服务器中所对应的数据信息等）。基于应用标识就可以直接进行相关对象信息的检索与获取。

应用标识由于可带有一定语义特征，主要用于各种物联网应用，方便地管理各种物联网资源或数据，不同应用可根据应用需求不同给同一个物联网资源或数据赋予不同的应用标识。对象标识则主要用于标注各种物联网对象，与使用该对象的物联网应用无关。同一个物联网对象，可拥有多个对象标识、通信标识和应用标识。在各物联网应用领域，不同环节需要使用到不同类型的标识。

2. 存储系统

物联网是一个将海量传感设备与互联网结合起来而形成的巨大网络。在物联网中，海量传感设备不断地采集数据并发送到数据中心；随着感知技术与网络技术的不断发展，数据呈现出海量特性，形成了物联网大数据。

物联网数据来源于大规模异构感知设备，描述着数以十亿计的物理世界对象，具有多源异构、超大规模、时空关联、多维标量、冗余度高等特征。这些特征为物联网数据存储实现带来了巨大挑战：

1）物联网多源异构数据存储与共享，需要对数据的表达进行细致的考虑。

2）物联网数据规模巨大，对海量存储空间有强烈需求。

3）物联网感知的信息具有时空关联的特性，蕴藏了海量有价值的信息，存储系统需要支持从不同空间区域上的多粒度分级存储和检索，以改善资源利用率并提高信息获取效率。

4）多维事件的检测不仅要考虑效率，还要在具有不确定性的情况下保证较高的准确率。

5）冗余数据占据了过多的存储空间与网络流量，要适当地压缩、去重以保证数据质量。

物联网存储系统相对于传统互联网存储面临着更多更新的难题，因此，针对不同的物联网应用场景需要选择合适的存储方式。目前，物联网主流的存储方式包括本地储存、私有云、公有云、混合云、云托管和云原生。

（1）本地储存　本地存储主要通过在设备内部附加闪存等方式把数据存储在本地，或者本地网络的服务器上，实现数据的存储并随时调用。

（2）私有云　私有云是为一个客户单独使用而构建的，因而提供对数据安全性和服务质量的最有效控制。企业或者组织通过私有云的方式，把物联网节点中的所有数据汇总到私有云上，用于随时查询与调用。

（3）公有云　公有云一般是第三方提供商为用户提供的能够使用的云，公有云一般可通过 Internet 使用，可能是免费或成本低廉的，公有云的核心属性是共享资源服务。公有云把汇聚节点的所有数据上传至公有云上，一方面便于管理，随时存取；另外一方面配合城市云平台，实现大数据的分析与预测。

（4）混合云　混合云融合了公有云和私有云，是近年来云计算的主要模式和发展方向。私有云主要是面向企业用户，出于安全考虑，企业更愿意将数据存放在私有云中，但是同时又希望可以获得公有云的计算资源，在这种情况下混合云被越来越多的采用，它将公有云和私有云进行混合和匹配，以获得最佳的效果。这种个性化的解决方案，达到了既省钱又安全的目的。

（5）云托管 云托管指用户拥有自己的服务器等 IT 设备，并把它放置在云数据中心的高标准机房环境中，由客户自己或其他的签约人进行维护。

（6）云原生 云原生是一种新型技术体系，是云计算未来的发展方向。云原生是基于分布部署和统一运管的分布式云，以容器、微服务等技术为基础建立的一套云技术产品体系。

物联网由于本身的技术多样性、应用广泛性等特点，多种存储方案并存是其发展的必然结果，没有一种模式或一种方案就能解决所有的问题。从最早的一维数据到现在的多维数据，从早期数据的简单呈现到目前的基于海量数据的信息处理，物联网应用越来越复杂，智能化程度也日益增加，对存储系统的要求也随之增高。不同的存储模式在不同类型的应用中将会朝着更为安全、开放、兼容、高效等方向发展，以应对物联网数据的各类特性，满足智能化应用需求。

3. 计算能力

物联网所产生的大量数据信息都需要用计算技术进行处理，物联网的计算技术包括云计算、雾计算、边缘计算等。

（1）云计算 云计算（Cloud Computing）是一种数据计算模式，但它相较于一般的数据处理技术而言，具有更强大的信息整合、共享功能。云计算技术通过网络系统整合各类信息资源和数据，并对数据进行计算，再通过云平台将数据共享，进而使得用户的需求得到满足。物联网感知层获取的大量数据信息，在经过网络层传输以后，放到一个标准平台上，再利用高性能的云计算对其进行处理，赋予这些数据智能，才能最终转换成对终端用户有用的信息。

（2）雾计算 在雾计算模式中，数据、（数据）处理和应用程序集中在网络边缘的设备中，而不像云计算那样将它们几乎全部保存在云中。雾计算是云计算的延伸概念，它主要使用的是网络边缘中的设备，数据传递具有极低时延。雾计算具有辽阔的地理分布，带有大量网络节点的大规模传感器网络。

雾计算并非是些性能强大的服务器，而是由性能较弱、更为分散的各种功能计算机组成。雾计算是介于云计算和个人计算之间的，是半虚拟化的服务计算架构模型，强调数量，不管单个计算节点能力多么弱都要发挥作用。与云计算相比，雾计算采用的架构更呈分布式，更接近网络边缘。雾计算中数据的存储及处理更依赖本地设备，而非服务器。所以，云计算是新一代的集中式计算，而雾计算是新一代的分布式计算，符合互联网的"去中心化"特征。

（3）边缘计算 边缘计算是指在靠近物或数据源头的一侧，采用网络、计算、存储、应用核心能力为一体的开放平台，就近提供最近端服务。其应用程序在边缘侧发起，产生更快的网络服务响应，满足行业在实时业务、应用智能、安全与隐私保护等方面的基本需求。

对物联网而言，边缘计算技术取得了突破，意味着许多控制将通过本地设备实现而无须交由云端，处理过程将在本地边缘计算层完成。这无疑将大大提升处理效率，减轻云端的负荷。由于更加靠近用户，还可为用户提供更快的响应，将需求在边缘端解决。

2.4.3　服务质量

物联网将具有标识、感知或执行能力的物理实体通过通信技术接入到互联网中，形成了"物物互联"的虚拟网络。而"物"所提供的功能以服务的形式发布于网络上，随着接入网络的物理实体的数量不断增长，相同或相近功能属性的物联网服务也层出不穷。如何选取满足用户需求的核心服务，就必须考虑到服务的非功能属性，即服务质量[13]。

服务质量（Quality of Service，QoS）是衡量判断某一服务的用户满意程度的综合指标，不仅包括如响应时间、输入、输出等服务的功能属性，还包括如可用性、声誉、可靠性等服务的非功能属性，以及服务所属特定领域相关的一些属性。物联网中目前较为常用的 QoS 参数的定义及影响因素见表 2-1。

表 2-1　物联网中常用的 QoS 参数

QoS 参数		定义	影响因素
服务价格		服务消费者使用物理对象所提供的服务所支付的费用	商家制定
响应时间		从发送服务请求到接收服务响应所需的总时间	响应时间 = 服务处理时间 + 传输时间
容量		对并发请求提供保障性能的最大服务数量	由网络环境与测试过程决定
安全性	保密性	仅授权用户可访问 / 修改	—
	完整性	服务可维护交互相对最初情况的正确性	—
	不可否性	用户不可否认完成其请求的服务与数据	—
可靠性		服务执行的成功率（受网络环境与服务所部署设备影响）	可靠性 = 服务运行成功次数 / 服务调用总次数
可扩展性		随着服务请求数量的变化进行相应变化	—
信誉度		消费者对服务的认可程度	服务使用者对服务的评价平均值
稳健性		在服务请求无效、不完整或相冲突的情况下仍可完成请求的程度	—
可用性		服务提供网络工作的时间百分比	可用性 = 服务执行成功次数 / 服务请求总次数
性能	吞吐量	某一特定时间内所满足的往返时间	由网络环境决定
	延迟	从发送请求到接收响应的往返时间	由网络环境决定
	错误率	单位时间内执行操作出现的错误量	由网络环境决定
领域相关参数		服务所属领域特定的参数	领域专家制定

物联网的服务质量可以从通信、数据和用户体验三个方面来细分。

1. 以通信为中心的服务质量

（1）时延　时延是指一个报文或分组从网络的一端传输到另一端所需的时间，包括发送时延、传播时延、处理时延、排队时延。时延是通信服务质量的一个重要指标，低时延是网络运营商追求的目标。时延过大通常是由于网络负载过重导致。

（2）公平性　由于通信网络能够为网络节点提供带宽资源的总量是有限的，所以公平性是衡量网络通信质量的重要指标，按照公平性保证的强度分为：

1）保证网络内的每一个节点都能够绝对公平地获得信道带宽资源。

2）保证网络内的每一个节点都能够有均等的机会获得信道带宽资源。

3）保证网络内的每一个节点都有机会获得信道带宽资源。

第一种公平性在实际网络环境中是很难得到保证的。在实际运用过程中，更多的是强调后面两种公平性所代表的含义，并用于衡量网络性能。

（3）优先级　网络通信中的优先级主要是指根据对网络承载的各种业务进行分类，并按照分类指定不同业务的优先等级。正常情况下，网络保证优先等级高的业务比优先等级低的业务有更低的等待时延、更高的吞吐量。网络资源紧张时，网络会限制低优先的业务，尽力满足优先等级高的业务需求。

除了不同业务之间的优先等级，通信中也会考虑不同用户之间的优先等级。网络运营商根据与用户达成的服务条款协议确定优先等级，网络根据运营商与用户之间达成的协议提供相应优先等级的服务。

（4）可靠性　通信的一个基本目的就是保证信息被完整地、准确地、实时地从源节点传输到目的节点，保证信息传输的可靠性也是通信的一个重要原则。

在网络中有些服务（如 HTTP、FTP 等）对于数据的可靠性要求较高，在使用这些服务时，必须保证数据报能够完整无误地送达。而另外一些服务如邮件、即时聊天等并不需要这么高的可靠性。根据这两种服务不同的需求，对应地有面向连接的 TCP 和面向无连接的 UDP（可能会出现分组丢失的问题，不能保证分组的有效传输，但实时性较好，适合实时业务）。

2. 以数据为中心的服务质量

（1）真实性　数据的真实性是用于衡量使用数据的用户得到的数值和数据源的实际数据及真值之间的差异。对于数据真实性有三种理解：接收方和发送方持有数据的数值间的偏差程度；接收方和发送方持有数据所包含的内容在语义上的吻合程度；接收方和发送方持有数据所指代范围的重合程度。

（2）安全性　数据安全的要求是通过采用各种技术和管理措施，使通信网络和数据库系统正常运行，从而确保数据的可用性、完整性和保密性，保证数据不因偶然或恶意的原因遭受破坏、更改和泄露。

（3）完整性　数据完整性是指数据的精确性和可靠性。它防止数据库中存在不符合语义规定的数据和防止因错误信息的输入或输出造成无效操作或错误信息的出现，确保数据库中包含的数据尽可能地准确和一致。数据完整性有实体完整性、域完整性、引用完整性和用户定义完整性四种类型。

（4）冗余性　数据冗余是指数据库中的数据有重复信息的存在，数据冗余会对资源造成浪费。完全没有任何数据冗余并不现实，也有弊端。一方面，应当避免出现过度的数据冗余，因为会浪费很多的存储空间，尤其是存储海量数据的时候。降低数据冗余度不仅可以节约存储空间，也可以提高数据传输效率。另一方面，必须引入适当的数据冗余。数据库软件或操作系统的故障、设备的硬件故障、人为的操作失误等都将造成数据丢失和毁坏。为消除这些破坏数据的因素，数据备份是一个极为重要的手段。数据备份的基本思想是在不同的地方重复储存数据，从而提高数据的抗毁能力。

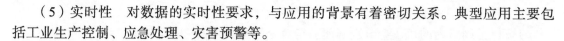

（5）实时性　对数据的实时性要求，与应用的背景有着密切关系。典型应用主要包括工业生产控制、应急处理、灾害预警等。

3. 以用户体验为中心的服务质量

无论网络通信还是各种数据，其最终目的是为不同的用户提供不同质量的服务。因此，用户对网络通信服务、数据质量的评价是最有意义的。体验质量（Quality of Experience，QoE）是指用户对设备、网络和系统、应用或业务的质量和性能的主观感受。

（1）智能化　对于用户体验到的智能化服务，以搜索引擎百度（www.baidu.com）的功能为例。搜索引擎的目的是为不同的搜索提供准确的信息。用户搜索意图的研究主要包括两个步骤：一是通过搜索引擎获取用户意图；二是对用户意图进行分类。

用户搜索意图分为三类：

1）导航型：寻找某类网站，该网站能够提供某个行业领域的导航。

2）信息型：寻找网站上静态形式的信息，这是一种用户常见的查询。

3）事务型：寻找某类垂直网站，这类站点的信息能够直接被用户做进一步的在线操作，如购物、游戏等。

对于搜索引擎，通过获取和分类用户搜索意图可以实现为用户提供独特、贴切用户需求的信息，以满足用户个性化的需求，这就是智能化的重要体现。

（2）吸引力　有用的服务是对用户产生吸引力的最重要因素，"有用"是针对用户需求而言的。例如，电子邮件的出现使得在世界范围内信息传递的时间大大缩短，并极大降低了邮件交互的成本。即时聊天工具（如微信）的出现，使得人们以低成本、友好的界面进行信息交互，且交互及时性得到很好的保障。

新颖性是提升吸引力的重要措施，这种新颖性可以是服务内容上的，也可以是服务形式上的。前者是指设计出新颖的内容、功能，后者是对已有内容、功能进行新颖的组合。如手机通话和短信是移动运营商提供的一种内容吸引的服务，微信将通话和短信等功能重新组合等则属于提供新颖的服务形式。

人机交互过程中也强调通过人的感官建立服务的吸引力。人的感官包括触觉、视觉、听觉、嗅觉和味觉器官等。人通过感官感知世界，体验服务质量。服务应该通过各种感官向用户传达信息，让服务本身产生吸引力。如通过增强现实、虚拟现实产生视觉上的吸引力。

（3）友好度　服务的设计应当符合人体工学原理，使工具的使用方式尽量适合人体的自然形态。这样就可以使人在使用工具的时候，身体和精神不需要任何主动适应，减少使用工具造成人的疲劳。容易使用是友好度的另一个重要方面。在服务过程中，人机界面的交互中相关的提示应该易于用户理解，且服务本身具备对用户误操作的纠错能力。避免服务过程过于复杂，友好度是制约用户接受服务的重要因素。

2.5　体系架构

体系架构是说明系统组成部件及其之间的关系，是指导系统的设计与实现的一系列原则的抽象。建立体系架构是设计与实现物联网系统的首要前提，体系架构可以定义系统的组成部件及其之间的关系，指导开发者遵循一致的原则去开发实现系统，以保证最终建立的系统符合预期的要求[14]。

2.5.1 USN

USN（Ubiquitous Sensor Network，泛在传感网络）体系架构是在 2007 年 9 月瑞士日内瓦召开的 ITU-T 下一代网络全球标准举措会议（NGN-GSI）上由韩国的电子与通信技术研究所（ETRI）提出的。该体系架构自底向上将物联网分为五层，即感知网、接入网、网络基础设施、中间件和应用平台，如图 2-20 所示。每一层的功能定义如下：

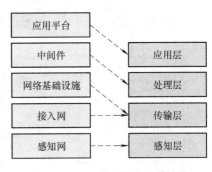

图 2-20　USN 体系架构及其演化

1）感知网用于采集与传输环境信息。

2）接入网由一些网关或汇聚节点组成，为感知网与外部网络或控制中心之间的通信提供基础通信接入设施。

3）网络基础设施是指下一代互联网 NGN。

4）中间件由负责大规模数据采集与处理的软件组成。

5）应用平台涉及未来各个行业，它们将有效使用物联网提供服务以提高生产和生活的效率和质量。

由于 USN 体系架构按照功能层次比较清楚地定义了物联网的组成，因此被国内工业与学术界广泛接受。一些科研人员还将该体系架构进行修改，提出了一些经过演化的物联网体系架构，如图 2-20 右边的四层物联网体系架构，即感知层、传输层、处理层和应用层。

虽然 USN 是作为一种物联网体系架构提出的，但是它并没有对各层之间的接口（如感知网与接入网之间的通信接口、中间件与应用平台之间的数据接口等）做出统一的规则定义。因此，USN 还有待于进一步完善。

2.5.2 M2M

M2M（Machine-to-Machine）是欧洲电信标准组织（ETSI）制订的一个关于机器与机器之间进行通信的标准体系架构，尤其是非智能终端设备可以通过移动通信网络与其他智能终端设备或系统进行通信，包括服务需求、功能架构和协议定义三个部分。

M2M 的体系架构如图 2-21 所示：在具有存储模块的设备、网关和网络域中部署 M2M 服务能力层（Service Capacity Layer，SCL）；设备和网关中的应用程序通过 dIa（Device application interface）访问 SCL；网络域中的应用程序通过 mIa（M2M application interface）访问 SCL；设备或网关与网络域中的 SCL 交互由 mId（M2M to device interface）实现。

2.5.3 SENSEI

SENSEI 是欧盟 FP7 计划支持下建立的一个物联网体系架构。SENSEI 自底向上由通信服务层、资源层与应用层组成，如图 2-22 所示。

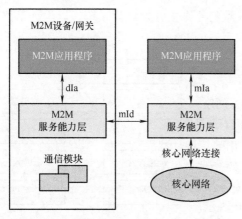

图 2-21　M2M 体系架构

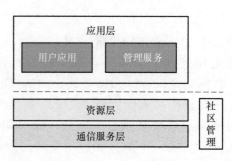

图 2-22　SENSEI 体系架构

各层的功能定义如下：

1）通信服务层将现有网络基础设施的服务，如地址解析、流量模型、数据传输模式与移动管理等，映射为一个统一的接口，为资源层提供统一的网络通信服务。

2）资源层是 SENSEI 体系架构参考模型的核心，包括真实物理资源模型、基于语义的资源查询与解析、资源发现、资源聚合、资源创建和执行管理等模块，为应用层与物理世界资源之间的交互提供统一的接口。

3）应用层为用户及第三方服务提供者提供统一的接口。

此外，M2M 与 SENSEI 都将底层感知网络抽象为服务或资源，这样降低了后端信息服务器的计算需求，因此比 USN 具有更好的可扩展性。

2.5.4　WoT

随着物联网的快速发展，大量的设备都将接入到网络中，人们通过身边的各种物联网设备获取周边环境信息，物联网所提供的服务将会渗透到人们日常生活的方方面面中去。物联网是物理世界与信息世界的桥梁，赋予物理世界的事物以感知、通信和计算的能力，可以将物理世界中的万事万物接入到网络中来，实现人类感知的延伸。目前的物联网设备和平台还存在异构性强、平台架构封闭化和扩展性差等问题，导致了物联网应用碎片化、开发门槛高、开发周期长。

面对以上问题，WoT（Web of Things）为物联网的发展提供了新的解决方案。WoT定义了一种面向应用的物联网，把 WWW 服务嵌入到系统中来解决物联网开放性不足的问题。WoT 利用 Web 的设计理念和技术，采用简单的万维网服务形式使用物联网，将物联网网络环境中的设备抽象为资源和服务能力连接到 Web 空间中。WoT 把互联网中成功的、面向信息获取的万维网应用结构移植到物联网上，用于简化物联网的信息发布和获取。

WoT 是物联网的一种实现模式，是将那些嵌入智能设备的日常用品或者计算机都集成到 Web。WoT 利用了 Web 标准，将互联网整个生态系统扩展到日用智能设备。在 WoT里比较广泛接受的 Web 标准包括 URI、HTTP、REST、RSS 等。

随着嵌入式设备的广泛应用，基于互联网实现相互通信和数据共享的物联网 IoT 技术成为研究的重点。由于物联网应用需求的多样性，基于开放 Web 技术构建 WoT 物联网，实现物联网设备与现有网络服务之间的信息共享、协同工作和系统集成等成为研究的热点。

本章习题

1.单选题

（1）传感器组成中不包含的是（　　　）。

A.敏感元件　　　　B.转换元件　　　　C.通信单元　　　　D.辅助电源

（2）无线传感器网络中某个节点因为能量耗尽退出网络，但无线传感器网络仍能正常运行，属于下述特点（　　　）。

A.动态拓扑　　　　B.电源能量有限　　C.规模大密度高　　D.以数据为中心

（3）TCP/IP 协议层不包括的层是（　　　）。

A.网络层　　　　　B.传输层　　　　　C.应用层　　　　　D.会话层

（4）物联网标识中，下列属于应用标识的是（　　　）。

A.二维码　　　　　B.IPv4　　　　　　C.IPv6　　　　　　D.URI

（5）USN 体系架构中，不包括的层是（　　　）。

A.感知网　　　　　B.接入网　　　　　C.服务能力层　　　D.应用平台

2.填空题

（1）三层基本架构的物联网包括_____、_____和应用层。

（2）传感网络是由_____、_____、_____、_____、_____和能量供给单元等模块组成的以实现信息的采集、传输、处理和控制为目的的信息收集网络。

（3）OSI 参考模型从低到高分别是_____、_____、_____、_____、_____、_____和_____。

（4）QoS 是衡量判断某一服务_____的综合指标。

（5）WoT 定义了一种面向应用的物联网，把_____服务嵌入到系统中来解决物联网开放性不足的问题。

3.简答题

（1）说明物联网体系架构及各层次的功能。

（2）什么是传感器？传感器是由哪几部分组成？说明各部分的作用。

（3）无线传感器网络有哪些特点？

（4）基于识别目标和应用场景，物联网标识可以分为哪几类？分别是什么？

（5）什么是 M2M？简述 M2M 系统的组成。

参考文献

［1］ 郴椰安全研究院.2016 物联网安全白皮书［J］.信息安全与通信保密，2017（2）：110-121.

［2］ 尹春林，杨莉，杨政，等.物联网体系架构综述［J］.云南电力技术，2019，47（4）：68-70+79.

［3］ 魏雯.智能建筑物联网技术的体系构架［J］.电子技术与软件工程，2019（11）：8.

［4］ 龙俊.浅析无线传感器网络技术的特点与应用［J］.广东职业技术教育与研究，2019（6）：181-184.

［5］ KOHVAKKA M, SUHONEN J, KUORILEHTO M, et al. Energy-efficient neighbor discovery protocol for mobile wire-less sensor networks［J］.Ad Hoc Networks, 2009, 7 (1): 24-41.

［6］ 司海飞，杨忠，王珺.无线传感器网络研究现状与应用［J］.机电工程，2011，28（1）：16-20+37.

［7］ 沈玉龙，裴庆祺，马建峰.MMμTESLA：多基站传感器网络广播认证协议［J］.计算机学报，2007（4）：539-546.

［8］ 龚华明，阴躲芬.物联网三层体系架构及其关键技术浅析［J］.科技广场，2013（2）：20-23.

［9］ 赵英俊.基于无线传输网与传感网融合的物联网应用技术研究［D］.北京：北京工业大学，2012.

［10］ 宁焕生，张瑜，刘芳丽，等.中国物联网信息服务系统研究［J］.电子学报，2006（S1）：2514-2517.

［11］ 兰丽娜.物联网资源管理服务关键技术研究［D］.北京：北京邮电大学，2019.

［12］ 田野，刘佳，申杰.物联网标识技术发展与趋势［J］.物联网学报，2018，2（2）：8-17.

［13］ 宋航.物联网系统服务质量优化方法研究［D］.沈阳：东北大学，2019.

［14］ 陈海明，崔莉，谢开斌.物联网体系结构与实现方法的比较研究［J］.计算机学报，2013，36（1）：168-188.

第 3 章

射频识别技术

本章导读

目前，互联网正以飞快的速度发展着，随着一系列新技术的应用，万物互联的概念逐渐深入到人们的思想当中。物联网技术是人们享受更加方便快捷生活体验的基础，也是人们迈向未来世界的第一步。无线射频识别技术作为一种自动识别技术，其目标就是实现近场和远场的数据交换和目标识别，所以它是推动物联网技术发展的绝佳手段。

近几十年来，自动识别技术初步形成了一个包括条形码技术、磁条磁卡技术、IC卡技术、光学字符识别技术、射频技术、声音识别及视觉识别等集计算机、光、磁、物理、机电、通信技术为一体的高新技术。而射频识别技术的优势为：第一，可以识别单个的、具体的物体，而不像条形码只能识别一类物体；第二，采用无线电射频，可以透过外部材料读取数据，而无须靠激光来读取信息；第三，可以同时对多个物体进行识读；第四，信息的存储量可以很大。因此，该项技术得到了广泛的应用和迅速的发展。

学习要点

1）了解常见的自动识别技术。

2）掌握 RFID 的工作原理。

3）掌握影响 RFID 的技术参数。

4）了解 RFID 的典型应用与挑战。

3.1 自动识别技术概述

万物互联的实现，离不开无线射频识别技术，其通过无线射频方式进行非接触双向数据通信及对记录设备的读写，从而实现数据的传输。

射频识别技术（RFID）俗称电子标签，是一种非接触式的自动识别技术，通过对实体对象进行有效标识，可快速、实时、准确采集和处理对象信息，目前广泛应用于生产、零售、物流、交通、医疗、国防等各个行业。在国外，从美国国防部到 IBM、HP、Microsoft 等 IT 巨头及沃尔玛等相继进入 RFID 领域，RFID 在未来电子商务时代的魔力越发显著。我国作为世界制造业大国，是 RFID 技术应用的源头所在，如果不能在 RFID

领域谋得一席之地，那么势必在未来电子商务时代面临很大挑战。

3.1.1　RFID 的基本概念

RFID 是 Radio Frequency Identification 的缩写，即射频识别，通过射频信号自动识别目标对象并获取相关数据，无须人工干预，可工作于各种恶劣环境。RFID 技术可识别高速运动物体并可同时识别多个标签，操作快捷方便。

RFID 是一个总的技术概念（表 3-1），指的是用无线电波来识别对象。RFID 是一系列技术（如条形码、生物测定、机器视觉、磁条、激光扫描、声音识别、智能卡等）的一部分，用于自动收集数据，以帮助企业进行资源管理，如企业资源计划（Enterprise Resource Planning，ERP）。

RFID 系统由三部分组成：RFID 标签、标签阅读器及中间件（连接 RFID 与应用平台，包括数据库等）。一个 RFID 标签由一个微晶片和一个天线组成，微晶片用来存储对象信息，如产品序列号；天线可以使微晶片与外界通信，将标签中的信息传送到计算机系统中；标签阅读器发出无线电波并接收标签的信息。

表 3-1　RFID 技术简介

参数名称	具体内容
工作模式	有源 / 无源的被动信息传输
工作频段	128 ～ 135kHz、13.56MHz、860 ～ 960MHz、2.45 ～ 5.8GHz
数据带宽	<100kb/s
工作距离	<15m，由工作频率决定
网络结构	星形（255），但标签与阅读器一对一效果最好
特点	超低功耗，短距离或非接触式，数据速率极低，兼容智能手机（仅限 13.56MHz），适用于电子标签和小型文件传输

RFID 标签可分为三类：主动标签、半主动标签、被动标签[1]。主动标签带有内置电源，可以主动发送放大信号，其使用寿命受内置电源容量的影响；半主动标签也有内置电源，但仅用于数据处理，不用于信号放大，以增加使用寿命；被动标签不包含任何电源，利用标签阅读器发射的无线电波提供的能量进行通信和数据处理。主动、半主动标签又可归类为有源标签，被动标签可归类为无源标签（表 3-2），其中无源标签又可以分为有芯标签和无芯标签。无芯标签根据工作模式不同，主要分为基于时域反射的无芯标签和基于频域反射的无芯标签两种。

表 3-2　有源和无源 RFID 标签的比较

属性 / 功能	有源	无源
电源	有自己的电源（电池）	从外部射频通信获取电源
成本	20 ～ 100 美元	每个标签 10 美分（大批量）
典型功能	读 / 写	只读

（续）

属性 / 功能	有源	无源
传输距离	20 ～ 100m	几厘米到 10m
寿命	取决于电池持续时间和使用时间	取决于使用时间
与读卡器通信	可以与读卡器随时通信	在 RFID 阅读器范围内激活
频率	433MHz、2.45GHz、5.8GHz	128kHz，13.6MHz，915MHz，2.45GHz

3.1.2　RFID 的种类

从类别看，RFID 标准可分为 4 类：①技术标准（如符号、射频识别技术、IC 卡标准等）；②数据内容与编码标准（如编码格式、语法标准等）；③性能与一致性标准（如测试规范等）；④应用标准（如船标签、产品包装标准等）。其中编码标准和技术标准是 RFID 标准的核心。具体来说，RFID 的相关标准涉及电气特性、通信频率、数据格式和元数据、通信协议、安全、测试、应用等方面。电子功率控制（Electronic Power Control，EPC）是由 EPC Global 组织、各应用方协调一致的编码标准，可实现对所有实体对象，包括零售商品、物流单元、集装箱等的唯一有效标志。ISO/IEC 18000 系统协议是 RFID 无线接口标准中最受瞩目的，涵盖 125kHz ～ 2.45GHz 的通信频率，识读距离为数厘米到数十米。

射频识别系统的电子标签与读写器之间有多种不同的工作频率，表 3-3 列出了四种常用射频信号的频段特性。工作频率的选择涉及系统通信距离、数据传输速率、数据的安全完整性、小尺寸封装等问题，在很大程度上决定了射频识别系统的应用范围、技术可行性及成本高低。从电磁波的物理特性、识读距离、穿透能力等特性来看，不同频率的电磁波之间存在较大的差异[1, 2]。

表 3-3　RFID 的频段特性

指标	低频（LF）	高频（HF）	超高频（UHF）	特高频（SHF）
频率	30 ～ 300kHz	3 ～ 30MHz	0.3 ～ 3GHz	3 ～ 30GHz
波段	长波	短波	分米波	厘米波
特性	能穿透大部分物体；通信速度低；天线尺寸大	能勉强穿过金属和液体；较高的通信速度；天线尺寸大	穿透能力较弱；工作距离远；可定向识别；发射功率受限	穿透能力弱；易受干扰；技术复杂；发射功率受限

工作频率一般是指电子标签与读写器之间进行数据交换时所使用的射频信号频率。作为 RFID 系统的一个重要参数指标，工作频率的频段选取直接影响系统的经济成本、通信距离、应用场合及使用寿命等。工作频率的选择是 RFID 技术中的关键，既要适应各种不同应用需求，还需要考虑各国对无线电频段使用和发射功率的规定。当前 RFID 工作频率跨越多个频段，不同频段具有各自的优缺点，它影响标签的性能和尺寸大小。一般而言，工作频率在 100MHz 以下的 RFID 系统是通过线圈之间磁场耦合的方式工作，通常具有工作距离近、成本低、天线尺寸大、通信速度低等特点，这类电子标签一般对人体没有影响；工作频率在 400MHz 以上的 RFID 系统通过无线电波发射和反射的方式工作，工作

距离远，天线尺寸小，便于携带、通信速度快，适用于对实时性要求较高的场合。但由于电磁波的穿透能力较差，很容易被水等异体媒质所吸收，并且对人体和环境有一定的损害，因此，这类应答器一般会有发射功率的限制。

根据应答器的供电方式，射频识别系统可分为以下几种：

（1）无源　在阅读范围之外时，应答器处于无源状态，在阅读范围之内时，应答器从基站发出的射频能量中提取其工作所需的能量。无源射频系统是最常见的射频识别系统，当解读器遇见 RFID 标签时，发出电磁波，周围形成电磁场，标签从电磁场中获得能量，激活标签中的微芯片电路，芯片转换电磁波，然后发送给解读器，解读器把它转换成相关数据。控制计算器就可处理这些数据，从而进行管理控制。

（2）半无源　半无源应答器内装有电池，但电池仅对应答器内要求供电维持数据的电路或应答器芯片工作所需的电压作辅助支持，应答器电路本身耗电很少。应答器未进入工作状态前，一直处于休眠状态，相当于无源应答器。当进入阅读范围时，受到基站发出的射频能量的激励，进入工作状态。用于传输通信的射频能量与无源应答器一样，源自基站。

（3）有源　有源应答器的工作电源完全由内部电池供给，提供应答器与阅读器通信所需的射频能量，具有处理效率高、抗干扰能力强的特点[3]。

射频识别系统按技术实现手段可分为广播发射式系统、倍频式系统和反射调制式系统，按工作方式分为全双工系统、半双工系统和时序系统，按作用距离分为密耦合系统、遥耦合系统和远距离系统，按工作频率分为低频系统、高频系统、超高频系统和微波系统（表3-4）。

表3-4　常见系统的特性参数及应用

参数	低频系统	高频系统	超高频系统	微波系统
工作频段 /MHz	0.1～0.3	10～15	860～960	2450 以上
常见频率 /MHz	0.125、0.134	13.56	869.5、915.3	2450、5800
距离 /m	<0.5	<1	1～10	<100
速率	低	低至中	中至高	高
耦合方式	电感	电感	电磁	电磁
缺点	易受外界电磁环境影响	通信距离较小	穿透性不强	"驻波无效"、成本较高
典型应用	畜牧业、停车场、门禁	图书馆、货架、门禁	生产自动化、物流	自动收费、物品标识

3.1.3　常见的自动识别技术

（1）条码技术　说起自动识别技术就必然要提到条码，因为它在当今自动识别技术中占有重要的地位。自动识别技术的形成过程与条码的发明、使用和发展是分不开的。

（2）磁条（卡）技术　磁条（卡）技术应用了物理学和磁力学的基本原理。对自动识别制造商来说，磁条就是一层薄薄的由定向排列的铁性氧化粒子组成的材料（也叫涂料），用树脂黏合在一起并粘在诸如纸或塑料这样的非磁性基片上。磁条（卡）技术的优点是数据可读写，即具有现场改造数据的能力；数据存储量能满足大多数情况下的需求，便于使用，成本低廉，具有一定的数据安全性；它能够粘贴在许多不同规格和形式的基材上。这些优点使之在很多领域得到了广泛的应用，如银行卡、机票、公共汽车票、自动售货机、会员卡、电话磁卡等。但是磁卡应用存在许多问题：首先，磁卡保密性差，易于被读出和伪造；其次，磁卡的应用往往需要强大可靠的计算机网络系统、中央数据库等，其应用方式是集中式的，这给用户异地使用带来极大不便。

（3）IC 卡技术　IC 卡是集成电路卡（Integrated Circuit Card）的简称，它是一种将集成电路芯片嵌装于塑料等基片上而制成的卡片。IC 卡出现后，国际上对它有多种叫法，如 Smart Card、IC Card、Memory Card 等。根据卡中的集成电路不同，可以把 IC 卡分为存储卡（卡中集成电路为 EEPROM）、逻辑加密卡（卡中集成电路具有加密逻辑和 EEPROM）和 CPU 卡。严格地讲，只有 CPU 卡才是真正的智能卡。CPU 卡中的集成电路包括中央处理器 CPU、EEPROM、随机存储器 RAM 及固化在只读存储器 ROM 中的卡片操作系统 COS。根据卡片和读写设备通信方式不同，IC 卡可分为接触式和非接触式。公共交通卡就是一种非接触式的 IC 卡。非接触式 IC 卡在当前应用中主要包括逻辑加密卡和 CPU 卡，CPU 卡与逻辑加密卡相比，具有更高的安全性；而接触式 IC 卡能够充分保证交易时的安全性，因此双界面（接触式和非接触式在一张 IC 卡上）CPU 卡应用得越来越广泛。从通信方式看，非接触式 IC 卡与 RFID 卡是一致的，因此，多数人将非接触式 IC 卡归类到 RFID 卡中。

（4）语音识别技术　语音识别是指运用计算机系统对语音所承载的内容和说话人的发音特征等进行自动识别，是实现人机对话的一项重大突破。语音识别技术基于对语音的三个基本属性的分析，一是物理属性，如高音、高长、音强和音质；二是生理属性，如发音器官对语音的影响；三是社会属性，如语音区别意义的作用等。语音识别技术主要有声纹识别、内容识别、语种识别和语音标准识别四个方面的功能。

（5）视觉识别技术　视觉是人类获取信息的最重要的手段，而图像是人类获取信息的主要途径。"图"就是物体透射或反射光的分布；"像"是人的视觉系统接收图的信息后在大脑中形成的印象或认知。前者是客观存在的，而后者是人的感觉，图像则是两者的结合。目前图像识别技术已经广泛应用于工业生产、军事国防、医学医疗等方面，如指纹锁、交通监管、家庭防盗系统、电子阅卷系统等。

3.2　RFID 的基本原理

RFID 可以极大地改善当今的生活，广泛应用在各个行业中，如动物晶片、汽车晶片、防盗器、智能门禁、生产线自动化、物料管理、固定资产管理等。

3.2.1　RFID 工作原理

RFID 技术是一项利用射频信号通过空间耦合（交变磁场或电磁场）实现的无接触式信息传递，并通过所传递的信息达到自动识别的技术。利用射频信号和空间耦合传输特性实现对被识别物体的自动识别。射频标签与读写器之间通过耦合元件实现射频信号的空间

（非接触）耦合。在耦合通道内，根据时序关系，实现能量的传递和数据的交换。以 RFID 卡片阅读器及电子标签之间的通信及能量感应方式来看，大致可以分成电感耦合及电磁反向散射耦合两种，如图 3-1 所示。一般低频的 RFID 大都采用电感耦合，通过空间高频交变磁场实现耦合，依据的是电磁感应定律。而高频大多采用电磁反向散射耦合（如雷达原理模型），发射出去的电磁波，碰到目标后反射，同时携带回目标信息，依据的是电磁波的空间传播规律。

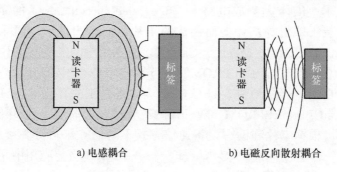

a) 电感耦合   b) 电磁反向散射耦合

图 3-1　无线电子标签工作原理

RFID 的工作过程：当带有电子标签的物品在读写器的可读范围内时，读写器发出磁场，查询信号将会激活标签，标签根据接收到的查询信号要求反射信号，读写器接收到标签反射回的信号后，通过内部电路的解码处理无接触地读取并识别电子标签中保存的电子数据，从而达到自动识别物体的目的。然后进一步通过计算机及计算机网络实现对物体识别信息的采集、处理及远程传送等管理功能。射频识别技术通常包含三个方面，分别是电子标签、阅读器以及天线。整个系统的组成结构如图 3-2 所示。

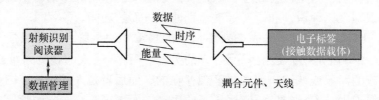

图 3-2　RFID 系统的组成结构

电子标签之中通常保存约定格式下的数据，在实际的使用过程中，电子标签粘贴在等待识别的物体之上。阅读器也叫读出设备，能够在不接触的环境下读取且识别在电子标签中保存的各种数据，进而实现对物体自动识别的能力[4]。阅读器一般是经过串口 RS232 及 RS485 把射频模块中选取的数据送至计算机以及控制部分做处理操作，开展对物体识别的信息采集、处理及远程输送的工作。而天线主要是完成标签和阅读器之间的连接，完成射频信号的传送。

通常情况下，一个完整的 RFID 系统的运行能力是通过工作时的长短距离、读写的速度、具体的可靠性和安全性、兼容性及成本等做衡量判断的。这几方面的内容通常都受到电磁特性的制约，还受到无线电规则、通信协议、物理实现的牵制，且这几个限制因素之间也是互相制约的。

1. 电子标签

电子标签一般分为有源标签和无源标签两种类型。有源标签中有电池，能够实现自行供电及保护，且其受到温度的控制，要耗费的成本较高。无源标签成本相对较低，而且使用的时间更长。相比于有源标签，其体积更小，质量也更轻，但是其读写距离一般相对较近。

电子标签属于识别系统中的数据载体，将其放在要识别的物体上，对要存储的信息做保存，如功能特点及性能指标等。各个不同的标签之间存在唯一的序列号。一般电子标签的组成都是耦合元件、RFID 芯片，而 RFID 芯片通常是射频接口的模块、数字控制的模块及保存系统三个方面一同构成，其结构形式如图 3-3 所示。

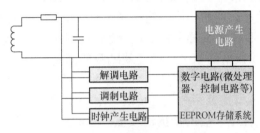

图 3-3　RFID 芯片的系统结构形式

射频接口的组成主要包括调制电路、解调电路、时钟产生和复位电路及电源电路四个功能。调制电路与解调电路一般存在于电磁信号及电信号之间的转换。时序出现电路的服务对象是数字控制逻辑，其借助时钟的回复功能取得各种时钟信号。电源的功能是在信号直接从阅读器发射至电磁波之中选取主要的能量给整个电路系统使用，有效地解决了电子标签可以正常有效工作时的能量问题，有助于为整个数字电路及存储运行体系供应其所需的稳定电压。

2. 阅读器

阅读器是读写电子标签信息中的设备，主要是操控射频模块往标签输送读取及录入的数据信号，接收的同时实现答应任务，完成对标签对象的信息解读，把对象标识的各种信息做解码操作，并且把对象标识中的各种信息加上标签上的其他信息，运输至主机上处理。阅读器包含高频模块、MCU 控制板块、与电子标签连接的耦合元器件。除此之外，阅读器还需要和计算机的端口连接，从而有效地实现信息读取的工作。

3. 天线

天线属于一种用电磁波的方式将无线电收发器中的射频信号功率做接收及辐射出去的设备装置。天线的主要工作是将传输出去的最大能量输入标签芯片中。这项操作需要有序地进行天线设计，且将其和自由空间及与其连接的各种标签芯片适应。

如今，RFID 标签天线制造主要是以冲压电线作为核心，主要是以铝或者铜作为主体。伴随着全新的导电油墨的研发制作，印刷天线的长处也越来越明显。RFID 标签的封装是用低温倒装键合为主要技术，同时也有流体自行装配设备、振动装配等各种全新的标签封装技术[5]。我国自主设计研发的低成本、高可靠性的标签设备制作工艺及封装工艺也在进一步的设计研发中。

3.2.2　RFID技术特点

随着计算机技术的不断发展，慢慢地出现了各种自动识别技术，如今主要有光符识别技术、磁字符识别技术、磁性条识别技术、IC卡识别技术和RFID射频识别技术等。对一种全自动的识别技术做评测，通常有两个指标，一个是首读率，另一个是误码率。首读率指的是进行一连串数据识别的过程中，一次性识别成功的概率，一般使用FRR（First Read Rate）代表。而误码率指的是对一连串数据进行识别的过程中，有可能会出现一个不正确的字符统计率，一般使用SER（Symbol Error Rate）来表示。

射频识别技术和传统的技术相比，有以下几方面的优势：

第一，扫描速度快。条形码的识别技术一般一次只能对一个条形码做扫描，但是RFID射频识别技术有批量识别的功能，能够同时对数个RFID电子标签做识别[2]。

第二，体积更小、形式更多样。RFID在读取过程中，不会受到尺寸大小及形状的限制，并不需要为了读取数据的精确性而迁就纸张的固定大小及印刷的质量。除此之外，RFID标签朝着小型化的方向发展，并且应用在各种不同的产品上。

第三，有较强的抗污染性及耐久性。传统条形码承载的对象是纸张，很容易被污染，RFID技术对水、油及各种化学品的抵抗性较强。除此之外，因为条形码是存在于塑料袋和外包装的纸箱之上，因此很容易破损。RFID是保存在芯片之内，所以能够避免各种不必要的污染和损害。

射频识别是一种非接触式的自动识别技术，通过交变磁场或电磁波耦合自动识别目标对象并获取相关数据，具有以下特点：

1）可透过外部材料读取芯片数据，实现非接触操作，应用便利，无机械磨损，使用寿命长，适用于各种恶劣的环境。

2）具备信息处理、存储的能力。

3）可接收、发送无线信号，功耗低。

4）在数据安全方面，除了标签的器件密码保护，通信数据可使用DES、RSA、MD5等加密算法进行加密，读写器和标签之间也可相互认证，实现数据安全存储、安全管理和安全通信。

5）多种工作距离，适用于各种不同的应用环境。

由于RFID技术具有使用方便、数据交换速度快、便于维护和使用寿命长等优点，不需要物理接触就可完成识别功能，可用于实现多个目标及运动目标的识别。目前，RFID技术已广泛应用于各种计算机管理领域，并渗透到邮电通信、物资管理、安全检查、标证管理及工程项目等国民经济各行业和人们的日常生活中。

3.2.3　RFID技术标准

1. RFID标准组织

RFID技术领先的国家和地区及企业出于自身利益和安全考虑，都在积极地制定自己的标准。参与RFID标准研究的机构分为标准化组织和产业联盟。标准化组织又有国际标准化组织、区域性标准化组织和国家标准化组织。

国际标准化组织（International Organization for Standardization，ISO）和国际电工委

员会（International Electrotechnical Commission，IEC）是从事 RFID 国际标准化研究的重要组织。ISO/IEC 18000 标准是最早制定的关于 RFID 的国际标准，按频段被划分为 7 个部分。目前支持 ISO/IEC 18000 标准的 RFID 产品最多，相对也最成熟。

区域性的标准化组织——欧洲计算机制造商协会（European Computer Manufacturers Association，ECMA）在 RFID 基础上提出了近场通信（Near Field Communication，NFC）的技术标准，并获得欧洲电信标准组织（European Telecommunications Standard Institute，ETSI）及 ISO/IEC JTC1/SC6（系统间通信与信息交换）的认可，发布了相应的技术标准。

美国国家标准学会（American National Standards Institute，ANSI）下的 MH1、NCITS 等也制定了与 RFID 技术相关的技术标准，大部分标准目前已经或者正在上升为 ISO 标准。

除了标准化组织进行 RFID 的标准化研究，一些行业协会（企业联盟）也在从事 RFID 技术的市场标准化工作。目前比较有代表性的两个组织是以欧美企业为主的 EPC Global 和以日本企业为主的 Uniquitous ID。

美国 EPC Global 是由美国统一代码委员会（Universal Production Code，UPC）和国际物品编码协会（International Article Numbering Association，EAN）两大组织联合成立的，它吸收了麻省理工学院 Auto ID 中心的研究成果后推出了系列标准草案。EPC Global 最重视 UHF 频段的 RFID 产品，极力推广基于 EPC 编码标准的 RFID 产品。目前，EPC Global 标准的推广和发展十分迅速，许多大公司如沃尔玛等都是 EPC 标准的支持者。

日本 Ubiquitous ID 一直致力于该国标准的 RFID 产品开发和推广，拒绝采用美国的 EPC 编码标准。与美国大力发展 UHF 频段 RFID 不同的是，日本对 2.4GHz 微波频段的 RFID 似乎更加青睐，目前日本已经开始了许多 2.4GHz RFID 产品的实验和推广工作。但是，迫于和美国 UHF 频段 RFID 产品互通的压力，日本也开始考虑和 EPC 标准兼容的问题。

ISO/IEC 18000、美国 EPC Global、Uniquitous ID 分别制定标准，相互之间不兼容，主要差别在无线调制方式、传输协议和传输距离方面，因此不同标准的 RFID 标签和读写器很难互通。

我国有关政府部门已经充分认识到 RFID 产业的重要性，在 2004 年年初正式成立了电子标签国家标准工作组，其目的就是制定中国自己的 RFID 标准，推动中国自己的 RFID 产业。

2. 编码体系

如同商品包装上的条形码一样，RFID 标签也需要一套完整的编码体系，以确保物品在流通领域的各个环节被正确识别。RFID 标签被写入一定规则的数据编码，该编码是物品的唯一标识号。RFID 标签内的编码经读写器读取后，通过无线或有线网络，可以将已经登记、储存在中央数据服务器（类似互联网的根域名服务器）中的相关产品信息的全部或部分按需求反映出来，从而对产品起到标识识别、跟踪、信息获取的作用。

RFID 编码体系从表面来看只是作为辨识物品的规则，但从 RFID 的实际应用中物品所形成的信息流来分析，RFID 编码不但蕴含着巨大的商业利益，更关系到国家安全问题。如同互联网中的域名注册一样，如果中国企业向 EPC Global 提出某种新产品编码申请，势必要向 EPC Global 支付一定的费用。即使每种产品的编码申请费用为 100 元，国内企业每年向 EPC Global 支付的费用也将以亿计。携带 RFID 标签的物品每次转换地方经过读写器时，均将留下一定的位置、数量等信息。如果把这些汇聚到中央数据库的信息经过深层次的挖

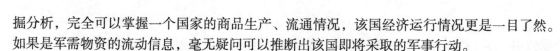

掘分析，完全可以掌握一个国家的商品生产、流通情况，该国经济运行情况更是一目了然。如果是军需物资的流动信息，毫无疑问可以推断出该国即将采取的军事行动。

目前较为完善的编码体系是 EPC Global 和 Ubiquitous ID。

1）EPC Global 编码体系。EPC Global 系统是基于全球统一物品标识系统（EAN-UCC）的编码系统。作为产品与服务流通过程信息的代码化表示，EAN-UCC 编码具有一整套涵盖了贸易流通过程各种有形或无形的产品所需的全球唯一的标识代码，包括贸易项目、物流单元、位置、资产、服务关系等标识代码。EAN-UCC 标识代码随着产品或服务的产生在流通源头建立，并伴随着该产品或服务的流动贯穿全过程。EAN-UCC 标识代码是固定结构、无含义、全球唯一的全数字型代码。

2）Ubiquitous ID 编码体系。日本的 Ubiquitous ID 最基本元素是赋予现实世界中任何物理对象唯一的泛在识别号（ucode）。它具备 128 位的充裕容量，提供了 340×1036 编码空间，更可以以 128 位为单元进一步扩展至 256 位、384 位或 512 位。ucode 的最大优势是能包容现有编码体系的元编码设计，可以兼容多种编码，包括 JAN、UPC、ISBN、IPv6 地址甚至电话号码。

国内有全国范围内流通产品与服务的统一代码（NPC）和采用 EAN 通用编码体系的商品条码，但尚未出台 RFID 编码体系。

3.3　RFID 技术的应用

目前，RFID 的应用还停留在封闭市场（应用相对独立，对统一标准的要求相对较低），如交通、车辆管理、身份识别、生产线自动化控制、仓储管理及物资跟踪等。表 3-5 为目前 RFID 的应用类别及特点。

表 3-5　RFID 应用类别及特点

类别	应用	特点
跟踪识别	商品库存、物流管理（根据标签内容和应用系统信息及时跟踪商品的位置、数量等信息）、防伪（通过唯一性标识及联网的数据查询系统鉴别物品真伪）、身份识别（国内二代身份证，发挥快速识别和防伪的作用）	通常标签可以采用只读或一次写入多次读取的方式；标签中的信息主要是识别信息；通常需要有数据库等配套软件完成特定的应用；需要考虑信息共享等问题及物联网应用
记录存储	小额支付（ETC、交通卡、就餐卡等。卡中存储充值信息，读写器具有记录功能或通过适时联网的方式记录在数据库中）。读写器向联网趋势发展	读写器有空间存储数据；读写器和标签之间主要是读写操作；读写器向联网趋势发展
传感	生产作业流程控制（对零部件的快速识别，做到零部件流向管理及加工等信息的查询）、通信（读写器与移动终端的捆绑可以方便购物、阅读广告、创建小额支付平台、快速查询物品来源，如需要调用通信功能，需制定相应的API）、胎压指示（对汽车轮胎胎压进行适时检测，并向汽车管理系统传送信息）	通常需要有数据库等配套软件完成特定的应用；需要单独制定数据格式及应用程序接口 API 以实现传感技术和网络技术的互联；信息内容的标准化随着应用增多而越来越重要
门禁	传统应用，实现对持卡人的身份识别和认证	通常不考虑不同应用场合的信息共享问题；应用于相对封闭的系统

3.3.1　RFID 技术的应用背景

通过无线电波，RFID 技术可以和大量目标对象在一定距离内同时实时通信，而不用接触或目视。随着数据处理和微电子技术的发展，RFID 部件的成本和体积都大大减少，使得相关应用越来越多，在智能制造、智慧物流、定位、物联网等方面得到了广泛的应用。

RFID 在制造业中的应用主要分为五大方向：

1）仓库库存跟踪和管理，如生产物流、物料流控制、拣货、收货和运输管理。

2）过程监控、管理和控制，如生产过程中（Work In Process，WIP）和装配状态的跟踪、作业级的质量控制和过程管理。

3）工具管理，如使用 RFID 定位生产工具。

4）供应链管理，如从供应商、生产商到销售和最终用户，在所有环节进行的产品状态信息的收集和分发。

5）生命周期管理，如对产品或设备整个生命周期的监控和管理。

RFID 在智慧物流（如食品工业）中也具有重要的应用：产品识别与可追溯性、冷链监测、牲畜管理、畜牧产品追溯、保质期预测和肉类产品包装。

RFID 在实时定位系统（Real Time Location Systems，RTLS），如识别和跟踪室内[6]和室外环境中的物体位置中得到了广泛的应用。RFID 已经发展成为识别系统领域最受欢迎的技术之一。基于 RFID 的遥测系统可以进行经济高效的无损检测（Non-Destructive Testing，NDT）和普遍性监控，具有非常广泛的应用领域。例如，混凝土氯离子浓度的测量、与有机光电探测器集成的喷墨印刷无源 RFID 标签、用于定向监测的无源智能标签、基于无源 RFID 的湿度传感器、智能隐形眼镜、小型血压遥测系统、连续血糖监测、用于小动物监测的半被动植物、用于血管移植的植入式血流传感器微系统、连续健康监测系统、远程疾病诊断和监控、健康评估、建筑结构安全监测中的金属探伤。

基于 RFID 的无线传感应用：通过基于无源 RFID 的无线传感器收集可再生能源、工业 4.0 中的智能标签、被动自感标签（Passive Self-Sensing Tags，PSST）。

所有行业中 RFID 的应用均涉及 RFID 的识别、追踪定位和信息通信这三个基本功能，RFID 的相关技术发展方向也与 RFID 的这些功能密切相关，即从能够识别、追踪定位和信息通信，到实现更准确的识别、更精确的追踪定位和更高效的信息通信。

3.3.2　RFID 技术的重要参数

可用来衡量射频识别系统的技术参数比较多，如系统使用的频率、协议标准、识别距离、识别速度、数据传输速率、存储容量、防碰撞性能及电子标签的封装标准等。这些技术参数相互影响和制约。

其中，读写器的技术参数有读写器的工作频率、读写器的输出功率、读写器的数据传输速度、读写器的输出端口形式和读写器是否可调等；电子标签的技术参数有电子标签的能量要求、电子标签的容量要求、电子标签的工作频率、电子标签的数据传输速度、电子标签的读写速度、电子标签的封装形式、电子标签数据的安全性等。

1. 工作频率

工作频率是 RFID 最基本的技术参数之一。工作频率的选择在很大程度上决定了射频识别系统的应用范围、技术可行性及系统的成本高低。从本质上说，RFID 是无线电传播系统，必须占据一定的无线通信信道。在无线通信信道中，射频信号只能以电磁耦合或者电磁波传播的形式表现出来。因此，RFID 的工作性能必然会受到电磁波空间传输特性的影响。

从电磁波的物理特性、识读距离、穿透能力等特性上来看，不同射频频率的电磁波存在较大的差异。特别是在低频和高频两个频段上。低频电磁波具有很强的穿透能力，能够穿透水、金属、动物等导体材料，但是传播距离比较近。另外，由于频率比较低，可以利用的频带窄，数据传输速率较低，信噪比较低，容易受到干扰。

相比低频电磁波而言，要得到同样的传输效果，高频系统的发射功率较小，设备比较简单，成本也比较低。高频电磁波的数据传输速率较高，没有低频的信噪比限制。但是，高频电磁波的穿透能力较差，很容易被水等导体媒质所吸收，因此，高频电磁波对障碍物的敏感性较强。

2. 作用距离

RFID 的作用距离指的是系统的有效识别距离。影响读写器识别电子标签有效距离的因素很多，主要包括读写器的发射功率、系统的工作频率和电子标签的封装形式等。其他条件相同时，低频系统的识别距离最近，其次是中高频系统、微波系统，微波系统的识别距离最远。只要读写器的频率发生变化，系统的工作频率就会随之改变。

RFID 的有效识别距离和读写器的射频发射功率成正比。发射功率越大，识别距离也就越远。但是电磁波产生的辐射超过一定的范围时，就会对环境和人体产生有害的影响。因此，在电磁功率方面必须遵循一定的功率标准。

电子标签的封装形式也是影响 RFID 系统识别距离的原因之一。电子标签的天线越大，即电子标签穿过读写器的作用区域内所获取的磁通量越大，存储的能量也越大。

应用项目所需要的作用距离取决于多种因素：电子标签的定位精度；实际应用中多个电子标签之间的最小距离；在读写器的工作区域内，电子标签的移动速度。

通常在 RFID 应用中，选择恰当的天线，即可适应长距离读写的需要。例如，FastTrack 传送带式天线就是设计安装在滚轴之间的传送带上，RFID 载体则安装在托盘或产品的底部，以确保载体直接从天线上通过。

3. 数据传输速率

对于大多数数据采集系统来说，速度是非常重要的因素。由于当今不断缩短产品生产周期，要求读取和更新 RFID 载体的时间越来越短。

1）只读速率。RFID 只读系统的数据传输速率取决于代码的长度、载体数据发送速率、读写距离、载体与天线间载波频率，以及数据传输的调制技术等因素。传输速率随实际应用中产品种类的不同而不同。

2）无源读写速率。无源读写 RFID 系统的数据传输速率决定因素与只读系统一样，除了要考虑从载体上读数据，还要考虑往载体上写数据。传输速率随实际应用中产品种类的不同而有所变化。

3）有源读写速率。有源读写 RFID 系统的数据传输速率决定因素与无源系统一样，不同的是无源系统需要激活载体上的电容充电来通信。一个典型的低频读写系统的工作速率可能仅为 100B/s 或 200B/s。这样，由于在一个站点上可能会有数百字节数据需要传送，数据的传输时间就会需要数秒钟，这可能会比整个机械操作的时间还要长。EMS（Express Mail Service）公司已经通过采用数项独到且专有的技术，设计出一种低频系统，其速率高于大多数微波系统。

4. 安全要求

一般指的是加密和身份认证。对一个 RFID 系统应该就其安全要求做出非常准确的评估，以便从一开始就排除在应用阶段可能会出现的各种危险攻击。为此，要分析系统中存在的各种安全漏洞，攻击出现的可能性等。

5. 存储容量

数据载体存储量的大小不同，系统的价格也不同。数据载体的价格主要是由电子标签的存储容量确定的。

对于价格敏感、现场需求少的应用，应该选用固定编码的只读数据载体。如果要向电子标签内写入信息，则需要采用 EEPROM 或 RAM 存储技术的电子标签，系统成本会有所增加。

基于存储器的系统有一个基本的规律，那就是存储容量总是不够用。毋庸置疑，扩大系统存储容量自然会扩大应用领域。只读载体的存储容量为 20 位，有源读写载体的存储容量从 64B 到 32KB 不等。也就是说在可读写载体中可以存储数页文本，这足以装入载货清单和测试数据，并允许系统扩展。无源读写载体的存储空间从 48B 到 736B 不等，它有许多有源读写系统所不具有的特性。

6. RFID 系统的连通性

作为自动化系统的发展分支，RFID 技术必须能够集成现存的和发展中的自动化技术。重要的是，RFID 系统应该可以直接与个人计算机、可编程逻辑控制器或工业网络接口模块（现场总线）相连，从而降低安装成本。连通性使 RFID 技术能够提供灵活的功能，易于集成到广泛的工业应用中去。

7. 多电子标签同时识读性

由于系统可能需要同时对多个电子标签进行识别，因此，对读写器提供的多标签识读性也需要考虑。这与读写器的识读性能、电子标签的移动速度等都有关系。

8. 电子标签的封装形式

针对不同的工作环境，电子标签的大小、形式决定了电子标签的安装与性能的表现，电子标签的封装形式也是需要考虑的参数之一。电子标签的封装形式不仅影响到系统的工作性能，而且影响到系统的安全性能和美观。

对 RFID 性能指标的评估十分复杂，影响到 RFID 整体性能的因素很多，包括了产品因素、市场因素及环境因素等。

3.3.3　RFID 技术的典型应用

1. 在交通领域中的应用

随着社会经济的发展，城市巨大的交通需求与有限的交通供给之间出现了严重失衡，各大城市都出现了交通拥堵现象，交通面临十分突出的矛盾，影响着城市的生产生活及经济建设的发展。

由于 RFID 具有远距离识别、可存储携带较多的信息、读取速度快、可应用范围广等优点，非常适合在智能交通和停车管理方面使用。目前，RFID 已经在交通领域逐步成功推广应用，如电子不停车收费 ETC，在高速公路或交通繁忙的桥隧路段，实施不停车收费，与原来的人工收费和人工计算机收费方式相比，不停车收费极大地改善了路上密集车辆造成的环境污染，减少了车辆堵塞现象，使行车更加安全，更重要的是大大提高了收费效率且降低了收费管理成本。此外，RFID 技术还被用于高速公路路径识别系统、停车场管理、车辆自动识别管理、交通调度管理、车辆智能称重、出行及交通量调查、电子注册管理等多方面，并且取得了良好的社会和经济效益，其应用前景为业内人士一致看好。

2. 在智能建筑中的应用

对于高档小区、写字楼和政府机关，可采用 RFID 技术对来访人员、员工进行信息化管理，其中重要的部门则可监控来访的人员信息，重要的文件、物件也可采用 RFID 标签进行安全管理。

采用 RFID 技术可实现家庭生活的智能化，不但可提高家庭的安全，还可有效管理各种家庭电器、宠物及吃穿住行的各方面。如在每个衣裤上贴上 RFID 标签（包括衣裤的颜色、尺寸信息），可根据当天的气温及出行目的智能选择组合方式。此外，可根据主人的需要智能地完成烧水、清洁及开关电灯等功能。

3. 在物流管理中的应用

现代社会在不断进步，物流涉及大量纷繁复杂的产品，其供应链结构极其复杂，经常有较大的地域跨度，传统的物流管理不断地反映出其不足之处。为跟踪产品，目前在配送中心和零售点多采用条形码技术，但市场要求应更及时地管理库存和货物流[7]。

美国麻省理工学院自动识别中心对消费品公司的调查显示，一个配送中心每年花在工人清点货物和扫描条形码上的时间达 11000h。将 RFID 系统应用于智能仓库的货物管理中，不但能处理货物的出库、入库和库存管理，还可监管货物的一切信息，从而克服条形码的缺陷，将该过程自动化，为供应链提供及时的数据。同时，在物流管理领域引入 RFID 技术，能够有效地节省个人成本，提高工作精确度，确保产品质量，加快处理速度。另外，通过物流中心配置的读写设备，能够有效地避免粘贴有 RFID 标签的货物被偷窃、损坏和遗失。RFID 技术在企业自身的物流活动中发挥着很大的作用。

4. 在医疗保健中的应用

许多 RFID 技术的应用早已出现在医疗保健行业中，被用来改善病人的监测和安全，实时跟踪以提高资源利用率，通过追踪医疗设备减少医疗事故，提高药品供应链的效率。据称，美国每年发生的病人体内遗留医疗异物事件有 3000 ～ 5000 次。Smart Sponge System（智能海绵系统），是全球首个能够对手术中使用的海绵或纱布进行探测和计数的 RFID 系统。这种纱布或海绵上的标签非常小，由于 RFID 系统能完成对手术中使用的海绵的计数工作，极大减轻了手术室护士的清点工作，有助于减少医院和手术医生所担负的责任，使手术变得更加安全[8]。此外，使用基于 RFID 技术的系统收集外伤患者的相关数据，用这种数据建立仿真研究的模型基础，对医学研究具有重大意义[9]。未来，RFID 在医疗保健行业中的应用将包括像定位访客、优化经营、定位，以及追踪药品、耗材和资产等功能。

3.3.4　RFID 技术的应用挑战

目前，RFID 技术的应用已成为业界讨论的热点，这一新技术的应用在诸多领域随处可见。RFID 技术的发展和应用的推广将是我国自动识别行业的一场技术革命。

尽管 RFID 技术的应用越来越多，并带来巨大的好处，但它的应用实现并非没有阻碍。其问题主要表现在如下几个方面：

（1）技术问题　RFID 标签的阅读碰撞技术问题包括 RFID 阅读器碰撞和 RFID 标签的碰撞。阅读器碰撞发生在当一个 RFID 阅读器与另一个阅读器的覆盖区域重叠时，这可能导致信号干扰和多次重复读取相同的标签。RFID 标签碰撞发生在大量 RFID 标签同时被 RFID 阅读器激活并发送信号至阅读器时，标签碰撞会使阅读器混乱，妨碍它对标签信号的处理。对于该技术问题，国内外学者都有研究，提出了数种标签防碰撞算法，并对其性能进行了比较分析。

（2）信号干扰问题　由于电子标签和读写器构成一对开放的电磁应用，一方面其他电磁应用有可能影响到 RFID 应用，反过来，RFID 应用也有可能影响到其他正常的电磁应用。有人通过 RFID 医疗装置研究电磁干扰（EMI），并建议当 RFID 在重症护理环境中的应用时，应该要求现场进行电磁干扰测试及国际标准的更新。

（3）安全和隐私问题　用户担心隐私泄露是实现 RFID 应用的另一大障碍。就像我们看到的计算机和计算机病毒一样，如果涉及个人隐私的问题没有解决，RFID 的广泛应用就会受到阻碍。任意一个阅读器都可以对 RFID 标签进行扫描，并访问标签中的编码数据，因此，个人携带物品的 RFID 标签可能会泄露个人身份。通过读写器能够跟踪携带不安全 RFID 标签的个人，将这些信息进行综合分析，就可以获取使用者个人喜好和行踪等隐私信息。现在可以通过物理安全机制阻止标签与读写器通信，或是通过逻辑方法（包括访问控制法、认证法、加密算法）增加标签安全机制。但没有任何一种单一手段可以彻底保证 RFID 技术的应用是安全的，往往需要采用综合性的方案。

（4）标准问题　射频识别的标准主要有两类，一是 RFID 的技术标准，如编码、RFID 空中接口标准及标签标准等；另一类是 RFID 应用相关标准，如操作规范、管理规范、接口规范等。在某一领域的应用中，一个标签对应唯一的识别码，如果不同地区的系统粘贴的标签使用互不兼容的、不同标准的 RFID 电子标签，则必然会使 RFID 的应用受限。

延伸阅读

汽车防盗，是 RFID 较新的应用。由于已经开发了足够小的射频卡，能够将含有特定码字的射频卡封装到汽车钥匙中，在汽车上装有读写器。当钥匙插入到点火器中时，读写器能够辨别钥匙的身份。如果读写器接收不到射频卡发送来的特定信号，汽车的发动机将不会起动。用这种电子验证的方法，汽车的中央计算机也就能容易防止短路点火。目前日本的丰田汽车及三菱汽车、美国的福特汽车、韩国现代汽车等公司在其欧洲车型中应用了射频卡，用于防盗。

另一种汽车防盗系统，是驾驶人自己带有一个射频卡，其发射范围为驾驶人座椅45～55cm 以内。读写器安装在座椅的背部。当读写器读取到有效的 ID 号时，系统发出三声鸣叫，然后汽车发动机才能起动。该防盗系统还有另一个强大功能。倘若驾驶人将该射频卡带离汽车且车门敞开，发动机也没有关闭的话，这样读写器不能读到有效 ID 号，则发动机会自动关闭，同时会触发报警装置。同样，这种射频卡也可用于家庭和办公室的防盗。

射频卡可应用于寻找丢失的汽车。在城市的各主要街道路线处埋设 RFID 的天线系统，只要车辆带有射频卡，则在路过任何天线读写器时，该汽车的 ID 号和经过时间都会被自动记录，并被返回到城市交通管理中心的计算机中。除了城市街道埋设天线，警察可以开着若干辆带有读写器的流动巡逻车，更加方便地监测车辆的行踪。如果车辆被盗，就将被方便快捷地找回。在巴西的圣保罗市已经使用这样的系统。

目前，国内 RFID 技术已经在物流、零售、制造业、服装业、医疗、身份识别、防伪、资产管理、食品、动物识别、图书馆、汽车、航空、军事等众多领域实现了应用，对改善人们的生活质量，提高企业经济效益，加强公共安全以及提高社会信息化水平产生了重要的影响。随着时代发展，RFID 技术将在各行各业发挥越来越大的作用，保障居民的日常生活。

本章习题

1.单选题

（1）下列不属于 RFID 系统组成的是（　　　）。

A.电子标签　　　B.阅读器　　　　C.磁条码　　　　D.天线

（2）下列属于 RFID 应用中的记录存储功能的是（　　　）。

A.身份识别　　　B.ETC　　　　C.就餐卡　　　　D.交通卡

（3）RFID 技术的优势是（　　　）。

A.扫描速度快　　　　　　　B.有较强的抗污染性以及耐久性

C.体积更小、形式更多样　　D.以上均是

2.填空题

（1）RFID 是_____的缩写，即射频识别。

（2）根据应答器的供电方式，射频识别系统可分为以下几种：_____、_____和有源。

（3）射频识别是一种_____自动识别技术，通过交变磁场或_____自动识别目标对象并获取相关数据。

（4）目前较为完善的 RFID 编码体系是_____和 Ubiquitous ID。

（5）数据载体的价格主要是由_____的存储容量确定的。

3. 简答题

（1）简述自动识别技术的概念。

（2）常见的自动识别技术有哪些？

（3）RFID 的技术特点有哪些？

参考文献

［1］ ISO 7816-4 Identification Cards，Integrated Circuit（s）Cards with Contacts，Part4：Interindusy Commands for Interchange［S］.

［2］ 胡一凡 . RFID 射频识别技术综述［J］. 计算机时代，2006（12）：3-4.

［3］ 丁传银 . 智能卡研究及基于 RFID 的汽车防盗装置的设计［D］. 合肥：合肥工业大学，2006.

［4］ 李泳生，邹雪城，刘冬生，等 . 一种 RFID 标签芯片数字部分状态机的设计［J］. 电子技术应用，2012（12）：114-116.

［5］ 许晓军 . RFID IP 核的设计实现及其在 CF 接口 RFID 读写器设计中的应用［D］. 成都：电子科技大学 .

［6］ SECO FERNANDO，JIMÉNEZ ANTONIO R. Smartphone-based cooperative indoor localization with RFID technology［J］. Sensors，2018，18（1）：266-289.

［7］ 慈新新，王苏滨，王硕 . 射频识别（RFID）技术原理与应用［M］. 北京：人民邮电出版社，2007.

［8］ 宁焕生，等 . RFID 重大工程与国家物联网［M］. 北京：机械工业出版社，2010.

［9］ AMINI M，OTONDO RF，JANZ BD，et al. Simulation modeling and analysis：a collateral application and exposition of RFID technology［J］. Production and Operations Management，2007，16（5）：586-598.

第 4 章

智能传感技术

本章导读

　　传感技术同计算机技术与通信技术一起被称为信息技术的三大支柱。三者分别负责提取测量的实际信息、传输相应的信息及针对传输过来的信息做出相应的处理三项工作。在科学技术不断前进更迭的影响下，计算机技术和传感技术出现了融合发展的趋势，而作为二者有效结合产物的智能传感技术因其吸取二者之长在诸多领域内得到了十分广泛的应用。

　　随着物联网技术的飞速发展，对建造领域的智能化要求越来越高。而随着具备通信技术、嵌入式计算技术的智能传感器的出现，使得智能建造变得可行。智能传感器组成的网络具备分布式信息处理能力，能够协作地实时监测、感知和采集网络分布区域内的各种环境或监测对象的信息，并对这些信息进行处理。

学习要点

1）掌握无线传感器网络的概念及其特点。

2）了解 WSN 的系统结构。

3）了解智能传感技术的三种类型。

4）了解智能传感技术的实际应用分析。

4.1　无线传感器网络概述

　　无线传感器网络（Wireless Sensor Networks，WSN）是新兴的下一代网络，如果说 Internet 构成了逻辑上的信息世界，改变了人与人之间的沟通方式，那么无线传感器网络就是将逻辑上的信息世界与客观上的物理世界融合在一起，改变了人类与自然界的交互方式。人们可以通过传感器网络直接感知客观世界，从而极大地扩展了现有网络的功能和人类认识世界的能力。美国《商业周刊》和《MIT 技术评论》在预测未来技术发展的报告中，将无线传感器网络列为 21 世纪最有影响的 21 项技术和改变世界的十大技术之一。

　　然而，无线传感器网络的应用与设计面临着严峻的挑战，因为其所需知识包括了电子、通信工程和计算机科学领域几乎所有的研究方向。因此，世界各地许多大学都给高年级本科生或研究生开设无线传感器网络的相关课程；同时，无线传感器网络也是很多科研项目和学术论文的关注点。

4.1.1　WSN 的概念

无线传感器网络是由部署在监测区域内大量的廉价微型传感器节点组成，通过无线通信方式形成的一个多跳的、自组织的网络系统，其目的是协作地感知、采集和处理网络覆盖区域中被感知对象的信息，经过无线网络发送给观察者。传感器、感知对象和观察者构成了无线传感器网络的三要素。无线传感器网络体系结构如图 4-1 所示。

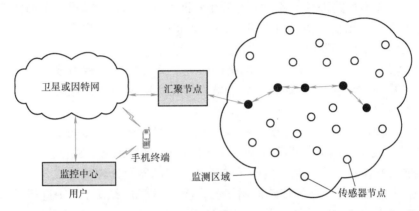

图 4-1　无线传感器网络的体系结构

无线传感器网络系统通常包括传感器节点（Sensor）、汇聚节点（Sink node）和管理节点。大量传感器节点随机部署在监测区域内部或附近，能够通过自组织方式构成网络。传感器节点监测的数据沿着其他传感器节点逐跳地进行传输，在传输过程中监测数据可能被多个节点处理；经过多跳后路由到汇聚节点，最后通过 Internet 或卫星到达管理节点。用户通过管理节点对传感器网络进行配置和管理，发布监测任务及收集监测数据。传感器网络发展过程见表 4-1。

表 4-1　传感器网络发展过程

年代	连接	覆盖
1965—今	直接连接	点覆盖
1980—今	接口连接	线覆盖
1995—今	总线连接	面覆盖
2005—今	网络连接	域覆盖

无线传感器网络节点的组成和功能包括以下四个基本单元：

1）传感单元：由传感器和模数转换功能模块组成，传感器负责对感知对象的信息进行采集和数据转换。

2）处理单元：由嵌入式系统构成，包括 CPU、存储器、嵌入式操作系统等，处理单元负责控制整个节点的操作，存储和处理自身采集的数据及其他传感器节点发来的数据。

3）通信单元：由无线通信模块组成，负责实现传感器节点之间及传感器节点与用户节点、管理控制节点之间的通信，交互控制消息和收 / 发业务数据。

4）电源部分。

此外，可以选择的其他功能单元包括定位系统、运动系统及发电装置等。

4.1.2 WSN 的发展历史

无线传感器网络研究的初期是在军事领域。1978 年，美国国防部高级研究计划局（Defense Advanced Research Projects Agency，DARPA）举办了分布式传感器网络研讨会，重点关注了传感器网络研究的挑战，包括网络技术、信号处理技术及分布式计算等，对无线传感器网络的基本思路进行了探讨，并开始资助卡耐基梅隆大学进行分布式传感器网络的研究，这被看成是无线传感器网络的雏形。1980 年，DARPA 启动了分布式传感器网络计划，后来又启动了传感器信息技术项目。

20 世纪八九十年代，无线传感器网络的研究主要集中在军事领域，成为网络中心战的关键技术；从 90 年代中期开始，美国和欧洲等发达国家和地区先后开展了大量的关于无线传感器网络的研究工作。

1993 年，美国加州大学洛杉矶分校与罗克韦尔科学中心（Rockwell Science Center）合作，开始了无线集成网络传感器（Wireless Integrated Network Sensors，WINS）项目，其目的是将嵌入在设备、设施和环境中的传感器、控制器及处理器建成分布式网络，并能够通过 Internet 进行访问，这种传感器网络已多次在美军的实战环境中进行了试验。1996 年发明的低功率无线集成微型传感器（LWIM）是 WINS 项目的研究成果之一。

2001 年，美国陆军提出了"灵巧传感器网络通信"计划，其基本思想是在整个作战空间中放置大量的传感器节点来收集敌方的数据，然后将数据汇集到数据控制中心，融合成一张立体的战场图片。当作战组织需要时，可以提供给他们，使其及时了解战场上的动态，并依此调整作战计划。之后美军又提出了"无人值守地面传感器群"项目，主要目标是使基层部队人员具备在他们希望放置传感器的任何地方均能够灵活地部署，且部署的方式依赖于需要执行的任务，指挥员可以将多种传感器进行最适宜的组合来满足作战需求。该计划的一部分就是研究最优的组合方式以满足任务需求。

在工商业领域，1995 年美国交通部提出了"国家智能交通系统项目规划"，该计划有效地集成了先进的信息技术、数据通信技术、传感器技术、控制技术和计算机处理技术等，并应用于整个地面交通管理，建立一个大范围、全方位、实时高效的综合交通运输管理系统，对车速、车距进行控制，还能提供道路通行状况信息、最佳的行驶路线，发生交通事故时可以自动联系事故抢救中心。

随着无线传感器网络研究的不断深入，其应用领域也越来越广泛。2002 年 5 月，美国能源部与美国 Sandia 国家实验室合作，共同研究用于地铁、车站等场所的防恐袭击对策系统，该系统融检测有毒的、奇特的化学传感器和网络技术于一体，传感器一旦检测到某种有害物质，就会自动向管理中心通报，并自动采取急救措施。2002 年 10 月，美国英特尔公司公布了"基于微型传感器网络的新型计算发展规划"，致力于微型传感器网络在预防医学、环境监测、森林防火乃至海地板块调查、行星探查等领域的研究与应用。美国国家自然科学基金委员会（American Natural Science Foundation，ANSF）于 2003 年制定了传感器网络研究计划，投资 3400 万美元，在加州大学成立了传感器网络研究中心，并联合加州大学伯克利分校和南加州大学等科研机构进行相关基础理论的研究。

对传感器的应用程度能够大体反映出国家科技和经济实力。目前，从全球总体情况看，美国、日本等少数经济发达国家占据了传感器市场 70% 以上的份额，发展中国家所占份额相对较少。其中，市场规模最大的三个国家分别是美国、日本、德国，分别约占据了传感器市场整体份额的 29.0 %、19.5%、11.3%。未来，随着发展中国家经济的持续增长，对传感器的研究与应用的需求也将大幅增加。

我国在 20 世纪的八九十年代将传感器技术列入国家重点攻关项目，开展了以机械、力敏、气敏、湿敏、生物敏为主的五大传感器技术的研究。但是对于无线传感器网络的研究起步较晚，首次正式启动出现于 1999 年中国科学院《知识创新工程点领域方向研究》的"信息与自动化领域研究报告"中，将无线传感器网络列入该领域的五大重点项目之一。20 世纪 90 年代后期到 21 世纪初，出现了基于现场总线技术的智能传感器网络。该网络采用现场总线连接传感控制器，构建局域网络，其局部测控网络通过网关和路由器可以实现与 Internet 的无线连接，广泛地引起了国家建设和管理领域研究和应用的重视。

无线传感器网络涉及传感器技术、网络通信技术、无线传输技术、嵌入式技术、分布式计算技术、微电子制造技术、软件编程技术等多学科交叉的研究领域，具有鲜明的跨学科研究特点。我国的中科院上海微系统研究所、沈阳自动化所、软件研究所、计算所、电子所、自动化所和合肥智能技术研究所等科研机构，哈尔滨工业大学、清华大学、北京邮电大学、西北工业大学、天津大学和国防科技大学等院校在国内较早开展了传感器网络的研究，并取得了一定的研究成果。

无线传感器网络是物联网的重要组成部分，正是有了更广泛更全面的互联互通，物联网的感知才更透彻更具洞察力；有了更透彻的感知，自然就有了更综合更深入的智能。最早提出的传感器网络的经典应用当中就有将温度传感器用于森林防火的。如何从传感器连续不断的枯燥乏味的温度测量值中发现潜在的火灾危险呢？可以定义温度大于某个阈值是发生火灾的标志，这可以算是最简单的事件检测算法。如果能从长期的温度数据中挖掘模式，从看似不相关的气象事件中挖掘联系，这就体现了智能化的不断深入。

4.1.3　WSN 的特点

无线传感器网络除了具有同 Ad hoc 网络一样的移动性、通信和电源等局限的共同特征，还有一些其他特点，这些特点对于无线传感器网络的有效应用提出了一系列机遇和挑战。

1. 系统特点

WSN 是一种分布式传感网络，它的末梢是可以感知和检测物理世界的传感器，通过无线方式通信，网络设置灵活，设备位置可以随时更改，还可以跟 Internet 进行有线或无线方式的连接。

WSN 是能根据环境自主完成指定任务的"智能"系统，具有群体智能自主自治系统的行为实现和控制能力，能协作的感知、采集和处理网络覆盖区域中感知对象的信息，并发送给观测者。

2. 技术特点

WSN 通常包括传感器节点、汇聚节点和管理节点，大量的传感器节点随机部署在检测区域或附近，无须人员值守。节点之间通过自组织方式构成无线网络，以协作的方式感知、采集和处理网络覆盖区域中特定的信息，可以实现对任意地点的信息，在任意时间采集、处理和分析。监测的数据沿着其他传感器节点通过多跳中继方式传回 sink 节点，最后借助 sink 链路将整个区域内的数据传送到远程控制中心进行集中处理。用户通过管理节点对传感器网络进行配置和管理，发布监测任务及收集监测数据。

目前常见的无线网络包括移动通信网、无线局域网、蓝牙网络、Ad hoc 网络等，与这些网络相比，WSN 具有以下特点：

1）传感器节点体积小，电源能量有限，传感器节点各部分集成度很高。由于传感器节点数量大、分布范围广、位置环境复杂，有些节点位置甚至人员都不能到达，传感器节点的能量补充遇到了困难。所以，在考虑传感器网络体系结构及各层协议设计时，节能是设计的主要考虑因素之一。

2）计算和存储能力有限。由于 WSN 应用的特殊性，要求传感器节点的价格低、功耗小，这必然导致其携带的处理器能力比较弱、存储容量比较小，因此，如何利用有限的计算和存储资源，完成诸多协同任务，也是无线传感器网络技术面临的挑战之一。事实上，随着低功耗电路和系统设计技术的提高，目前已经开发出很多超低功耗微处理器。同时，一般传感器节点还会配上一些外部存储器，目前的 Flash 存储器是一种可以低电压操作、多次写、无限次读的非易失存储介质。

3）通信半径小，带宽低。WSN 利用"多跳"来实现低功耗的数据传输，因此，其设计的通信覆盖范围只有数十米。与传统的无线网络不同，传感器网络中传输的数据大部分是经过节点处理的数据，因此流量较小。根据目前观察到的现象特征来看，传感数据所需的带宽将会很低（1 ～ 100kb/s）。

4）无中心和自组织。在 WSN 中，所有节点的地位都是平等的，没有预先制定的中心。各节点通过分布式算法来相互协调，可以在无须人工干预和任何其他预置的网络设施的情况下，节点自组织成网络。正是由于 WSN 没有中心，所以，网络不会因为单个节点的损坏而损毁，这使得网络具有较好的鲁棒性和抗毁性。

5）网络动态性强。WSN 主要由三个要素组成，分别是传感器节点、感知对象和观察者。三者之间的路径会发生变化，网络必须具有可重构和自调整性。因此，WSN 具有很强的动态性。

6）以数据为中心的网络。对于观察者来说，传感器网络的核心是感知数据而不是网络硬件。以数据为中心的特点要求传感器网络的设计必须以感知数据的管理和处理为中心，把数据库技术和网络技术紧密结合，从逻辑概念和软、硬件技术两方面实现一个高性能的、以数据为中心的网络系统，使用户如同使用通常的数据库管理系统和数据处理系统一样，自如地在传感器网络上进行感知数据的管理和处理。

4.1.4　WSN 的发展趋势

基于现实需要，智能传感技术将朝着高精度、微型化、高可靠性、低能耗、网络化和低成本化等维度发展。

1）高精度。智能制造过程中涉及装备自动化，而装备自动化程度受限于传感技术的精度和灵敏度，因此，不断提升精度是智能传感技术的基本趋势。

2）微型化。随着传统产业制造升级，和对轻量化及便于维保等需求的不断增强，在满足基本性能的同时，不断为智能传感器减重、缩小体积成为产业升级的客观需求，因此，微型化将是主要演变趋势。

3）高可靠性。稳定性越好，信号越完整，传感技术的可靠性就越高，智能传感器应具备较强的抗干扰特征，以应对复杂工况下的数据准确采集和稳定传递需求，未来的产业发展对传感器可靠性的需求将逐步提高。

4）低能耗。目前智能传感器大多数是在有源工况下运行，但未来智能传感技术将广泛应用于无源工况下，尤其是电网未覆盖的高山、深海、外太空等应用场景。而仅依靠太阳能或燃料电池又无法保证大功率传感器的稳定使用，因此，低能耗甚至无源化也将是智能传感技术未来的重要发展趋势。

5）网络化。目前很多智能传感技术的应用场景没有复杂电路支撑，传感器采集信号后需要可视判断或近距离观测和触发传递，缺乏有效的信息传递机制。而网络化的智能传感器能实现重要信号的实时传递、便捷存储，避免了频繁的人工运维和信号失真，网络化将是未来智能传感技术的重要发展趋势。

6）低成本化。在智能传感技术门类逐渐齐全、性能逐渐满足产业基本需求后，为了实现量产和全面普及，满足行业的需求，就要求智能传感技术既要好又要成本可控。因此，降本增效将是未来一段时间的持续改进方向。

4.2　WSN 的系统结构

4.2.1　体系结构

根据 WSN 应用的特殊要求，考虑传感器网络系统的特有结构及优于其他技术的优点，无线传感器网络的体系结构由分层的网络通信协议、网络管理平台及应用支撑平台三部分组成，如图 4-2 所示。

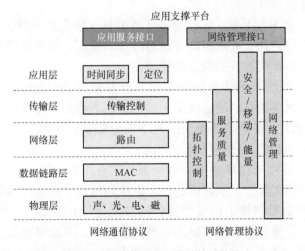

图 4-2　无线传感器网络的体系结构

1. 分层的网络通信协议

类似于传统 Internet 中的 TCP/IP 体系，分层的网络通信协议由物理层、数据链路层、网络层、传输层和应用层组成。

（1）物理层　负责信道的选择、无线信号的监测、信号的调制和数据的收发，采用的传输介质有无线电、红外线和光波等。物理层的设计目标是以尽可能少的能量损耗获得较大的链路容量。

（2）数据链路层　负责数据成帧、帧检测、媒体访问和差错控制。该层可分为媒体访问控制（MAC）子层和逻辑链路控制子层，其中，MAC 层规定了不同的用户如何共享可用的信道资源，保证可靠的点对点和点对多点通信；逻辑链路控制子层负责向网络提供统一的服务接口。

（3）网络层　负责路由发现和维护、网络互联、拥塞控制等。通常，大多数节点无法直接和网关通信，需要中间节点通过多跳路由的方式将数据传送至汇聚节点。

（4）传输层　负责数据流的传输控制。主要通过汇聚节点采集传感器节点中的数据信息，利用卫星、移动通信网络、Internet 或者其他的链路与外部网络通信，提供可靠的、开销合理的数据传输服务。

2. 网络管理平台

主要是对传感器节点自身的管理及用户对传感器网络的管理，包括拓扑控制、服务质量管理、能量管理、网络安全、移动控制、网络管理和远程管理等。

（1）拓扑控制　为了节约能源，传感器节点会在某些时刻进入休眠状态，这导致网络拓扑结构不断变化，因而需要通过拓扑控制技术管理各节点状态的转换，使网络保持畅通，数据能够有效传输。拓扑控制利用链路层、路由层完成，反过来又为它们提供基础信息支持，优化 MAC 协议和路由协议，降低能耗。

（2）服务质量（QoS）管理　在各协议层设计队列管理、优先级机制或者带预留等机制，并对特定应用的数据进行特别处理，它是网络与用户之间及网络上互相通信的用户之间关于信息传输与共享的质量约定。为满足用户需求，WSN 必须能够为用户提供足够的资源，以用户可以接受的性能指标工作。

（3）能量管理　在 WSN 中，电源能量是各个节点最宝贵的资源，为了使 WSN 的使用时间尽可能长，需要合理、有效控制节点对能量的使用。每个协议层中都要增加能量控制代码，并提供给操作系统进行能量分配决策。

（4）网络安全　传感器网络多用于军事、商业领域，安全性是其重要的研究内容。由于节点随机部署、网络拓扑的动态性及无线信道的不稳定，传统的安全机制无法适用于无线传感器网络。因此，需要设计新型的网络安全机制，这需要采用扩频通信、接入认证、鉴权、数字水印和数据加密等技术。

（5）移动控制　某些应用环境中，有一部分节点可以移动，移动控制负责检测和控制节点的移动，维护到汇聚节点的路由，还可以使传感器节点跟踪其邻居节点。

（6）网络管理　是对网络上的设备及传输系统进行有效监视、控制、诊断和测试所采用的技术和方法。它要求各层协议嵌入各类信息接口，并定时收集协议运行状态和流量信息，协调控制网络中各个协议组件的运行。网络管理功能主要有故障管理、计费管理、配置管理、性能管理和安全管理。

（7）远程管理　对于某些应用环境，传感器网络处于人不容易访问的地方，为了对传感器网络进行管理，采用远程管理是十分必要的。通过远程管理，可以修正系统的故障（bug），升级系统，关闭子系统，监控环境的变化等，使传感器网络工作更有效。

3. 应用支撑平台

建立在分层的网络通信协议和网络管理平台的基础之上，它包括一系列基于检测任务的应用层软件，通过应用服务接口和网络管理接口来为终端用户提供具体的应用支持。

（1）时间同步　WSN 的通信协议和应用要求各节点间的时钟必须保持同步，这样多个传感器节点才能相互配合工作；此外，节点的休眠和唤醒也需要时间同步。

（2）节点定位　确定每个传感器节点的相对位置或绝对位置，节点定位在军事侦察、环境监测、紧急救援等环境中尤为重要。节点定位分为集中定位方式和分布式定位方式。

（3）应用服务接口　WSN 的应用是多种多样的，针对不同的应用环境，有各种应用层的协议，如任务安排和数据分发协议、传感器查询和数据分发协议等。

（4）网络管理接口　主要是传感器管理协议（Sensor Management Protocol，SMP），把数据传输到应用层。

4.2.2　节点结构

根据 WSN 应用的特殊要求，考虑传感器网络系统的特有结构及优于其他技术的优点，可以总结出无线传感器网络系统有如下四个关键的性能评估指标：网络的工作寿命、网络覆盖范围、网络搭建的成本和难易程度、网络响应时间。但这些评定指标之间是相互关联的，通常为了提高其中一个指标必须降低另一个指标，如降低网络的响应时间性能可以延长系统的工作寿命，这些指标构成的多维空间可以用于评估一个 WSN 的整体性能。

1. 节点的设计原则

由于传感器节点工作的特殊性，在设计时应从以下六方面考虑：

（1）微型化　微型化是 WSN 追求的终极目标，只有节点本身体积足够小，才能保证不影响目标系统环境或者造成的影响可以忽略不计。另外，在某些特殊场合甚至要求目标系统能够小到不容易被人察觉的程度，如在军事侦察等特定环境下，微型化更是首先考虑的问题之一。

（2）低能耗　节能是传感器节点设计最主要的目标之一。传感器网络部署在人们无法接近的场所，而且不常更换供电设备，对节点功耗要求非常严格。在设计过程中，应采用合理的能量监测与控制机制，功耗要限制在数十毫瓦甚至更低数量级。

（3）低成本　成本的高低是衡量传感器节点设计好坏的重要指标，只有成本低才能大量地布置在目标区域中，表现出传感器网络的各种优点。这就要求传感器节点各个模块的设计不能特别复杂，使用的所有器件都必须是低功耗的，否则不利于降低成本。

（4）可扩展性　可扩展性也是传感器节点设计中必须考虑的问题，需要定义统一、完整的外部接口，需要添加新的硬件时可以在现有节点上直接添加，而不需要开发新的节点，即传感器节点应当在具备通用处理器和通信模块的基础上拥有完整、规范的外部接口，以适应不同的组件。

（5）稳定性和安全性　设计的节点要求各个部件都能在给定的外部环境变化范围内正常工作，在给定的温度、湿度、压力等外部条件下，传感器节点各部件能够保证正常功能，且能够工作在各自量程范围内。另外，在恶劣环境条件下能保证获取数据的准确性和传输数据的安全性。

（6）深度嵌入性　传感器节点必须和所感知场景紧密结合才能非常精细地感知外部环境的变化，而正是所有传感器节点与所感知场景的紧密结合，才对感知对象有了宏观和微观的认识。

2. 节点的硬件设计

建设一个 WSN，首先要开发可用的传感器节点。传感器节点应满足特定应用的特殊需求：尺寸小、价格低、能耗低；可为所需的传感器提供适当的接口，并提供所需的计算和存储资源；能够提供足够的通信能力。图 4-3 给出了传感器节点体系结构。

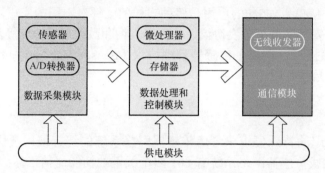

图 4-3　传感器节点体系结构

无线传感器节点由传感器模块、处理器模块、无线通信模块和电源模块四部分组成。

（1）传感器模块　传感器在现实中的应用非常广泛，渗透在工业、医疗、军事和航天等各个领域，所以，有些机构把传感器网络称为未来三大高科技产业之一。传感器网络研究的近期意义不是创造出多少新的应用，而是通过网络技术为现有的传感器应用提供新的解决办法。网络化的传感器模块相对于传统传感器的应用有如下特点：

1）传感器模块是硬件平台中真正与外部信号量接触的模块，一般包括传感器探头和变送系统两部分。探头采集外部的温度、光照和磁场等需要传感的信息，将其送入变送系统，后者将上述物理量转化为系统可以识别的原始电信号，通过积分电路、放大电路整形处理，最后经过 A/D 转换器转换成数字信号送入处理器模块。

2）对于不同的探测物理量，传感器模块将采用不同的信号处理方式，因此，对于温度、湿度、光照、声音等不同的信号量，需要设计相应的检测与传感器电路，同时，需要预留相应的扩展接口，便于扩展更多的物理信号量。

传感器种类很多，可以监测温湿度、光照、噪声、振动、磁场、加速度等物理量。美国的 Crossbow 公司基于 Mica 节点开发了一系列传感器板，采用的传感器有光敏电阻 Clairex CL4L、温敏电阻 ERTJ1VR103J（松下电子公司）、加速度传感器 ADI ADXL202、次传感器 Honeywell HMC1002 等。

传感器电源的供电电路设计对传感器模块的能量消耗来说非常重要。对应小电流工作的传感器（数百微安），可由处理器 I/O 口直接驱动；当不用该传感器时，将 I/O 口设置为输入方式，这样外部传感器没有能量输入，也就没有能量消耗。例如，温度传感器 DS18B20 就是采用这种方式。对应大电流工作的传感器模块，I/O 口不能直接驱动传感器，通常使用场效应管来控制后级电路的能量输入。当有多个大电流传感器接入时，通常使用集成的模拟开关芯片来实现电源控制。

（2）处理器模块　处理器模块是传感器节点的计算核心，所有的设备控制、任务调度、能量计算和功能协调、通信协议的执行、数据整合和数据转储程序都将在这个模块的支持下完成，所以，处理器的选择在传感器节点设计中是至关重要的。作为硬件平台的中心模块，除了应具备一般单片机的基本性能，还应具有适合整个网络需要的特点：

1）尽可能高的集成度。受外形尺寸限制，模块必须能够集成更多节点的关键部位。

2）尽可能低的能源消耗。处理器的功耗一般很大，而无线网络中没有持续的能源供给，这就要求节点的设计必须将节能作为一个重要因素来考虑。

3）尽量快的运行速度。网络对节点的实时性要求很高，处理器的实时处理能力要强。

4）尽可能多的 I/O 和扩展接口。多功能的传感器产品是发展的趋势，而在前期设计中，不可能把所有的功能都包括进来，这就要求系统有很强的可扩展性。

5）尽可能低的成本。如果传感器节点成本过高，必然会影响网络化的布局。

使用较多的有 ATMEL 公司的 AVR 系列单片机和 Berkeley 大学研制的 Mica 系列节点，其中，大多采用 ATMEL 公司的微控制器。TI 公司的 MSP430 超低功耗系列处理器，不仅功能完整、集成度高，而且根据存储容量的多少提供多种引脚兼容的处理器，使开发者很容易根据应用对象平滑升级系统。在新一代无线传感器节点 Tools 中使用的就是这种处理器，Motorola 公司和 Renesas 公司也有类似的产品。

（3）无线通信模块　无线通信模块由无线射频电路和天线组成，目前采用的传输媒体包括无线电、红外线和光波等，它是传感器节点中最主要的耗能模块，是传感器节点的设计重点。

1）无线电传输。无线电波易于产生，传播距离较远，容易穿透建筑物，在通信方面没有特殊的限制，比较适合在未知环境中自主通信，是目前传感器网络的主流传输方式。

在频率选择方面，一般选用 ISM（Industrial Scientific Medical）频段，主要原因在于 ISM 频段是无须注册的公用频段，具有大范围的可选频段，没有特定标准，可灵活使用。

在机制选择方面，传统的无线通信系统需要考虑的重要指标包括频谱效率、误码率、环境适应性及实现的难度和成本。

在 WSN 中，由于节点能量受限，需要设计以节能和低成本为主要指标的调制机制。为了实现最小化符号率和最大化数据传输率的指标，研究人员将 M-ary 调制机制应用于传感器网络；然而，简单的多相位 M-ary 信号会降低检测的敏感度。为了恢复连接需要增加发射功率，因此导致额外的能量浪费。为了避免该问题，准正交的差分编码位置调制方案采用四位二进制符号，每个符号被扩展为 32 位伪噪声码片序列，构成半正弦脉冲波形的交错正交相移键控调制机制，仿真实验表明该方案的节能性能较好。

另外，Berkeley 大学研发的 PicoRadio 项目采用了无线电唤醒装置，该装置支持休眠模式，在满占空比情况下消耗的功率也小于 1；DARPA 资助的 WINS 项目研究了如何采用 CMOS 电路技术实现硬件的低成本制作；AIT 研发的 uAMPS 项目在设计物理层时考虑

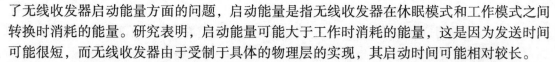

了无线收发器启动能量方面的问题，启动能量是指无线收发器在休眠模式和工作模式之间转换时消耗的能量。研究表明，启动能量可能大于工作时消耗的能量，这是因为发送时间可能很短，而无线收发器由于受制于具体的物理层的实现，其启动时间可能相对较长。

2）红外线传输。红外线作为传感器网络的可选传输方式，最大的优点是这种传输不受无线电干扰，且红外线的使用不受国家无线电管理委员会的限制。然而，红外线对非透明物体的穿透性极差，只能进行视距传输，因此只在一些特殊的应用场合下使用。

3）光波传输。与无线电传输相比，光波传输不需要复杂的调制、解调机制，接收器的电路简单，单位数据传输功耗较小。在 Berkeley 大型的 SmartDust 项目中，研究人员开发了基于光波传输，具有传感、计算能力的自治系统，提出了两种光波传输机制，即使用三面直角反光镜（CCR）的被动传输方式和使用激光二极管、易控镜的主动传输方式。对于前者，传感器节点不需要安装光源，通过配置 CCR 来完成通信；对于后者，传感器节点使用激光二极管和主控激光通信系统发送数据。光波与红外线相比，通信双发不能被非透明物体阻挡，只能进行视距传输，应用场合受限。

4）传感器网络无线通信模块协议标准。在协议标准方面，目前传感器网络的无线通信模块设计有两个可用标准：IEEE 802.15.4 和 IEEE 802.15.3a。IEEE 802.15.3a 标准的提交者把 UWB 作为一个可行的高速率 WPAN 的物理层选择方案，传感器网络正是其潜在的应用对象之一。

（4）电源模块　电源模块是任何电子系统的必备基础模块，对传感器节点来说，电源模块直接关系到传感器节点的寿命、成本、体积和设计复杂度。如果能够采用大容量电源，那么网络各层通信协议的设计、网络功耗管理等方面的指标都可以降低，从而降低设计难度。容量的扩大通常意味着体积和成本的增加，因此电源模块设计中必须首先合理地选择电源种类。

市电是最便宜的电源，不需要更换电池，而且不必担心电能耗尽，但在应用市电时，一方面受到供电电缆的限制而削弱了无线节点的移动性和适用范围；另一方面，用于电源电压的转换电路需要额外增加成本，不利于降低节点造价。但是对于一些使用市电方便的场合，如电灯控制系统等，仍可以考虑使用市电供电。

电池供电是目前最常见的传感器节点供电方式，原电池（如 AAA 电池）以其成本低廉、能量密度高、标准化程度高、易于购买等特点而备受青睐。虽然使用可充电的蓄电池似乎比使用原电池好，但与原电池相比，蓄电池有很多缺点，如它的能量密度有限，蓄电池的重量能量密度和体积能量密度远低于原电池，这就意味着要达到同样的容量要求，蓄电池的尺寸和重量都要大一些。此外，与原电池相比，蓄电池的维护成本也不可忽略。尽管有这些缺点，蓄电池仍然有很多可取之处，蓄电池的内阻通常比原电池要低，这在要求峰值电流较高的应用中是有很多好处的。

在某些情况下，传感器节点可以直接从外界的环境中获取足够的能量，包括通过光电效应、机械振动等不同方式获取能量。如果设计合理，采用能量收集技术的节点尺寸可以做得很小，因为它们不需要随身携带电池。最常见的能量收集技术包括太阳能、风能、热能、电磁能、机械能的收集等，如利用袖珍化的压电发生器收集机械能，利用光敏器件收集太阳能，利用微型热电发电机收集热能等。

节点所需的电压通常不止一种，这是因为模拟电路与数字电路所要求的最优供电电压不同，非易失性存储器和压电发生器及其他的用户界面需要使用较高的电源电压。任何电压转换电路都会有固定开销，对于占空比非常低的传感器节点而言，这种开销占总功率的比例可能是非常大的。

4.3　智能传感技术的类型分析

4.3.1　网络化智能传感技术

以网络化智能传感器技术作为基础的网络智能传感器，其核心是嵌入新式的微处理器，它将信号处理及网络接口单元集成到传感器内部，从而使得整个传感器具备了自我检查、校验、诊断功能，并可以做到实时的网络通信。其具体原理如图 4-4 所示。

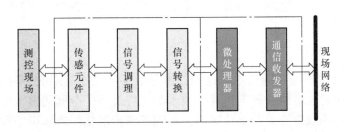

图 4-4　网络化智能传感技术原理

这种网络化智能传感技术的应用，使得在采集处理和传输信息的过程中做到了真正意义上的协调统一。由于网络化智能传感技术中全面集成了嵌入式技术等全新的技术，使得以此为基础的传感器在软件层和硬件层上进行了全面的结合，不但传感器本身的功耗得到了显著的降低，并且由于这些技术的综合使用，使得智能化传感器本身具备了自我识别和校验的能力，可以在全面使用软件技术的前提下，实现传感器的非线性补偿等操作。由于网络化智能传感技术中全面引入了网络接口技术，使得工业控制网络可以在传感器中得到广泛的植入和应用，也就为后期整个系统的扩展和维护奠定了相应的空间基础。

4.3.2　以 IEEE P1451 接口标准族为基础的智能传感技术

现场总线自身的标准到目前为止一直没有得到有效的统一，并且每一种标准下都存在着唯一适用的通信协议，这些通信协议之间是一种水火不容的关系。为此，IEEE P1451 接口标准族得以提出并应用于智能传感技术中。通过定义并使用这一套完整且通用的通信接口，可以将由传感及执行器所组成的各类网络控制系统做出大幅度简化。IEEE P1451 接口标准族内部的标准可以细分为面向软件和硬件的两种接口，其中面向软件的接口部分在针对网络智能变送器行为进行描述的过程中，需要使用到面向对象的模型，而且在其中为智能变送器能够顺利接入到不同测控网络中制定了相应规范。同时，借助通用功能、协议及电子数据表格形式的定义，IEEE P1451 接口标准族内部各个标准之间的相互操作性得到了显著提高。其中，IEEE P1451.1 和 IEEE P1451.0 二者共同组成了软件接口部分，而 IEEE P1451.2、IEEE P1451.3、IEEE P1451.4 及 IEEE P1451.5 则是共同组成了硬件接口部分，具体的 IEEE P1451 接口标准族体系及关系框架如图 4-5 所示。

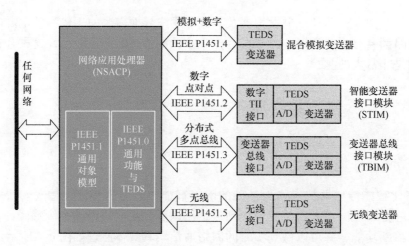

图 4-5　IEEE P1451 接口标准族体系及关系框架

4.3.3　以现场总线为基础的智能传感技术

　　该技术的基础是现场总线技术，这一技术是近年来发展起来的一种全新的控制技术，是对计算机通信和集成电路及智能传感等技术的优势进行了全面的继承和结合。这一技术是一种全数字性质的双向开放的通信网络，做到了将智能化的现场设施和控制室之间全面的连接。因为现场总线系统本质上是一个纯数字化的系统，是用于过程和制造自动化的现场设施及现场意愿互相连接之间的数字通信网络。将之前普遍使用的模拟信号使用数字信号进行了相应的代替，使得在信息传输的过程中具备很好的干扰抵抗性，整体系统的性能得到了极大的提升。该种智能传感技术的系统分布如图 4-6 所示。

　　但同样的，以现场总线为基础的智能传感技术本身也带有一定的双面性。具体表现就是现场总线完全断开之后，整体系统会出现一些无法有效预测的后果。同时，现场总线的整体系统在通信流量上有着一定的限制，很容易在信息传输的过程中带来信息流的阻滞问题。这也是后期以形成中心为基础的智能传感技术进一步发展应用需要克服的主要问题之一。

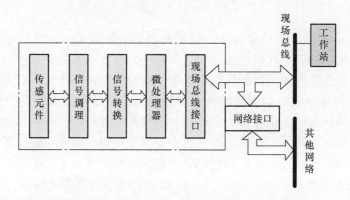

图 4-6　以现场总线为基础的智能传感技术系统分布

4.4　智能传感技术的应用

智能传感技术作为传感器技术和计算机技术结合的发展产物，因其自身在检测精度等方面的优势得以在建筑工程、制造、交通等多个行业中有所应用。

4.4.1　在建筑工程中的应用

为了实现建筑物的智能化，自然离不开智能传感器。只有在建设初期就对智能传感网络及其控制系统进行合理的设计，对各种类型的智能传感器进行合理的布置，才能实现建筑物的智能化。

1. 在照明系统中的应用

在楼宇控制系统中，智能照明控制系统借助各种不同的"预设置"控制方式和控制元件，采用红外热释电传感器、声音传感器、光线传感器等对不同时间、不同环境的光照度进行精确设置和合理管理，实现节能。在充分利用自然光的前提下，利用最少的能源保证当前所要求的照度水平，同时良好的照明环境是提高工作效率的一个必要条件。因此要优化设计方案，合理选择光源，提高照明质量。

2. 在给排水系统中的应用

在智能建筑中，给排水系统的监控和管理由现场监控站和管理中心来实现，其最终目的是实现管网的合理调度。随着用户水量的变化，管网中各个水泵都能及时改变其运行方式，保持适当的水压，实现泵房的最佳运行；监控系统还随时监视大楼的排水系统，自动排水；当系统出现异常情况或需要维护时，将产生报警信号，通知管理人员处理。给水排水系统的监控主要包括水泵的自动起停控制，水位流量、压力的测量与调节，用水量和排水量的测量，污水处理设备运转的监视、控制、水质检测，节水程序控制，故障及异常状况的记录等。现场监控站内的控制器按预先编制的程序来满足自动控制的要求，即根据水箱和水池的高、低水位信号来控制水泵的起、停及进水控制阀的开关，并且进行溢水和停水的预警等。当水泵出现故障时，备用水泵自动投入工作，同时发出报警信号。

3. 在火险报警预防中的应用

在智能建筑中，利用火险传感器来检测和预防险情的发生。火险传感器主要有感烟传感器、感温传感器及紫外线火焰传感器。从物理作用上区分，可分为离子型、光电型等；从信号方式区分，可分为开关型、模拟型及智能型等。在重点区域必须设置多种传感器，同时对现场加以监测，以防误报警；应及时将现场数据经控制网络向控制系统汇总，获得火情后，系统就会自动采取必要的措施，经通信网络向有关职能部门报告火情，并对楼宇内的防火卷帘门、电梯、灭火器、喷水头、消防水泵、电动门等联动设备下达起动或关闭的命令，以使火灾得到即时控制；还应启动公共广播系统，引导人员疏散。该系统采用了智能化网络分布处理技术，具备火灾探测、消防联动等功能。

4. 在安防中的应用

智能建筑中可采用入侵报警系统。该系统是一种利用传感器技术和电子信息技术探测，并指示非法进入或试图非法进入设防区域的行为、发出报警信息的电子系统或网络。入侵报警系统一般由周界防护、建筑物内（外）区域 / 空间防护和实物目标防护等部分单独或组合构成，系统的前端设备为各种类型的入侵探测器（传感器），传输方式可以采用有线 / 无线传输。

4.4.2 在智能制造中的应用

智能制造技术是先进的传感、仪器、监测、控制和过程化的技术组合，它们将信息和通信技术与制造环境融合在一起，体现了制造业的智能化、数字化和网络化，智能制造是中国制造业产业升级必经之路。

智能制造与智能传感技术紧密联系，将各式各样的，如嵌入式的、绝对的、相对的、静止的和运动的传感器应用于企业生产中，它是帮助人们采集获取信息的重要手段。智能制造中，传感器属于基础零部件，它是工业的基石、性能的关键和发展的瓶颈。传感器的智能化、无线化、微型化和集成化是未来智能制造技术发展的关键。智能制造中应用常见的智能传感技术主要有机器视觉技术、RFID 技术、工业机器人技术等应用。

1. 机器视觉技术

根据制造工程师协会的定义：机器视觉就是使用光学非接触式感应设备自动接收并解释真实场景的图像，以获得信息并控制机器或流程。

机器视觉系统主要由照明电源、镜头、相机、图像采集 / 处理卡、图像处理系统和其他外部设备等组成，如图 4-7 所示。

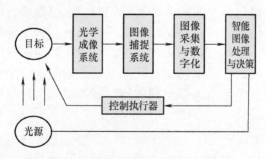

图 4-7 机器视觉系统基本构成

机器视觉可分为"视"和"觉"两部分。"视"是将外界信息通过成像来显示成数字信号反馈给计算机，需要依靠一整套的硬件解决方案，包括光源、相机、图像采集卡、视觉传感器等。"觉"则是计算机对数字信号进行处理和分析，主要是软件算法。

机器视觉技术在工业中的应用包括检验、计量、测量、定位、瑕疵检测和分拣。如汽车焊装生产线，检查四个车门和前后盖的内板边框所涂的反震和折边的胶条是否连续，是否有满足技术要求的高度；啤酒罐装生产线，检查啤酒瓶盖是否正确密封、装罐啤酒液位是否正确等质量检测。机器视觉参与的质量检验比人工检验要快准。

如果能让机器像人一样具有自我意识，可以根据产品的位置、亮度、颜色、表面特征等信息进行对应的操作，进一步解放生产力，完成柔性化的制造。而实现这一切的前提就是为机器人装上"眼睛"，也就是"机器视觉"。机器视觉的应用赋予了工业机器人智慧化，并助力整个工业从 3.0 时代步入 4.0 时代，为智能制造的落地打开了"新窗口"，为智能制造的实现提供了坚实的基础。

2. RFID 技术

在工业生产过程中使用 RFID 技术，将产品放置于托盘 / 工装，安装于生产线的 RFID 阅读器自动识别托盘 / 工装的 RFID 标签，并与制造执行系统（Manufacturing Execution System，MES）实时对接，完成信息绑定跟踪管理，零配件识别、加工工序自动识别，检测设备自动对接等功能。

在智能制造工位上安装工位定置格、智能引导器、安灯、工位一体机等，定置格下面安装 RFID 阅读器，为定置格中的每种工具都绑定 RFID 标签，MES 集成所有的设备，并在每个工位下配置了使用的工具类型。工位自动执行时，将在工位一体机显示需要执行的任务，引导器指引应拿取的工具，RFID 读写器校验是否拿取了正确的工具，安灯系统通过不同颜色的灯光显示每个环节的执行的正确性。

RFID 作为一种自动化的数据采集技术，必须要与相关的软件系统，如 WMS（仓库管理系统）、LES（物流执行系统）、MES 等结合应用，满足数据自动批量采集上传、自动校验、自动反馈等业务需求。智能制造的实施如果缺少了 RFID 技术，就无法获取产品数据，也就无法实现自动化控制，RFID 技术是智能制造实现的必备技术。

3. 工业机器人技术

智能制造生产线上的工业机器人起着非常关键的作用，工业机器人是一种自动执行工作的机器，它可以接受人类命令，运行预先编写的程序或根据基于人工智能技术的原则行事，它的使命是协助或替代人类的工作。如生产、建筑或危险工作，伺服电动机在控制伺服系统中，作为机械部件运行的发动机组件，其辅助电机间接传动，伺服电动机能够准确地控制智能制造生产线的生产速度和产品位置精度，还能将电压信号转换成扭矩和速度来驱动调节目标。

工业机器人是一个在三维空间具有较多自由度的，能实现诸多拟人动作和功能的机器，其动作灵活，结构紧凑，占地面积小，有很高的自由度，几乎适合任何范围的工作。它的特点是可编程、拟人化、通用性、机电一体化。工业机器人主要的技术参数指标有运动范围、自由度、有效负载、重复定位精度、运动速度、分辨率等，工业机器人的技术参数反映了工业机器人可胜任的工作、具有的可操作性能等情况，是设计、应用工业机器人必须要考虑的问题。

工业机器人适合用于大批量多品种高质量自动化生产线，广泛应用于汽车制造业的冲压车间、焊装车间、涂装车间、总装车间及发动机制造中。尤其是在汽车车身焊装生产中，运用工业机器人，不仅提高了生产效率，而且在很大程度上提高了焊接的外观和质量，保证了产品质量，降低了劳动强度，改善了劳动环境。工业机器人技术现在已经广泛应用于智能制造生产线中，是生产线中的关键技术。

4.4.3　在其他领域中的应用

1. 在农业产品质量检测中的应用

智能传感技术的有效应用可以很好地取代部分人工操作的检测技术，为此在农业产品质量的检测工作中有着较为广泛的应用，主要是对果树产品的成熟及新鲜程度进行精准的检测。果蔬产品内部的挥发和非挥发性物质的实际含量变化会在生长的不同阶段出现巨大的变化，这些数据的变化就是果树新鲜度、成熟度等结果判断最为有效的数据。经由气体传感器、数据分析预处理及计算机共同组成的检测系统，其中的气体传感器可以在采集到果蔬产品挥发化学信号的基础上，将之转换为电信号或者是视觉信号；在传输到计算机系统之后，计算机系统就可以在提取并分析数据的前提下，对其成熟度、新鲜度等做出合理的评判，其中经常性使用的数据分析方式包括主成分分析法 PCA、概率数据关联 PDA 等。

2. 在煤矿生产中的应用

智能传感技术在煤矿生产中的实际应用，主要是在实时监测周围环境数据变化的前提下，由控制器对环境参数做出相应的控制。这种智能化传感系统的主要组成部分就是传感器和控制器。控制器的设计需要选择性价比较高的芯片，且由于传感器内传输出的电信号实际上是一种模拟信号，还需要选择相应的 A/D 转换器。系统中的传感器类型又可以细分为温度和流量类型的传感器，其中，前者的设计需要考虑的是温度检测范围、精度，并且布线的实际位置需要尽可能地贴近 CPU；后者的设计则需要以流量和压力之间的关系作为基础，以压力数据检测为基础，通过信号的传输及转换，得到实际的流量数据。

4.4.4　智能传感技术的应用趋势分析

智能装备性能的提升源自传感技术的科学应用。为满足智能装备不断变化和逐渐苛刻的应用需求，智能传感技术未来的应用趋势有三个方面：同类智能传感器的功能集聚效应、多种智能传感器的功能互补、新型场景下的应用。

1. 同类智能传感器的功能集聚效应

当单一智能传感器的性能无法满足系统的某一功能时，就需要同类智能传感器组合，通过冗余结构来保障系统中某项功能的性能。如小汽车的感应雷达，当布置多个感应雷达在小汽车的各角度时，就能实现位置感应的聚集效应，方便驾驶员同时感知四周障碍物[1]。因此，同类传感技术的聚集使用将是未来智能传感技术的一个重点应用趋势。

以装备丰富的智能传感设备的自动驾驶车辆为例。自动驾驶车辆主要根据智慧感知系统完成对障碍物、路标、指示牌等目标的自动识别。车辆的智慧感知能力主要依赖于视觉传感器、红外传感器、光敏传感器、陀螺仪等多元化的智能传感器的组合来完善功能，并且在各功能模块中，以同类智能传感装置的功能叠加、覆盖来保障安全。无人驾驶使用"三重"测距模式，即超声波探测、3D 激光扫描和毫米波探测等多种测距类传感技术共同组成。自动驾驶车辆无法通过单一设备实现对外部环境的全面感知，必须依赖不同装置的协调、配合来完成对多元化模态和多种维度输入信息的处置，而相关方面能力的提升正是智能传感技术发展过程中面临的客观挑战。

2. 多种智能传感器的功能互补

智能化设备或系统往往涉及多元化的、不同层次的信号传递功能需求，需要不同种类的智能传感器提供丰富的感知能力。如智能机器人同时设计了视听、触觉和位置等不同的信号感知能力，以实现机器人对外部环境的综合感知和判断，需要不同种类的智能传感器为机器人提供支撑，使得机器人系统形成更完善更全面的环境感知能力[2]。未来类似机器人的智能化系统将会需要应用更多种类、更加细分的传感器。

3. 新型场景下的应用

将智能传感器集成到传统装备或系统，使其具备丰富的感知能力，就能实现传统装备的智能化升级。传统传感器已经无法适用于智能家居、自动驾驶、AI 机器人等前沿应用场景，需嵌入智能传感技术来丰富设备或系统对前沿技术应用场景的兼容。如将智能测距传感器与清洁机器组合，使之具备避障能力；而具备网络化特征的传感器通过物联网与手机 APP 建立通信联系，就可以实现远程启动和控制家居设备的工作，使人类居住体验更加舒适便捷[3]。又如，当城市轨道交通车辆嵌入加速度、角速度信息采集、传递和分析等网络化智能传感技术后，便能实现车辆防止侧翻或横漂等异常状态下的主动防护，并且在主动防护失效时，及时地启动在线远程救援呼叫机制，最大程度保护驾驶员和车辆的安全[4]。未来，基于不同功能需求的应用场景将会越来越专业化、细分化，随之而来的是智能传感技术的更普遍化、更专业化的场景应用。

较为突出的例子如最近在生活家具市场热卖的扫地机器人。该机器人有按路径规划式和随机走动式两类行走模式，总体而言自主规划路径的设备往往具有易于脱困、工作高效、清洁面广等优点，有望渐渐取代随机走动式产品。而根据各自主要依赖的传感技术的不同，自主规划路径式产品可分激光式、视觉式和 GPS 式三种类型。其中，激光式机器人通过 360° 激光旋转测距智能传感技术实现定位，规避障碍物，规划路径；视觉式通过高清视觉传感器感知物体影响，并通过视觉测距算法实现定位、规避和规划路径，但目前受技术条件限制仍有待进一步研究；GPS 式设备通过卫星定位技术探知设备的空间位置信息，避免重复活动，保障了工作路线高效便捷，但单独依靠 GPS 无法很好地规避障碍物，因此，往往在受到撞击后被动改变路径。

无人机、机器人为智能传感技术的重要应用对象，跳舞机器人、迎宾机器人、外卖无人机、蜂群演出无人机等产品将不断推动智能传感技术在新应用场景的发展。在现有的汽车辅助驾驶系统市场（包括未来的全自动汽车驾驶系统市场）、无人机和机器人等产品市场，高清成像设备、激光测距仪、毫米波雷达等智能传感器都具备较大的市场潜力。基于以上市场的智能传感技术的更新迭代将日新月异，智能传感技术将逐渐走向生产、生活的更多细分领域。

> **延伸阅读**
>
> 中研普华产业研究院发布《2022—2027 年中国智能传感器行业发展分析与投资战略咨询报告》显示，传感器产业作为三大基础性战略产业之一，是"万物互联"之本，对支撑构建现代信息技术产业体系、实现产业转型升级、推动经济高质量发展具有重要意义，以传感器产业为代表的新一轮产业变革已蓬勃兴起，呈现爆发式增长态势，

正在引发一场"制造革命"，已成为发达国家和跨国企业布局的战略高地。

当前智能传感器的应用主要集中在消费电子、汽车电子、工业电子、医疗电子四个方面。

我国的智能传感器产业生态在政策和市场的推动下，已趋于完善。重点环节的设计、制造、封样均有骨干企业布局。在国内智能传感器技术研究与开发已初具规模的同时，一些科研院所也建立了智能传感器中试服务平台，以推动我国产业的创新发展。同时，核心技术缺乏，产品有效供给不足，技术创新能力不强，科研生产和应用不协调等问题还有待突破。

然而，我国智能传感器产业起步较晚，仍然面临着产品有效供给不足、技术创新能力不足、科研生产与应用不协调等问题，其带来的产业安全、信息安全挑战也不容忽视。在传感器关键行业、关键技术、高附加值应用等方面，国际品牌一直处于垄断地位。

本章习题

1. 单选题

（1）无线传感器网络系统不包括（　　　）。

A. 网络适配器　　B. 传感器节点　　C. 管理节点　　　D. 汇聚节点

（2）下面不属于无线传感器网络特点的是（　　　）。

A. 节点体积小，电源能量有限　　B. 较强的抗污染性以及耐久性

C. 无中心和自组织　　　　　　　D. 通信半径小，带宽低

（3）无线传感器节点由四部分构成，不包括下面的（　　　）。

A. 无线通信模块　　　　　　　　B. 处理器模块

C. 计算模块　　　　　　　　　　D. 传感器模块

2. 填空题

（1）智能制造技术是先进传感、仪器、监测、控制和过程化的技术和实际组合，体现了制造业的_____、数字化和网络化。

（2）智能传感技术未来主要应用趋势有三个方面：同类智能传感器的功能集聚效应、_____、新型场景下的应用。

（3）无线传感器网络的体系结构由分层的_____、_____及应用支撑平台三部分组成。

（4）_____、_____和_____构成了无线传感器网络的三要素。

（5）WSN是一种_____传感网络，它的末梢是可以感知和检测物理世界的传感器。

3. 简答题

（1）简述无线传感器网络的概念。

（2）无线传感器网络的特点有哪些？

（3）智能传感技术的类型有哪些？

参考文献

［1］　马瑞林. 汽车电子技术中的智能传感器技术［J］. 内燃机与配件，2019（13）：230-231.

［2］　李磊. 多传感器融合的智能车自主导航系统设计［D］. 成都：西南交通大学，2019.

［3］　齐立萍，王栋轩，王静一. 传感器在智能手机中的应用及发展趋势［J］. 科技视界，2018（3）：140-141.

［4］　何云丰. 基于智能传感器的汽车电子技术应用分析［J］. 内燃机与配件，2020（1）：209-210.

第 5 章

定位技术

本章导读

无线通信技术的发展推动了物联网时代的到来，越来越多的应用都需要自动定位服务。其中，"物"的节点位置是反映网络状态的重要信息，在物联网发展和应用中占据重要地位。

物联网通过实现人对物的管理、物对物的自主管理，达到物的信息网络化，实现信息资源共享和交换。物联网定位就是采用某种计算技术，测量在选定的坐标系中人、设备，以及事件发生的位置，是物联网科学发展和应用的主要课题之一。定位技术有其自身的特点和应用场景，可根据定位场景的需要选择相应技术。面对复杂的应用环境，任何一种单一的定位方法都不足以满足需求，只有将它们有机结合起来才能达到预期目标。

学习要点

1）掌握定位技术的概念。

2）了解定位技术在不同的物联网场景中的应用。

3）掌握几种不同定位技术的工作原理，包括卫星导航系统、蜂窝系统、RFID 定位技术及无线传感器网络的定位技术。

5.1 定位技术概述

近年来无线定位技术受到人们的广泛关注，美国联邦通信委员会（Federal Communications Commission，FCC）颁布的 E-911 法规要求，蜂窝网络必须能对发出紧急呼叫的移动台提供精度在 125m 内、准确率达到 67% 的位置服务。在蜂窝系统中实现对移动台的定位，除了满足 E-911 定位需求，还具有以下用途：①基于移动台位置的灵活计费，可根据移动台所处的不同位置收取不同的通话费；②智能交通系统（Intelligent Traffic Systems，ITS）可以方便地提供车辆及旅客位置、车辆调度、追踪等服务；③优化网络与资源管理，提供定位服务的蜂窝系统能准确地监测移动台，使网络更好地决定小区切换的时间。同时，可根据其位置动态分配信道，提高频谱利用率，对网络资源进行有效的管理。自 E-911 法规颁布以来，由于政府的强制性要求和市场利益的需求，对提供定位服务的研究日益得到重视。

物联网通过实现人对物的管理、物对物的自主管理，达到物的信息网络化，实现信息资源共享和交换。物联网定位就是采用某种计算技术，测量在选定的坐标系中人、设备及事件发生的位置，是物联网科学发展和应用的主要课题之一。

物联网中常用的定位技术主要有全球定位系统 GPS、移动蜂窝测量技术、无线局域网 WLAN、短距离无线测量（Zigbee、RFID）、无线传感器网络 WSN 等。

5.1.1 定位的概念

物联网中用于获取物体位置的技术统称为定位技术。物联网中"物体"的概念非常广泛，它既可以指人，也可以指设备。从物联网整体架构的角度来看，位置感知是感知层中不可或缺的一部分，为整个物联网体系提供基础的位置信息；从应用的角度来看，位置服务渗透在诸多物联网应用场景中，提供差异化服务。

物联网常用的定位设备是由部署在监测区域内大量廉价的微型传感器节点组成，通过无线通信方式形成的一个多跳的、自组织的网络系统，其目的是协作地感知、采集和处理网络覆盖区域中被感知对象的信息，经过无线网络发送给观察者。在物联网定位技术中，根据节点是否已知自身的位置，分为信标节点（Beacon Node）和未知节点（Unknown Node）。信标节点在网络节点中所占的比例很小，可以通过携带 GPS 定位设备等手段获得自身的精确位置，信标节点是未知节点定位的参考点。除了信标节点，其他传感器节点都是未知节点，它们通过信标节点的位置信息来确定自身位置。在图 5-1 所示的传感器网络中，B 代表信标节点，U 代表未知节点。U 节点通过与邻近 B 节点或已经得到位置信息的 U 节点之间的通信，根据一定的定位算法计算出自身位置。

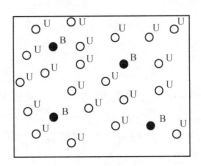

图 5-1 无线传感器网络中的节点分布

5.1.2 定位技术的发展历程

定位技术并不陌生，从航海、航天、航空、测绘、军事、自然灾害预防等"高大上"领域，到日常生活中的人员搜寻、位置查找、交通管理、车辆导航与路线规划等，各种定位技术都有广泛应用。

早期的航海活动中主要是通过沿着海岸线在航道的关键部位建造灯塔来对船只进行导航。这些定位技术的精度非常差，且覆盖范围不广。无线电技术出现后，人们可以进行更大范围更加精确的定位。最早的基于无线电技术的定位系统是罗兰远程导航系统，建立于 20 世纪 40 年代，其最初是用于海军中的中程无线电导航。

随着人造卫星技术的发展，人们开始利用人造卫星来构建更精确、覆盖范围更广的定位 / 导航系统。地球同步轨道卫星可以以相对地球静止的方式在太空轨道中运行，这就为定位系统提供了固定的参考点。

随着蜂窝移动通信技术的快速发展，手机用户极大增加。这类定位系统一般通过测量手机和基站之间的信号强度、距离或到达角度，利用基站的位置来计算手机用户的位置。移动手机用户一般称作移动台，通过基站来辅助定位。

室内的无线定位系统一般利用 RFID 标签进行。利用 RFID 标签的定位系统可以分为定位标签和定位 RFID 读写器的两种。这类定位系统采用的模型可以分为两大类：基于模式匹配的和基于模型匹配的。

无线传感器网络中的定位算法一般利用一些已知自身位置的节点（称为锚节点）来辅助一般节点进行定位。算法设计的目标除了要达到较高的精度，还需要注重降低开销，包括通信开销和计算开销，并且尽量减少对硬件的要求。

5.2　定位技术在物联网中的应用

位置服务无时无刻不被使用，大多数物联网设备都需要定位装置。智能终端定位装置搜集信息，上传云端；云端接收信息，下达反馈信息给终端设备；终端设备完成相应的指令。在这一连串的信息传递过程中，位置信息作为重要的数据提供给云端控制中心。一方面，设备位置作为"物"的基本属性被云端记录，作为参考信息；另一方面，云端平台利用多台设备的位置信息，绘制可视化界面，有助于物联网系统的综合分析，做智能化决策。

5.2.1　射频识别室内定位技术

射频识别室内定位技术利用射频方式，固定天线把无线电信号调成电磁场，附着于物品的标签经过磁场后生成感应电流把数据传送出去，以多对双向通信交换数据达到识别和三角定位的目的（图 5-2）。

射频识别室内定位技术作用距离很近，但它可以在数毫秒内得到厘米级定位精度的信息，且由于电磁场非视距等优点，传输范围很大，而且标识的体积比较小，造价比较低。但其不具有通信能力，抗干扰能力较差，不便于整合到其他系统中，且用户的安全隐私保障和国际标准化都不够完善。

射频识别室内定位已经被仓库、工厂、商场广泛使用在货物、商品流转定位上。

5.2.2　在灾难救援领域中的应用

对于突发的自然灾害，灾害发生过后的 72 小时一般称为"黄金 72 小时"。因为在这段时间内，救援成功的概率很高。北斗短报文等应急通信通过有效的通信保障，让黄金72 小时的救援工作更加高效，为救援成功带来了更多的希望。

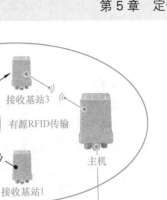

图 5-2 RFID 定位

以地震灾害救援为例，一般情况下，在救援现场，阻碍救援的除了偶发的余震及交通被毁，实时、有效的通信被阻断也是降低救援效率的一大难题。这个时候，应急通信便能很好地为救援提供强有力的通信保障。以北斗短报文为例，应急指挥通信系统中的TR900 数字中继台、TD925 双用便携式中继台系列终端产品采用了北斗通信技术，当通信信号不能覆盖的地区（如无人区，荒漠，海洋，极地等）或通信基站遭受破坏（如遇到地震、洪水、台风等情况）时，可直接依靠卫星通信，不受周围基础设施的限制，随时随地向外界发送自己的位置信息。在没有通信网络的区域，终端的用户可以确定自己的位置，并能够向外界发布文字信息。北斗短报文应急通信如图 5-3 所示。

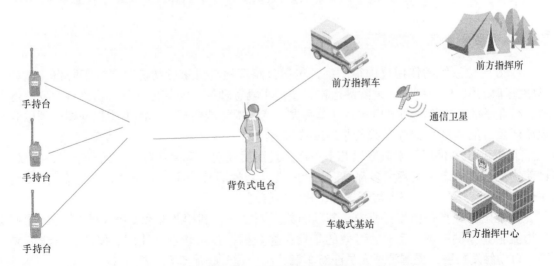

图 5-3 北斗短报文应急通信

5.2.3　在智能交通中的应用

在智能交通系统 ITS 中，车辆之间可以进行相互通信，车辆与路边节点之间也可以进行通信，组成车载网络。定位技术在智能交通系统中发挥着重要作用。

物联网在物体与物体、人和物体之间建立联系，使它们之间产生连接，形成交互。利用物联网技术构建的交通管理平台则是所有信息的中转站和汇集中心，以人工智能、大数据作为处理基础，合理科学地控制交通决策，让车辆和行人得到最佳交通指引。在智慧公交系统中的应用，以 GPS 技术为主要核心，来为城市中的车辆进行定位、导航（图 5-4）。计算机能对 GPS 产生的数据内容进行分析，之后使用配套模块，完成相关信息系统的改善工作；让交通管理部门依据该内容，对道路进行实时管控，并追踪其中的可疑车辆。

基于物联网、5G、大数据、人工智能等技术优势打造而成的智慧斑马线，可以实时监测斑马线与红绿灯状态，依据智能算法定位车辆、行人的相位坐标，实时监测交通参与者的数量和运行轨迹，通过数字化方式创建虚拟实体来实现数字孪生，以及预判危险系数，联动 AI 智能硬件产品，及时发出预警。

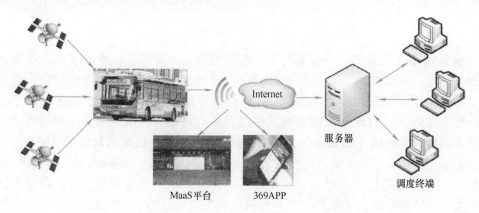

图 5-4　卫星定位技术在智慧公交系统中的应用

5.2.4　在智能物流中的应用

GPS 定位系统的使用范围很广泛，包括公路巡检、贵重货物追踪、汽车防盗、电动车摩托车防盗、银行押运、危险品运输、企业车辆管理等。尤其是近年来物流行业发展迅速，行业里的一些问题凸显出来：订单丢失、货物损坏或错漏、车源不能很好调度利用等现象严重，汽车 GPS 定位系统能帮助改善这类问题。

北斗和 GPS 的民用射频频段几乎一样，且民用级别的双模在精度上优于单模，所以，目前物流行业的定位设备大多都是以 GPS+ 北斗双模芯片为主，双星定位共同赋能普运、快运、专线、整车、零担等物流车辆、货物的管理。

精准定位一直是物流行业中最基础的数据源之一，利用北斗和 GPS 定位技术，能够为物流企业提供准确、实时、有效的车辆在途数据，包括轨迹、速度、停留、路线偏离等，自动触发预警，提醒管理人员注意车辆状况，提升物流车辆运行效率。

北斗 +GPS 定位设备在物流行业中的应用主要包含对车辆、货物的监管（图 5-5）。一方面，通过给物流车辆安装北斗 +GPS 车载定位器，采集车辆实时位置、行驶轨迹、速度、停留时间等；另一方面，通过放置货物追踪器，采集货物位置、运输路线、温湿度等信息，确保货物安全准时送达，并对关键装卸、出入库等物流节点进行电子围栏设置，结合物流管理平台 /APP，实现对货运车辆的远程监管，为客户提供实时位置查看的增值服务，货物运输途中更加放心。

此外，通过数据报表，还可对车辆状况、物流路线、货物状况进行分析，提高物流管理效率，管控成本，让信息更加透明。

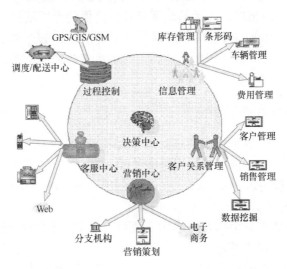

图 5-5　定位技术在物流管理中的应用

延伸阅读

物联网革命已经悄然开始，很多之前停留在概念里面的东西、只会出现在科幻电影中的场景都陆续在现实生活中涌现，你可以在办公室用手机远程控制家里的电灯、空调，能够在千里之外通过安全摄像头看到家里的情况。物联网的潜力远不止如此，未来人类智能社区概念，集合半导体、健康管理、网络、软件、云计算和大数据技术，打造一个更智能的生活环境。而打造这样一个智能社区离不开定位技术，它是物联网的重要环节，现阶段，室内定位、室外定位等定位技术竞争激烈。

室内定位和室外定位技术各有特点，针对的市场及应用场景也不相同，很难界定哪种技术会胜出或被淘汰。但是，其应用范围和市场的接受度会有所差别。关于室内定位技术在物联网的发展前景，有着天然的优势和针对性，逐年增加的室内定位应用需求让更多人将目光投注于室内定位技术，也符合许多物联网应用领域对室内定位这一特点的要求。因此，室内定位技术在物联网生态中具有很大的发挥空间。

当网络无处不在、定位技术可以嵌入到任何设备中的时候，城市的形态将被改变，大数据、人工智能与物联网结合，人类的生活环境将拥有感知能力。构建位置监控系统实现对物品或人员位置的管理，将这一技术应用于医疗医院、监狱、安防、公司贵重物品防丢、养老院老人监护等应用场景。定位技术的应用，在室内位置服务领域的不断革新，将为整个物联网时代带来更多惊喜和可能。

5.3 卫星导航系统

卫星导航系统作为当代人类社会使用最广泛、最便捷、最有效的高精度、高实时、高可靠定位、导航和授时手段，自问世以来深刻改变了人类社会生产生活方式，颠覆了军事领域战争形态和作战样式。

卫星导航系统能够为地表和近地空间的广大用户提供全天时、全天候、高精度的导航、定位和授时服务，是拓展人类活动和促进社会发展的重要基础设施。作为独立自主的大国，建立我国的卫星导航、定位和授时系统，对保障经济的正常运行和国防安全都至关重要。一个国家必须有自己独立的坐标系统，要确定这个坐标系统，全球卫星导航系统是最重要的手段之一。

5.3.1 GPS 全球定位系统简介

卫星定位即通过接收卫星提供的经纬度坐标信号来进行定位，卫星定位系统主要有美国全球定位系统（GPS）、俄罗斯格洛纳斯（GLONASS）、欧洲伽利略（Galileo）系统、中国北斗卫星导航系统（Beidou Navigation Satellite System，BDS）。其中，GPS 系统是现阶段应用最广泛、技术最成熟的卫星定位技术。

GPS 是美国国防部主要为满足军事需要而建立的新一代卫星导航与定位系统，它具有在海、陆、空进行全方位实时三维导航与定位的能力。GPS 是以卫星为基础的无线电导航定位系统，在子午仪卫星系统的基础上发展起来，已经成为美国继阿波罗登月飞船和航天飞机以后的第三大航天工程[1-2]。

1973—1995 年，美国政府专门成立了由空军牵头的 GPS 联合计划办公室，统筹军兵种导航需求，统管 GPS 研制建设，全面负责 GPS 的采办、部署、保障、测试、集成、用户设备研制、对外军售、合同管理、部门间协调及市场开发等，形成了军方集中统一的管理模式[3]。1996—2003 年，GPS 政策明确规定：GPS 由国防部和运输部共同管理。随后，美国建立了一个较为完整的 GPS 管理机构和政策决策体系，即联合执行局。联合执行局的日常运行由依据联合执行局宪章规定成立的执行秘书处负责。联合执行局的主要成员有国防部、运输部、商务部、内务部、国务院、参谋长联席会议、司法部、农业部和美国国家航空航天局（National Aeronautics and Space Administration，NASA）。国防部和运输部担任联合执行局的联合主席。运输部地位的提升，标志着军民统筹协调的管理模式正式形成。2004 年至今，国防和经济社会已对 GPS 形成高度依赖，GPS 安全成为关注焦点。为继续保持 GPS 在卫星导航领域的领先和主导地位，实现任何时间、任何地点、任何环境都具备定位、导航和授时能力的目标，美国政府在 2004 年整合全国的天基、地基、空基等多种导航定位资源，成立国家天基定位、导航、授时（Positioning，Navigation and Time，PNT）执行委员会，代替原有的联合执行局，提升了天基定位、导航与授时系统的管理等级，构建了以 GPS 为核心的国家天基 PNT 体系[4]。

目前，美国 PNT 管理组织结构如图 5-6 所示。

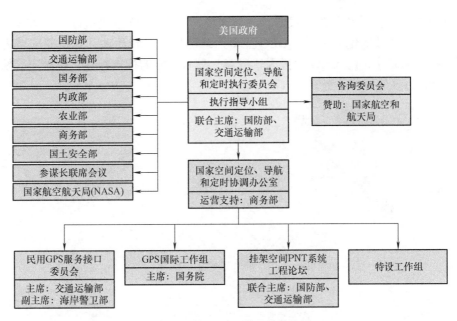

图 5-6　美国 PNT 管理组织结构

美国在国家层面设立管理机构，统筹持续推进 GPS 研发建设、运行、应用等工作，目标是维持美国在 PNT 领域的全球领导地位。近期，美国发布了新的 PNT 发展战略，PNT 体系架构有了新的调整。同时，其法律法规政策等内容也有了新的变化。

5.3.2　北斗卫星导航系统简介

我国国务院新闻办公室于 2016 年 6 月 16 日发布《中国北斗卫星导航系统》白皮书，介绍了中国北斗卫星导航系统实行"三步走"发展战略。北斗导航系统共经历了三代，2020 年发射的最后一颗为第三代，又称"北斗三号"。2020 年 6 月 23 日，中国西昌卫星发射中心，长征火箭搭载着最后一颗北斗组网卫星划破长空，成功发射。2020 年 7 月 31 日上午，习近平总书记宣布北斗三号全球卫星导航系统正式开通。从此，我国及全球公众可以使用由北斗三号系统提供的导航定位服务。目前，北斗卫星导航系统与 GPS、GLONASS 和 Galileo 系统一道，成为联合国卫星导航委员会认定的全球卫星导航四大核心系统。虽然我国的北斗系统起步最晚，但"后来居上"，已经成为可与美国 GPS 媲美的最先进的全球导航定位系统。

1. 北斗系统星座组成及定位原理

北斗三号星座系统由地球静止轨道（GEO）、倾斜地球同步轨道（IGSO）、中圆地球轨道（MEO）三种轨道卫星组成，如图 5-7 所示。每颗卫星结合各自运行轨道的特点及承载功能，既能各司其职，又能优势互补，共同为全球用户提供优质的定位、导航及授时服务。

（1）GEO 卫星　GEO 卫星位于距地球约 3.6 万 km、与赤道平行且倾角为 0° 的轨道。GEO 卫星定点于赤道上空，理论上星下点轨迹（卫星运行轨迹在地球上的投影）是一个点，因其运动周期与地球自转周期相同，相对地面保持静止，所以称作地球静止轨道卫星。GEO 卫星单星信号覆盖范围很广，一般来说，三颗 GEO 卫星就可实现对全球除南北极之外绝大多数区域的信号覆盖。GEO 卫星始终随地球自转而动，对覆盖区域内用户的可见性达到 100%。同时，GEO 卫星因轨道高，具有良好的抗遮蔽性，在城市、峡谷、山区等具有十分明显的应用优势。

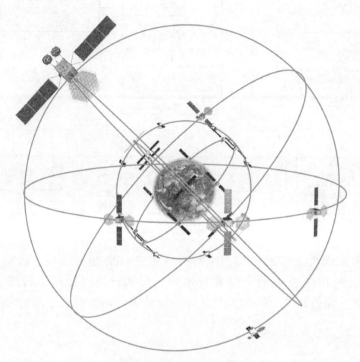

图 5-7 北斗三号星座系统

（2）IGSO 走"8"字 IGSO 卫星与 GEO 卫星轨道高度相同，运行周期也与地球自转周期相同，但其运行轨道面与赤道面有一定夹角，所以称作倾斜同步轨道卫星。IGSO 卫星星下点轨迹呈"8"字形。与 GEO 卫星同为高轨卫星，IGSO 卫星的信号抗遮挡能力强，尤其在低纬度地区，其性能优势明显。IGSO 总是覆盖地球上某一个区域，可与 GEO 卫星搭配，形成良好的几何构型，一定程度上克服 GEO 卫星在高纬度地区仰角过低带来的影响。同时，由于我国地处北半球，GEO 在赤道平面内运行，由于高大山体、建筑物的遮挡，在其北侧的用户很难接收到 GEO 卫星信号，即存在北坡效应问题，而 IGSO 卫星可有效缓解这一问题的影响。

（3）MEO 卫星全球"奔跑" 全球卫星导航系统星座多由 MEO 卫星组成，运行轨道在约 2 万 km 高度轨道。MEO 卫星在其跑道上绕着地球一圈又一圈地奔跑，星下点轨迹不停地画着波浪线，以覆盖全球更广阔的区域。MEO 卫星因其全球运行、全球覆盖的特点，是全球卫星导航系统实现全球服务的最优选择。

由我国首创的 GEO、IGSO 和 MEO 三种轨道的混合星座构型，集成了不同轨道的优势，实现了覆盖全球、突出区域，功能丰富、效费比高，循序渐进、分步实施的设计目标。

2. 北斗卫星系统的特点

（1）三频信号　GPS 使用的是双频信号，而北斗卫星系统使用的三频信号能够构建更复杂的模型，从而减小电离层延迟的高阶误差，以提高定位的精度，增强数据预处理能力，有效提高抗干扰能力。

（2）有源定位及无源定位　有源定位只需两颗卫星就可以完成定位，但是需要信息中心 DEM 数据库支持并参与解算，而无源定位至少需要 4 颗卫星。

（3）短报文通信服务　卫星定位终端与北斗卫星或者北斗地面服务站之间，能够直接通过卫星信号进行双向信息传递。这种报文发送服务在很多紧急情况下会发挥很大的作用。

（4）以境内监控为主　北斗卫星系统一般由三个部分组成，分别是空间星座部分、地面监控部分和用户接收机部分。其中，地面监控部分也分为监控站、主控站和注入站三个部分。由于我国目前没有办法把监控站建到全球，所以在系统设计的初期，我国就考虑把地面监控部分只建在中国境内，再运用星间链路以确保整个系统的正常运行。此外，中国境外的首个陆地遥感卫星数据接收站"北极站"，已于 2016 年 12 月 15 日投入试运行。中国将在南美洲的阿根廷建造首个境外卫星跟踪站。从北极到南美，中国卫星产业开启了全球化模式。

（5）定位精度　北斗三号全球范围的定位水平精度优于 10m，测速精度优于 0.2m/s，授时精度优于 20ns，服务可用性优于 99%，在亚太地区其性能更优。

（6）促进整个制造业的升级　北斗三号卫星的组部件、卫星核心元器件已全部实现国产化。卫星导航产品从天线、芯片、板卡到接收机，已经形成了一个完整的产业链，可以带动就业、拉动经济，促进上下游制造业的升级。

5.3.3　北斗定位系统与 GPS 定位系统的比较

目前在轨运行的导航卫星除 GPS、GLONASS、北斗及 Galileo 这四大全球系统的卫星，还有日本准天顶卫星系统 QZSS、印度星座导航 NavIC 这两个区域卫星导航系统的导航卫星。到 2020 年年底，在轨运行的导航卫星超过 140 颗。

1. 北斗导航系统与 GPS 系统比较

（1）覆盖范围　北斗系统是覆盖中国本土的区域导航系统。覆盖范围为东经约 70°～140°，北纬 5°～55°。GPS 是覆盖全球的全天候导航系统，能够确保地球上任何地点、任何时间能同时观测到 6～9 颗卫星（实际上最多能观测到 11 颗）。

（2）卫星数量和轨道特性　北斗系统是在地球赤道平面上设置 2 颗地球同步卫星，赤道角距约 60°。GPS 是在 6 个轨道平面上设置 24 颗卫星，轨道赤道倾角 55°，轨道面赤道角距 60°。卫星为准同步轨道，绕地球一周 11 小时 58 分。

（3）定位原理　北斗系统是主动式双向测距二维导航，地面中心控制系统解算，供用户三维定位数据。GPS 是被动式伪码单向测距三维导航，由用户设备独立解算自己三维定位数据。

（4）定位精度　北斗导航系统三维定位精度约数十米，授时精度约 100ms。GPS 三维定位精度 P 码目前已由 16m 提高到 6m，C/A 码目前已由 25～100m 提高到 12m，授时精度目前约 20ns。

（5）用户容量　北斗导航系统由于是主动双向测距的询问—应答系统，用户设备与地球同步卫星之间不仅要接收地面中心控制系统的询问信号，还要求用户设备向同步卫星发射应答信号，这样，系统的用户容量取决于用户允许的信道阻塞率、询问信号速率和用户的相应频率。因此，北斗导航系统的用户设备容量是有限的。GPS 是单向测距系统，用户设备只要接收导航卫星发出的导航电文即可进行测距定位，因此，GPS 的用户设备容量是无限的。

（6）生存能力　和所有导航定位卫星系统一样，"北斗"基于中心控制系统和卫星的工作，但是"北斗"对中心控制系统的依赖性明显要大很多，因为定位解算不是由用户设备完成的。为了弥补这种系统易损性，GPS 正在发展星际横向数据链技术，当主控站被毁后，GPS 卫星可以独立运行。

（7）实时性　"北斗"用户的定位申请要送回中心控制系统，中心控制系统解算出用户的三维位置数据之后再发回用户，期间要经过地球静止卫星走一个来回，再加上卫星转发，中心控制系统的处理，时间延迟就更长了。因此，对于高速运动体，加大了定位误差。

2. 北斗应用优势分析

相比较而言，北斗导航系统的应用具有以下优势：

1）同时具有定位和通信功能，不需要其他的通信系统支持，而 GPS 则没有通信功能。北斗不仅仅解决了"我在哪里"，还解决了"你在哪里"的问题，能高效快捷地实现"我"和"你"之间的信息报文传递。这一特有功能，是各种导航系统在实践中用得最多最好、最受欢迎的创新优势。系统用户终端机具有双向报文通信功能，用户一次可以传送 40 ～ 60 个汉字的短报文信息，经过授权，可实现最多 120 个字的通信。北斗的用户终端实际上是具有收发功能的，因此，北斗是一个具有定位和通信双重功能的设备。

2）目前的北斗终端机能够同时融合北斗导航定位系统和卫星增强系统两大资源，因此，也可利用 GPS 及其他导航系统资源，使之应用更加丰富。

3）我国自主研制的系统，安全、可靠、稳定，保密性强，适合在关键部门应用。

延伸阅读

进入"十四五"，随着基准站的数量和积累的数据越来越多，基准站网服务的内容也将越来越广泛。与之对应的，是行业内有望形成全国性的大型北斗运营商。

从需求侧来看，自动驾驶、智慧农业、地形监测等多个场景对定位精度要求提升；目前市场大多提供单一位置服务，"通信＋定位＋应用"的多元服务更能满足未来综合需求。

从供给侧看，北斗芯片、板卡、终端接收机价格下降，高精定位不再遥不可及，北斗三号系统定位精度提高，全球产业蓝图缓缓打开，国内科技公司也已提前卡位。

长远来看，在相关政策利好与科技迭代需求等众多因素推动下，下游市场将进一步打开。北斗产业链未来将带动高精度测量测绘、无人机和授时、智能汽车、手机物联网导航等多个市场联动，未来市场发展空间可期。

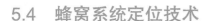

5.4 蜂窝系统定位技术

无线定位在军事和民用技术中已获得了广泛应用，主要有以雷达、Loran–C（罗兰 –C）、Omega（奥美加）、Tacan（塔康）、Vor/DME、JTIDS（联合战术信息分布系统）、AVL（自动车辆定位系统）等为代表的陆基无线电导航系统，和以 NNSS(美国海军卫星导航系统)、GPS、GLONASS 系统、我国的双星定位系统及欧盟正在实施的 Galileo 系统为代表的卫星导航定位系统[1-2]。对地面移动用户的定位来说，这些技术中以 GPS 最为重要，但是把 GPS 功能集成到移动台上需全面更改设备和网络，不但导致成本增加，而且用户同时持有移动电话和 GPS 手机很不方便。所以，移动用户、设备生产商和网络运营商希望能直接在蜂窝移动通信网络中实现移动台的定位。

5.4.1 蜂窝系统定位技术简介

由于移动网络中终端设备的移动性，基于位置的业务成为移动网络中特有的、最具个性化的业务类型，而定位技术是实现这类业务的关键。蜂窝移动通信系统中定位技术的发展具有政府要求和市场驱动双重因素。

（1）政府要求 1996 年美国联邦通信委员会（FCC）公布了 E–911（Emergency call 911）定位需求，其中要求在 2001 年 10 月 1 日前，各种无线蜂窝网络必须能对发出 E–911 紧急呼叫的移动台提供精度在 125m 内的定位服务，而且满足此定位精度的概率应不低于 67%，在 2001 年以后，提供更高的定位精度及三维位置信息。欧洲和日本也做了相应的要求，表明提供 E–911 定位服务是蜂窝网络必备的基本功能。

（2）市场驱动 发展定位技术、开发各种基于位置的业务是移动网络运营商增强竞争力的有效手段。同时，运营商可以通过引入定位系统来跟踪失败的呼叫，并根据这些信息优化网络，降低运维成本。最为重要的是，基于位置的业务可以为运营商带来巨额收益，据英国研究资讯机构 Ovum 计算，在 1999—2005 年，全球的运营商可以从移动定位业务中获得 250 亿美元左右的收益。

根据进行定位估计的位置及定位数据用途的不同可将对移动台的定位方案分为两类：基于移动台的定位方案和基于网络的定位方案，与之对应有以下两类定位系统：

（1）基于移动台的定位系统 这类系统也称为移动台自定位系统，在蜂窝网络中也叫前向链路定位系统。其定位过程是由移动台根据接收到的多个已知位置发射机发射信号携带的某种与移动台位置有关的特征信息来确定其与各发射机之间的几何位置关系，再根据有关算法对其自身位置进行定位估计，由移动台用户掌握其自身的位置信息。GPS 即属于这类系统。

（2）基于网络的定位系统 这类系统在蜂窝网络中也叫反向链路定位系统。其定位过程是由多个固定位置接收机同时检测移动台发射的信号，将从各接收信号携带的某种与移动台位置有关的特征信息送到一个信息处理中心进行处理，计算出移动台的估计位置。自动车辆定位（Automated Vehicle Locator System，AVLS）系统即属于这类系统。

5.4.2 蜂窝系统常用的定位技术

在蜂窝系统中采用的定位技术主要有以下几类：

1. 场强定位

移动台接收的信号强度与移动台至基站的距离成反比关系，通过测量接收信号的场强值和已知信道衰落模型及发射信号的场强值，可以估算出收发信机之间的距离，根据多个距离值可以估算移动台的位置。由于小区基站的扇形特性、天线有可能倾斜、无线系统的不断调整及地形、车辆等因素都会对信号功率产生影响，故这种方法的精度较低。

2. 起源蜂窝小区（Cell Of Origin，COO）

COO 的最大优点是它确定位置信息的响应时间快（3s 左右），而且 COO 不用对移动台和网络进行升级就可以直接向现有用户提供基于位置的服务。但是，与其他技术相比，COO 的精度是最低的。在这个系统中，基站所在的蜂窝小区作为定位单位，定位精度取决于小区的大小。蜂窝小区定位示意如图 5-8 所示。

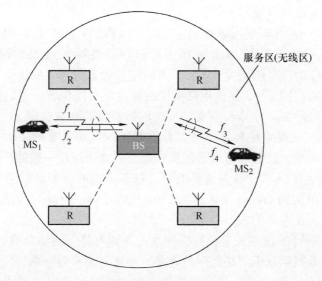

图 5-8　蜂窝小区定位示意

3. 增强观测时间差分（Enhanced Observed Time Difference，E-OTD）

E-OTD 是通过放置位置接收器实现的（图 5-9）。它们分布在较广区域内的许多站点上，作为位置测量单元以覆盖无线网络。每个参考点都有一个精确的定时源，当移动台和位置测量单元接收到来自至少 3 个基站信号时，从每个基站到达移动台和位置测量单元的时间差将被计算出来。这些差值被用来产生几组交叉双曲线，由此估计出移动台位置。E-OTD 会受到市区多径效应的影响。这时，多径使信号波形畸变并引入延迟，导致 E-OTD 在决定信号观测点上比较困难。E-OTD 的定位精度比 COO 高 $50 \sim 125\text{m}$，但它的响应速度较慢（5s），且需要改进移动台。差分定位示意如图 5-9 所示。

4. 到达时间（Time of Arrival，TOA）和到达时间差（Time Difference of Arrival，TDOA）

基于网络的定位系统中通常采用精度较高的 TOA 或 TDOA 定位法。如图 5-10 所示，在 TOA 中，移动台位于以基站为圆心，移动台到基站的电波传播距离为半径的圆上。在多个基站进行上述计算，则移动台的二维位置坐标可由三个圆的交点确定。TOA 要求接收信号的基站、移动台直到信号的开始传输时刻，并要求基站有非常精确的时钟。TOA 提供的定位精度比 COO 高，但是它的响应时间比 COO 或 E-OTD 更长（约 10s）。TDOA 是通过检测信号到达两个基站的时间差，而不是到达的绝对时间来确定移动台的位置，降低了时间同步要求。移动台定位于以两个基站为焦点的双曲线方程上，确定移动台的二维位置坐标，需要建立两个以上双曲线方程，两条双曲线的交点即移动台的二维位置坐标。直接利用 TOA 或 TDOA 估计值求解上述非线性定位圆或定位双曲线方程组来确定移动台的位置比较困难，在有一定时间测量误差时，由于各定位圆或双曲线可能没有交点而不能进行正常定位。在实际应用中通常采用最小均方误差算法，通过使非线性误差函数的平方和取得最小这一非线性最优化来估计移动台位置。特别是 TDOA 定位，由于不要求移动台和基站之间的同步，在误差环境下性能相对优越，在蜂窝通信系统的定位中倍受关注。

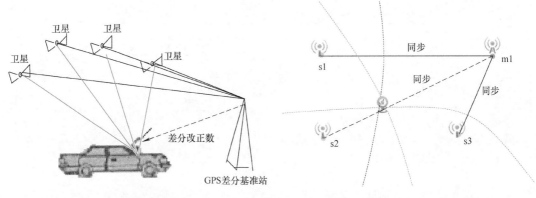

图 5-9　差分定位示意 　　　　　　　　　　图 5-10　TDOA 方法定位流程

基于时间的定位要求基站从接收到的射频信号中提取准确的时延估计值。获得时延的方法有两种：一种是采用滑动相关器或匹配滤波器的时间粗探测方法，粗探测过程由滑动相关器、匹配滤波器或连续探测电路来实现，将时延估计值锁定在 1 个码片间隔内；另一种是采用延时锁相环（DLL）的精探测方法，精探测由 DLL 维持本地及输入 PN 序列一致。

5. 到达角（Angle of arrival，AOA）

AOA 测量，是发射器通过单一天线发送特殊的数据包，接收器通过多天线接收，由于各个天线到发射器的距离不同，会产生相位差。通过相位差和天线间的距离计算出相互之间的角度关系，利用三边测量法寻向。这种方法不会产生二义性，因为两条直线只能相交于一点。它需要在每个小区基站上放置 4 ～ 12 组的天线阵，这些天线阵一起工作，从而确定移动台发送信号相对于基站的角度。当有多个基站都发现了该信号源时，那么它们分别从基站引出射线，这些射线的交点就是移动台的位置。AOA 的缺点是到达角估计会受到由多径和其他环境因素所引起的无线信号波阵面扭曲的影响，移动台距离基站较远时，基站定位角度的微小偏差会导致定位距离的较大误差。

6. GPS 辅助定位（A-GPS）

网络将 GPS 辅助信息发送到移动台，移动台得到 GPS 信息，计算出自身精确位置，并将信息发送到网络，如图 5-11 所示。A-GPS 有移动台辅助和移动台自主两种方式。移动台辅助 GPS 定位是将传统 GPS 接收机的大部分功能转移到网络上实现。网络向移动台发送短的辅助信息，包括时间、卫星信号多普勒参数和码相位搜索窗口。这些信息经移动台 GPS 模块处理后产生辅助数据，网络处理器利用辅助数据估算出移动台的位置。自主 GPS 定位的移动台包含一个全功能的 GPS 接收器，具有移动台辅助 GPS 定位的所有功能，再加上卫星位置和移动台位置的计算功能。A-GPS 的优点是网络改动少，无须增加其他设备，网络投资少，定位精度高。由于采用了 GPS 系统，定位精度较高，理论上可达到 5 ～ 10m。其缺点是现有移动台均不能实现 A-GPS 定位方式，需要更换，从而使移动台成本增加。

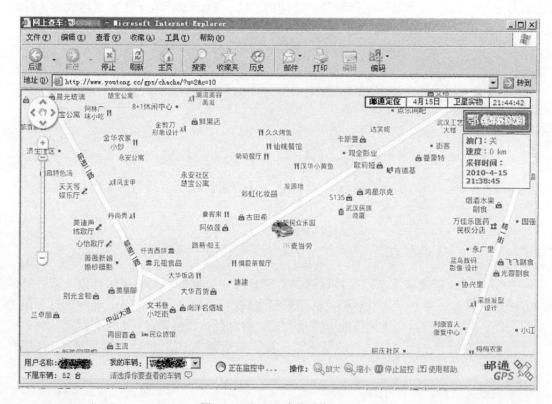

图 5-11　A-GPS 定位系统界面

在蜂窝系统中，由于多径干扰、NLOS（Non Line of Sight）传播及多址干扰等因素，造成较高的定位误差，降低了定位精度。如何克服这些因素，是无线定位技术研究的关键。

（1）多径干扰　多径会引起时间测量误差。窄带系统中各多径分量重叠将造成相关峰位置偏差，宽带系统能够在一定程度上实现对各多径分量分离，据此可以改善定位精度。但是，如果反射分量大于直达分量，干扰影响等都会使精度降低。目前，可以通过高阶谱估计、最小均方估计及扩展的卡尔曼滤波等方法来抑制多径干扰。

（2）NLOS 传播　视距传播 LOS（Line Of Sight）信号是定位的基础，由于受到衰落和阴影效应等因素的影响，基站接收的信号中可能不包含 LOS 信号或 LOS 信号很弱，因而，NLOS 传播也会引起 TOA 或 TDOA 测量误差。如何降低 NLOS 传播的影响是提高定位精度的方法。目前，降低 NLOS 传播影响的方法有多种，如利用测距误差统计的先验信息就可将一段时间内的 NLOS 测量值调节到接近 LOS 的测量值；降低 LS 算法中 NLOS 测量值的权重，在 LS 算法中增加约束项等。

（3）多址干扰　移动通信系统中均存在多址干扰，但多址接入对于定位精度的影响主要存在于 CDMA 系统中。在 CDMA 系统中，多址干扰在基于时间的定位系统中会严重影响时间粗捕获和延时锁相环的工作。功率控制可以降低多址干扰，但采用功率控制会使多个非服务基站很难同时正确测量 TOA 或 TDOA 测量值。可以采用临时提高求救手机功率的办法克服远近效应，但有多个呼叫时此法不适用。

在蜂窝系统中实现对移动台的定位功能除了满足 E-911 定位需求，还可具有多种用途，既可方便移动台用户又可为企业提供商业机会，甚至还可能对蜂窝系统的设计策略产生很大影响。一般来说，在蜂窝系统中，无线定位技术有以下用途：

（1）基于移动台位置的灵活计费　网络管理中心在计费时根据移动台所在的不同位置收取不同的通话费，如在呼叫频率高的区域收取较高的通话费，而在呼叫频率低的区域收取较低的费用，达到调节蜂窝系统容量、提高系统竞争力的目的。

（2）提高用户的安全保障　近年来由于移动用户的爆炸性增长，蜂窝系统中移动用户的报警呼叫和求助呼叫的数量也急剧增加。在很多情况下移动用户并不能准确说出其所在的位置，因此，像有线电话那样能自动提供呼叫者的位置信息就显得尤其重要。这样将会使有关应急部门能及时找到呼叫者，采取响应的救助措施。

（3）智能运输系统（ITS）　因智能运输系统中涉及大量对车辆的定位处理，过去为此设计了全球自动车辆定位系统 AVL，该系统要占用宝贵的频带资源，花费大量的硬件投资。在蜂窝系统中提供对移动台的定位服务后，ITS 系统中就可利用该功能来取代 AVL 系统，提供诸如车辆及旅客位置、车辆的调度管理、监测交通事故、疏导交通等服务。

（4）增强蜂窝性能　在蜂窝系统中提供对移动台的定位服务后，微观上能准确地监测移动台的移动，使网络方面能更好地决定什么时候进行小区间的切换，宏观上移动台的位置数据对蜂窝的规划具有很好的参考价值。

（5）蜂窝系统设计和资源管理　蜂窝网络具备定位能力后，网络设计者能改进他们对蜂窝系统的设计规划能力。通过对呼叫移动台的定位，网络方面可根据其位置分配相应信道，从而提高频谱利用率，对网络资源进行更有效的管理。经营多种业务的公司在任何时间、任何位置能让用户自由选择最适合其需要的服务载体。

随着定位技术的发展，其他潜在的应用还将出现。

5.5 RFID 定位技术

RFID 技术是一种利用射频信号自动识别目标信号对象并获取相关信息的技术。由于传统的定位系统不能满足室内定位环境和精度的要求，而 RFID 技术所具有的非接触、非视距、认识无须人工干预及可同时识别多个标签操作、快捷方便、定位精度高等优点，使其成为优选的室内定位技术，现已广泛应用于物流、工业制造、医疗及休闲娱乐等领域。

现有的 RFID 定位技术主要依靠电磁波在空气中传播的时间已知的特点来确定标签的位置，利用标签到发射天线的传输时间差来确定标签的位置，但由于 RFID 的传播距离较短，要在很短的传播距离内实现高精度的定位对时间精度的要求非常高。如要实现定位精度精确到米的话，时间精度就要求在纳秒，这样对接收设备的要求将会非常的高。而且碰撞现象出现时引起延迟所产生的误差也是高精度定位不能接受的。

5.5.1 RFID 定位系统算法

定位算法是 RFID 技术的关键，研究定位算法可提高 RFID 的定位精度，并且更优的定位算法可以大大降低系统的功耗。

基于测距的定位算法要求节点具备测距能力或角度信息，通常定位精度较高，但对节点的硬件也提出了很高的要求，定位过程中消耗的能量较多。一般基于距离的定位算法易受温度、湿度、障碍物等环境因素的影响。无须测距的定位算法不需要测量节点间的相对距离或方位，因此，对节点硬件的要求低，定位性能受环境因素的影响较小，而且在成本和功耗方面有优势。虽然其定位误差有所增加，但是定位精度能够满足大多数传感器网络的要求，是目前较为热门的定位机制。基于测距技术的定位算法包括到达时间定位（TOA）、到达时差定位（TDOA）、方向测量定位（AOA）及信号强度定位（RSSI）。无须测距的定位算法主要有 DV-Hop 算法、APIT 算法、凸规划定位算法等。

1. DV-Hop 算法

距离向量－跳段（DV-Hop）定位算法类似于传统网络中的距离向量路由机制，基本原理是：信标节点发送无线电波信号，未知节点接收到之后进行转发，直至整个网络中的节点都接收到该信号；相邻节点之间通信记为 1 跳，未知节点先计算出接收到信标节点信号的最小跳数，再估算平均每跳的距离，将未知节点到达信标节点所需的最小跳数与平均每跳的距离相乘，计算出未知节点与信标节点之间的相对估算距离；最后用三边测量法或极大似然估计法等计算该未知节点的位置坐标。

DV-Hop 算法的定位过程可以分为以下三个阶段：

（1）计算未知节点与每个信标节点的最小跳数　首先使用典型的距离矢量交换协议，使网络中的所有节点获得距离信标节点的跳数（distance in hops）。信标节点向邻居节点发射无线电信号，其中包括自身位置信息和初始化为 0 的跳数计数值，未知节点接收到该信号后，与接收到的其他跳数进行比较，保留每个发送信号信标节点的最小跳数，舍弃相同信标节点其他的跳数值，然后将保留的每个信标节点最小跳数加 1 后进行转发。由此，网络中每个节点都可以得到每个信标节点到达自身节点的最小跳数。

（2）计算未知节点与信标节点的实际跳段距离　每个信标节点根据第一个阶段中记

录的其他信标节点的位置信息和相距跳段数，利用式（5-1）估算平均每跳的实际距离

$$\text{Hopsize}_i = \frac{\sum_{j \neq i} \sqrt{(x_i - x_j)^2 + (y_i - y_j)^2}}{\sum_{j \neq i} h_j} \tag{5-1}$$

其中，(x_i, y_i)、(x_j, y_j) 是信标节点 i、j 的坐标；h_j 是信标节点 i 与 j（$j \neq i$）之间的跳段数。

然后，信标节点将计算的每跳平均距离用带有生存期字段的分组广播到网络中，未知节点只记录接收到的每跳平均距离，并转发给邻居节点。这个策略保证了绝大多数节点仅从最近的信标节点接收平均每跳距离值，未知节点接收到每跳平均距离后，根据记录的跳段数来估算它到信标节点的距离

$$D_i = \text{hops} \times \text{Hopsize}_{\text{ave}} \tag{5-2}$$

（3）利用三边测量法或极大似然估计法计算自身的位置　估算出未知节点到信标节点的距离后，就可以用三边测量法或极大似然估计法计算出未知节点的自身坐标。

将 1，2，3，$\cdots$，n 个节点的坐标分别设为 (x_1, y_1)，(x_2, y_2)，(x_3, y_3)，$\cdots$，(x_n, y_n)，以上 n 个节点到节点 A 间的距离分别为 $d_1, d_2, \cdots, d_n$，此时将节点 A 的坐标设为 (x, y)，可得

$$\begin{cases} (x_1 - x)^2 + (y_1 - y)^2 = d_1^2 \\ \quad\quad\vdots \\ (x_n - x)^2 + (y_n - y)^2 = d_n^2 \end{cases} \tag{5-3}$$

将式（5-3）中的前 $n-1$ 个方程分别减去最后一个方程，可得

$$\begin{cases} x_1^2 - x_n^2 - 2(x_1 - x_n)x - y_1^2 - y_n^2 - 2(y_1 - y_n)y = d_1^2 - d_n^2 \\ \quad\quad\vdots \\ x_{n-1}^2 - x_n^2 - 2(x_{n-1} - x_n)x - y_{n-1}^2 - y_n^2 - 2(y_{n-1} - y_n)y = d_{n-1}^2 - d_n^2 \end{cases} \tag{5-4}$$

此时的线性方程表示为 $\boldsymbol{AX} = \boldsymbol{b}$，其中

$$\boldsymbol{A} = \begin{pmatrix} 2(x_1 - x_n) & 2(y_1 - y_n) \\ \vdots & \vdots \\ 2(x_{n-1} - x_n) & 2(y_{n-1} - y_n) \end{pmatrix}$$

$$\boldsymbol{b} = \begin{pmatrix} x_1^2 - x_n^2 + y_1^2 - y_n^2 - d_1^2 + d_n^2 \\ \vdots \\ x_{n-1}^2 - x_n^2 + y_{n-1}^2 - y_n^2 - d_{n-1}^2 + d_n^2 \end{pmatrix}$$

$$\boldsymbol{X} = \begin{pmatrix} x \\ y \end{pmatrix} \tag{5-5}$$

对上式用最小二乘法求解，即

$$\boldsymbol{X} = (\boldsymbol{A}^{\text{T}} \boldsymbol{A})^{-1} \boldsymbol{A}^{\text{T}} \boldsymbol{b}$$

从而得出未知节点 X 的坐标。

DV-Hop 算法对硬件的要求很低，能够轻易地在无线传感器网络平台上实现；缺点在于用每跳平均距离来估算未知节点到信标节点距离的做法本身就存在明显的误差，定位精度很难保证。

2. APIT 算法

近似三角形内点测试法（Approximate Point-in-triangulation Test，APIT）本质上是对质心算法的一种改进，基本原理是：未知节点先得到所有临近信标节点的位置信息，然后随机选取三个信标节点组成一个三角形，进而测试该三角形区域是否包含该未知节点，如果包含则保留，不包含则舍弃；不断地选取测试，直至选取的包含该未知节点的三角形区域可以达到定位精度要求；再计算出选取到的三角形重叠后多边形的质心，并将此质心的位置作为该未知节点的位置坐标。APIT 定位原理示意如图 5-12 所示。

算法中需要测试未知节点是否包含于三角形，这里介绍一种十分巧妙的方法，其理论基础是最佳三角形内点测试法：如果存在一个方向，一点沿着该方向移动会同时远离或接近三角形的三个顶点，则该点一定位于三角形外，否则该点位于三角形内。将该原理应用于静态环境的 APIT 定位算法时，可利用该节点的邻居节点来模拟节点的移动，这种方法要求邻居节点距离该节点较近，否则测试方法将出现错误。

APIT 定位算法的优点是：当信标节点发射的无线信号传播有明显的方向性，且信标节点位置较随机时，算法定位更加准确。其缺点在于需要无线传感器网络中有大量的信标节点。

3. 凸规划定位算法

Berkeley 大学的 Doherty 等将节点间点到点的通信连接视为节点位置的几何约束，把整个模型化为一个凸集，从而将节点定位问题转化为凸约束优化问题，然后利用半定规划和线性规划得到一个全局优化的解决方案，确定节点位置，同时也给出了一种计算传感器节点有可能存在的矩形空间的方法。如图 5-13 所示，根据传感器节点与信标节点之间的通信连接和节点无线通信射程，估算出节点可能存在的区域（图中阴影部分），得到相应矩形区域，然后以矩形的质心作为传感器节点的位置。

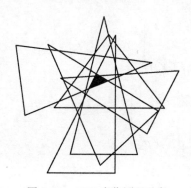

图 5-12　APIT 定位原理示意

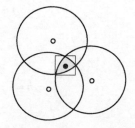

○信标节点　●传感器节点

图 5-13　凸规划定位算法示意

凸规划是一种集中式定位算法，定位误差约等于节点的无线射程（信标节点比例为10%）。为了高效工作，信标节点需要被部署在网络的边缘，否则外围节点的位置估算会向网络中心偏移。算法的优点在于定位精确性得到了很大提高，但缺点是信标节点在整个无线传感器网络区域中需要靠近边缘，且分布密度要求较高。

5.5.2　影响 RFID 定位精度的因素

通过对目前主流定位系统的分析，发现室内定位的难点是抑制多径，各种文献中所提的方法也都是以改变一些因素来抑制多径的，可以归纳出影响 RFID 定位精度的因素主要有天线、频率、标签等。

1. 天线因素

文献［7］采用光栅波瓣在近距离内跟踪 RFID 标签的运动轨迹，该文使用天线阵列形成多个波束，天线阵列上的天线越多，形成的波束就越窄，提供的分辨率就越高，测量标签的方向和位置就更精确。Azzouzi Salah 利用到达角度来定位 RFID 标签，实验装置包含三个天线阵，三个天线阵按照一定的序列摆放，同时每个天线阵中的天线方向都朝向待测区域。综上可得定位精度与天线的数量、位置、阵列布设等有关。

2. 频率因素

在无线电中，频率升高，其穿透能力变强而绕射能力变弱；频率降低，其绕射能力变强而穿透能力变弱。由于室内存在多径和障碍物，以频率的高低对定位有一定影响。文献［8］利用双频连续波（DFCW）和连续波（CW）进行无源射频识别定位，对于双频连续波和连续波的混合雷达，连续波雷达提供准确的但是周期模糊的距离估计，双频连续波雷达提供粗糙的但是周期明确的距离测量。文献［9］也提出基于多个频率的无源射频识别定位方法，提高了定位精度。综上可以看出频率的高低、多频等对定位精度存在影响。

3. 标签因素

文献［10］在定位时需要预先配置稠密的参考标签，这说明参考标签的数量对定位精度有影响。文献［11］提出在三维定位中标签间的耦合效应会影响定位精度，该文通过标签阵列的布设和相应算法有效解决了标签间的耦合效应，减小了测量标签相位的误差，这说明标签间的耦合效应对精度有影响。该文还指出标签绕不同坐标轴旋转时测得的相位值不同，说明标签的旋转方向对精度有影响。

5.5.3　RFID 技术与智能制造

在制造业中，上海大众公司将 RFID 系统集成到发动机生产线的零件定位系统，降低了人工操作对生产控制的影响，提高了生产效率。天津丰田汽车公司皇冠车的生产线也使用 RFID 读写器对产品进行了管理。大连机床股份有限公司利用 RFID 系统对测试刀具进行生产验证，解决了因刀具使用混乱造成的资源浪费问题。我国一些卫浴企业也运用 RFID 系统对产品进行数据采集、动态调配和监控生产过程。三一重工、上汽通用五菱、上海通用等国内龙头企业也开始实施 RFID 项目，运用 RFID 标签对制造过程进行管理等。

目前我国制造业对 RFID 的应用集中在制造系统数据采集、数据处理、数据分析。智能制造的发展方向是使制造系统实现实时状态感知和响应的自助决策，通过建立物理信息融合系统（Cyber-Physical System，CPS）实现智能连接的工厂。信息技术向制造业全面嵌入，实现对生产要素高度灵活的配置。加快传统制造业转型升级的步伐，通过互联网智能设备将这些数据联系起来并进行分析、调整、决策并开展智能生产，生产高品质产品。

> **延伸阅读**
>
> RFID 技术作用距离短，一般最长为数十米，但它可以在数毫秒内得到厘米级定位精度的信息，且传输范围很大，成本较低。同时，由于其非接触和非视距等优点，可望成为优选的室内定位技术。
>
> 目前，RFID 研究的热点和难点在于理论传播模型的建立、用户的安全隐私和国际标准化等问题。优点是标识的体积比较小，造价比较低，但是作用距离近，不具有通信能力，而且不便于整合到其他系统中，无法做到精准定位，布设读卡器和天线需要有大量的工程实践经验，难度大。

5.6 无线传感器网络的定位技术

节点定位技术是无线传感器网络的核心技术之一，其目的是通过网络中已知位置信息的节点计算出其他未知节点的位置坐标。一般来说，传感器网络需要大规模部署无线节点，手工配置节点位置的方法需要消耗大量人力、时间，很难实现，而 GPS 并不是所有的场合都适用，因此为了满足日益增长的生产、生活需要，需要对无线传感器网络的节点定位技术做进一步研究。

无线传感器网络主要应用于事件的监测，而事件发生的位置对于监测消息是至关重要的，没有位置信息的监测消息毫无意义，因此需要利用定位技术来确定相应的位置信息。此外，节点自定位系统是无线传感器网络实际应用的必要模块，是路由算法、网络管理等核心模块的基础，同时也是目标定位的前提条件。因此，定位技术是无线传感器网络关键的支撑技术，是其他相关技术研究的基础。

5.6.1 WSN 定位技术概述

随着相关技术的发展，无线传感器网络定位技术已实现在商业、公共安全和军事等多个领域的应用，如将无线传感器网络部署在工业现场，监测设备运行情况；部署在仓库跟踪物流动态；甚至临时快速部署在火灾救护现场为消防员提供最优路线导航等。与目前应用最广泛的全球定位系统 GPS 相比，无线传感器网络定位系统具有自身优势：首先 GPS 设备不能工作在 GPS 卫星信号无法到达的场所，如室内环境、枝叶茂密的森林等，而无线传感器网络定位系统不受场地的制约；其次 GPS 设备成本高，不适合低端的简易应用场景，且在某些特定场景，如军事应用中不能有效使用。

由于无线传感器网络定位系统及具体应用的多样性，相应的定位算法种类很多，很难对其进行分类。根据定位过程中是否测量与实际节点间的距离，把定位算法分为基于距离的（range-based）定位算法和与距离无关的（range-free）定位算法。前者需要测量相邻节点间的绝对距离或方位，并利用节点间的实际距离来计算未知节点的位置；后者无须测量节点间的绝对距离或方位，而是利用节点间估计的距离计算节点位置。

5.6.2　分布式定位算法

在一些应用中，可能部署成百上千个节点，规模较大，并且在实际应用中随着时间的变化，可能出现某些节点功能失效需要重新补充节点，构成新的网络拓扑，新加入节点也需确定自身位置，且不可能重新收集全网络信息。对于这些情况，集中式算法无法很好应用，需要设计更通用的定位机制。本节针对上述问题，介绍基于混合禁忌搜索的二阶段分布式定位算法，其执行过程分布到各个普通节点，普通节点仅通过与一跳或者多跳邻居节点通信，获取局部网络信息进行位置估计。

1. 问题分析

这里考虑的网络模型为随机生成的网络拓扑，各节点同构，全向通信，通信半径为 R，网络中具有一定比例的、预先获取位置的信标节点 $A_1, A_2, \cdots, A_m$，普通节点 $X_1, X_2, \cdots, X_n$ 到信标节点的测量距离 d_i 使用 DV-distance 方法获取。各信标节点首先广播位置信息包，包含标识 ID、位置、累积距离、跳数等信息，其他节点接收位置包后使用测距技术进行距离估计，若接收到新的信标节点 ID，直接存储；若此次接收包中的距离值小于已存储的，则进行更新。若传输的跳数小于最大跳数，进行距离累加、跳数增 1 后转发收到的位置信息包，否则删除。当节点等待一定时间后，使用获取的信标节点信息进行位置估计。假定普通节点 X_i 的估计位置为 $(\bar{x}, \bar{y})$，则节点定位可归结为使式（5-6）最小的无约束优化问题。

$$F = \sum_{i=1}^{m} \left(\sqrt{(\bar{x} - x_i)^2 + (\bar{x} - y_i)^2} - d_i \right)^2 \qquad (5\text{-}6)$$

其中，(x_i, y_i) 为信标节点的位置。针对此优化问题，运用二阶段定位算法：首先根据信标节点信息获取初始位置，接着以此初始位置为初始解，以式（5-6）为适配值函数，采用禁忌搜索和模拟退火结合的混和策略进行最优解搜索；同时，考虑信标节点位置对定位误差的影响，设计一个选择算子，仅选出三个合适的信标节点参与位置估计，下面给出详细介绍。

2. 选择算子

通过分析信标节点位置对定位精度的影响，如果信标节点共线或接近共线，测距误差对定位精度的影响较大；若信标节点能够均匀分布在普通节点周围（构成以普通节点为中心，信标节点为顶点的正多边形），能够有效地减少定位误差。为了提高定位精度、减少计算开销，利用三角形相关性质设计信标节点选择算子，选出三个呈相对均匀分布的信标节点参与定位。由于在定位算法中，基于信标节点信息来生成搜索区域，若使用均匀分布的信标节点的信息来构建，那么邻域解能够很好地分布在节点真实位置周围，增加获取最优解的可能性。再者，定位只是应用的基础，如果仅使用选出的相对均匀分布的节点进行数据的转发，既能保证很好的感知覆盖，又能节约传输能耗。图 5-14 为参考点构成的不同情形的三角形。△ ABC 是正三角形，为理想分布，△ ABD 相对接近共线。显然若三点

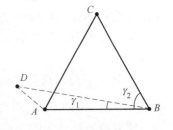

图 5-14　信标节点构成
三角形示意

接近共线则必然存在某个角度较小，如△ ABD 的内角为 γ_1，若 γ_1 变化到 γ_2，由于三角形内角和不变，三内角的差别将相对变小，分布也相对均匀，最好的情况是呈正三角形分布。因此，在进行信标节点选择时，可选择信标节点所形成的三角形中具有最大的最小内角者。

根据三角形性质可知三角形中最小内角小于 $60°$，正弦值为单调增，因此可使用正弦值代替角度作选择标准。由三角形正弦定理可知，最小内角必定对应最小边，结合余弦定理，可定义一个节点选择算子 ΔE，其中 q 表示信标节点构成的三角形中最短边，s 和 t 是另外的两个较长边

$$\Delta E = \sqrt{1 - (\cos\alpha)^2} = \sqrt{1 - ((s^2 + t^2 - q^2)/2st)^2} \tag{5-7}$$

若信标节点距离普通节点较近，将有助于提高定位精度，因此可加入距离因素，得到选择算子

$$\Delta E' = \Delta E / (d_1 + d_2 + d_3)/3 \cdot \max \mathrm{Hop} \cdot R \tag{5-8}$$

其中，d_1, d_2, d_3 为到三个信标节点的测量距离，maxHop 表示位置信息的最大传输跳数，与传输半径的乘积用来对到信标节点的平均距离进行标准化。当信标节点位置信息转发完成后，根据接收的信标节点信息，利用式（5-8）进行节点选择，选择使得 $\Delta E'$ 值最大的三个信标节点参与定位

$$F = \sum_{i=1}^{3} \left(\sqrt{(\overline{x} - x_i)^2 + (\overline{x} - y_i)^2} - d_i \right)^2 \tag{5-9}$$

3. 混合禁忌搜索定位算法

禁忌搜索算法具有较强的"下山"能力，易陷入局部最优解，可融入模拟退火算法，以一定概率方式接受劣解，跳出局部最优，从而收敛到全局最优解。而单纯的模拟退火算法具有一定的随机性，可能陷入循环搜索，结合禁忌搜索算法，可大大消除陷入循环的可能，扩大了搜索范围，提高搜索效率。因此，运用了一种模拟退火和禁忌搜索相结合的混合禁忌搜索定位算法（简称 TSAS），并且使用修改的 BoundingBox 方法给出初始解，限定了邻域解区间，可进一步提高搜索效率。

（1）初始解 信标节点位置信息转发完成后，若接收到的信标节点数目小于 3，等待一定时间后检测邻节点定位状态，若邻节点定位成功，邻节点可作为新的信标节点；若信标节点数大于 3，使用式（5-8）在信标节点的所有组合中，选出使式（5-8）取最大值的三个信标节点 A_1, A_2, A_3；若信标节点数小于 2，定位失败；等于 2 或 3 直接进入下一步骤，使用修改的 BoundingBox 方法获取初始解，分别以三个信标节点为中心，以定位节点到各信标节点的测量距离的二倍为边长作正方形，得到三个方形区域的交集 S_{area}，如图 5-15 所示。

假定 S_{area} 的顶点坐标分别为 (x_1, y_1)、(x_2, y_2)、(x_3, y_3)、(x_4, y_4)，则普通节点 X 的估计位置为 $(\overline{x}, \overline{y})$：$(\overline{x}, \overline{y}) = ((x_2 - x_1)/2, (y_3 - y_1)/2)$，以此估计位置作为混合算法的初始解，即对搜索算法中的当前解 S_{cur} 进行初始化。为了避免遗失最优解，在搜索过程中记录中间最优解 S_{best}，S_{best} 也以此值进行初始化，加入禁忌表。

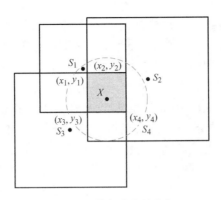

图 5-15　信标节点的交集

（2）邻域解的生成　邻域解的产生在搜索算法中是个关键问题，常用的方法有对当前解进行随机扰动或定步长扰动，使用动态步长的随机扰动方法，步长按照 $\Delta d = \text{JitFactor} \cdot \Delta d$ 进行变化，以均匀概率分布方式在以当前解为中心、以 $2\Delta d$ 为边长的方形区域 R_{area} 内随机生成长度为 Num 的邻域解集 $N(S_i)$，其中 JitFactor 为扰动因子，且 JitFactor<1，Δd 初值为 R。定位开始阶段，Δd 较大，搜索范围也较大，容易跳出局部最优解，随着算法迭代执行，获取的当前解也越来越接近最优解，使用较小范围的搜索，加快算法的收敛。为了进一步减少搜索的盲目性，减小搜索空间，提高搜索效率和定位精度，可使用 $R_{\text{area}} \cap S_{\text{area}}$ 限定邻域解的产生区间。

（3）接受准则　禁忌搜索仅向着适配函数值降低的方向扰动，具有较强的"下山"能力，易陷入局部最优解，可结合模拟退火算法中经典的 Metropolis 接受准则，提高"爬山"能力，达到全局最优

$$P_i(S_{\text{cur}} \rightarrow S_i) = \begin{cases} 1 & F(S_{\text{cur}}) \geqslant F(S_i) \\ \exp\left[(F(S_{\text{cur}}) - F(S_i))/T_k\right] & F(S_{\text{cur}}) < F(S_i) \end{cases} \quad (5\text{-}10)$$

其中，S_{cur} 表示当前解，S_i 表示新的邻域解，T_k 表示当前温度，$T_{k+1} = \lambda T_k$ 为退温函数。具体描述为：当产生邻域解集后，以式（5-9）为适配置函数计算每个解的适配值，并以适配值递增排序，依次遍历各邻域解，若此邻域解适配值小于目前最优解的适配值，或者小于当前解的适配值并且此邻域解为非禁忌解，则替换为当前解；如果小于目前最优解适配值，则同时更新目前最优解；若此邻域解为非禁忌的，但此邻域解的适配值大于当前解的适配值，即 $\exp\left[(F(S_{\text{cur}}) - F(S_i))/T_k\right] \geqslant \text{random}[0,1]$，则接受此邻域解为当前解。产生新的当前解后，更新禁忌表，禁忌表使用长度为 L 的队列结构；当链表已满，删除最早禁忌对象，遵循先进先出原则。当温度大于最小温度时，迭代此过程。

> **延伸阅读**
>
> 　　说起智能家居，很多人可能认为它是近几年来很火的一个发展方向，于是跃跃欲试想进入这个行业。其实智能家居这个概念最早提出应该追溯到 20 世纪 80 年代，但

是到现在仍然停留在概念阶段，几乎没有大规模应用到家庭中来。如果细细分析其原因，简单说就是实用性不高，推广难度大。据了解，现在国内国外还没有一家特别成功的智能家居。最出名的公司应当是 Nest（已经被 Google 收购），但是 Nest 仅仅是做了一个智能温控器，离系统化的智能家居还很远。

随着近几年移动互联网的兴起，越来越多的巨头们开始着眼于智能家居这块尚未被发掘的金矿。苹果推出 HomeKit 智能家居平台，HomeKit 实际上就是开放的 API，它可以整合 Siri 的功能，自动控制门窗的锁、调整光线，可以实现对门窗、灯光等设备的控制。Google 方面，先是收购 Nest，在 2014I/O 大会上发布了 Google TV 开始在智能家居方面布局。国内的小米也看好智能家居，推出小米路由器作为智能家居的中央控制器，以便向更多家居领域延伸。小米已经推出小米电视，今后的发展应该还会与更多的合作伙伴开发智能家居电器。

5.7 定位技术的发展前景

随着刚性理论的引入，定位理论迅速形成并逐步完善，目前已经形成了较为完整的理论体系，并在指导定位算法设计中发挥了巨大的作用，成为一个新的研究热点。未来定位理论和算法还有极大的研究空间，总结如下：

（1）定位理论方向　定位理论仍然存在很多开放问题，如：对于非可定位网络中哪些节点是可定位的判别，定位理论只能给出充分不必要条件；对于高维空间的可定位性问题，定位理论还不能给出充要的结论；对于存在测距误差的情况，定位理论的相关研究还很缺乏。

（2）定位算法方向　首先找出能够达到理论极限的定位算法；其次找到定位算法复杂度和定位能力的折中，在多项式时间复杂度约束下尽可能地提高定位性能。

（3）误差处理方向　首先需要研究在保证定位结果鲁棒性的情况下最大化定位性能；其次是定量地分析结果误差同测距误差的关系，进而能够提供有误差保障的定位服务。

延伸阅读

近年来随着 WiFi、蓝牙、UWB、ZigBee 定位、5G 定位等高精度定位技术的进步与普及，高精度室内定位系统在更多的应用场景中得到了广泛的关注和应用。碎片化可谓是物联网产业最大的特征，各类智能终端与物联网应用有不同的物理环境与市场环境，所以，定位技术在物联网市场也呈百家争鸣的态势。

得益于 WiFi 网络的高度普及，WiFi 定位的最大优势是性价比高，但定位精度有限，且网络稳定性与可靠性不强，适用于泛定位需求；蓝牙 AoA 定位精度可以达到亚米级，可以依赖于手机生态迅速铺开，在功耗、价格方面都有较为明显的优势；UWB 定位技术在精度方面有着其他定位技术难以匹敌的优势，但它的功耗相对较高，而成本也是限制其应用的最大障碍……

可以看出在大多数的高精度定位技术下，并不是哪个单独定位技术就能够满足所有行业和场景需求，更重要的是，在一些完整的高精度定位系统解决方案中，单一定位技术往往难以满足用户需求，需要融合定位技术。不论是从成本还是从定位精度来说，选择多融合定位技术是目前为止物联网主要考量的标准。

本章习题

1.单选题

（1）卫星定位系统中不包括（　　　）。

A.美国全球定位系统 GPS　　　　　　B.俄罗斯格洛纳斯 GLONASS

C.RFID 系统　　　　　　　　　　　D.中国北斗卫星导航系统

（2）在蜂窝系统中采用的定位技术主要有（　　　）。

A.起源蜂窝小区 COO　　　　　　　　B.GPS 辅助定位 A-GPS

C.到达时间 TOA　　　　　　　　　　D.以上均是

（3）影响 RFID 定位精度的因素不包括（　　　）。

A.角度因素　　　B.天线因素　　　C.标签因素　　　D.频率因素

2.填空题

（1）在物联网定位技术中，根据节点是否已知自身的位置，分为＿＿＿＿和＿＿＿＿。

（2）根据定位过程中是否测量与实际节点间的距离，把定位算法分为＿＿＿＿定位算法和与距离无关的定位算法。

（3）近似三角形内点测试法 APIT 本质上是对＿＿＿＿的一种改进。

（4）北斗三号星座系统由＿＿＿＿、＿＿＿＿、中圆地球轨道（MEO）三种轨道卫星组成。

（5）根据进行定位估计的位置及定位数据用途的不同可将对移动台的定位方案分为两类：基于移动台的定位方案和＿＿＿＿。

3.简答题

（1）简述定位的概念。

（2）RFID 定位系统算法有哪些？

（3）影响 RFID 定位精度的因素有哪些？

参考文献

［1］冷树朋，田国辉，胡远志 .GPS 与伽利略卫星导航系统发展评述［J］.交通企业管理，2004（12）：54-55.

［2］徐文生 .美国全球定位系统简介［J］.卫星与网络，2008（8）：24-27.

［3］徐立宏 .美国 GPS 管理框架［J］.卫星应用，2016（4）：26-33.

［4］张胜利，常守峰，赵珂 .GPS 运行管理体制探讨［J］.国际太空，2008（10）：20-24.

［5］美国 GPS 系统的管理与运营［J］.卫星与网络，2009：66-68.

［6］郭丽红，李洲 .美国国家天基 PNT 概况［J］.全球定位系统，2011，36（5）：85-90.

［7］Wang J，Vasisht D，KATABI D. RF-IDraw：virtual touch screen in the air using RF signals［C］.

ACM Conference on SIGCOMM. ACM Conference on SIGCOMM. ACM，2014：235-246.

[8] ZHOU C,GRIFFIN J D. Accurate Phase-based Ranging Measurements for Backscatter RFID Tags[J]. IEEE Antennas&Wireless Propagation Letters，2012，11（1）：152-155.

[9] LI X，ZHANG Y，AMIN M G. Multifrequency-based range estimation of RFID Tags［C］//IEEE International Conference on RFID. IEEE，2009：147-154.

[10] WANG J，KATABI D DUDE. Where's my card：RFID positioning that works with multipath and non-line of sight［C］//ACM SIGCOMM Conference on SIGCOMM. ACM，2013：51-62.

[11] WEI T，ZHANG X. Gyro in the air：tracking 3D orientation of batteryless internet-of-things［C］// International Conference on Mobile Computing and NETWORKING. ACM，2016：55-68.

第6章

物联网标准化体系

本章导读

物联网对于促进社会信息化建设和经济发展具有重要的意义，全球多个国家和地区都把物联网作为其重要的经济和科技发展战略，给予了高度的重视。物联网的发展依赖于多个方面的因素，包括法律、技术、产业、标准等，其中，标准是物联网大规模产业化发展和互联互通的先决条件。多个国家、地区的政府和全球的众多标准化组织都在积极开展物联网的标准化工作，并在一些领域取得了一定成效[1]。

学习要点

1）了解中国 RFID 的标准体系。
2）掌握 Bluetooth 协议栈的组成。
3）掌握 ZigBee 协议框架。

6.1 RFID 标准

RFID 技术是一种非接触式的自动识别技术，它使用射频电子设备发射射频信号，射频信号通过空间耦合来自动识别目标对象并获取相关数据，而且可以将新的信息写入目标对象的标识设备。RFID 的工作无须人工干预，可自动工作于各种恶劣环境。

RFID 标准是所有 RFID 产品的指南或规范。标准提供了有关 RFID 系统如何工作的指导原则、操作频率、数据传输方式，以及读写器与标签之间通信的工作原理。RFID 标准化的主要目的在于：通过制定、发布和实施标准，解决编码、通信、空中接口和数据共享等问题，促进 RFID 技术与相关系统的应用。

6.1.1 RFID 标准化组织

RFID 标签的数据内容编码标准是各大组织争相竞争的领域。目前全球有 EPC Global、UID、ISO/IEC、AIM Global 和 IP-X 五大射频识别标准组织，如图 6-1 所示。

其中，EPC Global、ISO/IEC 和 UID 是实力最大的三大射频识别标准组织。EPC Global 在全球拥有众多的成员，得到了沃尔玛、强生、宝洁等跨国公司的支持。而 UID、ISO/IEC、AIM Global 则代表了欧美国家和日本；IP-X 主要以非洲、大洋洲和亚洲等国家为主[2]。这些不同的标准组织推出了各自的标准，它们在频段和电子标签数据编码格式上有所不同。

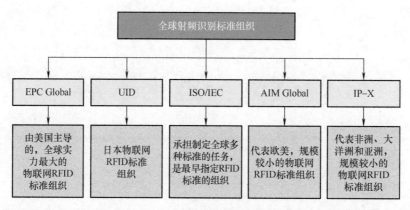

图 6-1　全球五大射频识别标准组织

1. EPC Global

1999 年，美国麻省理工学院提出了电子产品编码（Electronic Product Code，EPC）的概念，并成立了 Auto ID 中心。2003 年，国际物品编码协会（EAN）和美国统一编码委员会（UCC）联合收购了 EPC，共同成立了全球电子产品编码中心 EPC Global。EPC Global 是以创建物联网为使命，与众多成员共同制定开发的技术标准。

EPC Global 发布的技术规范，有电子产品代码 EPC、电子标签规范和互操作性、读写器、电子标签通信协议、中间件软件系统接口、PML 数据库服务器接口、对象名称服务和 PML 产品数据规范等。EPC Global 的组织机构如图 6-2 所示。

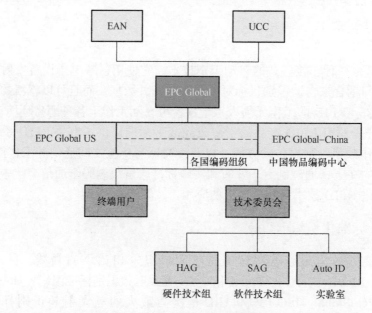

图 6-2　EPC Global 的组织机构

EAN 和 UCC 组成 EPC Global 的董事会。EPC Global 通过各国的编码组织开展工作，管理 EPC 系统用户的注册、续展工作，同时通过技术中心提供技术支持。

EPC Global 的主要工作有：加强研发工作，通过与 6 个 Auto ID 实验室合作来进行；推广 EPC 标准，包括推广硬件和软件标准；管理 EPC Global 网络，包括编码系统、对象名称解析服务、开展一致性服务；EPC 系统的推广工作，包括市场推广、应用系统的建立和提供实施支持。

2. UID

泛在识别中心（Ubiquitous ID Center，UID）是日本的射频识别标准组织。主导日本射频识别标准与应用的组织是 T-Engine 论坛，该论坛已经拥有几百家成员，这些成员绝大多数是日本的厂商。2002 年 12 月，在 T-Engine 论坛下成立了泛在识别中心，负责研究推广射频识别技术。

3. ISO/IEC

国际标准化组织（International Organization for Standardization，ISO）是一个全球性的非政府组织，是国际标准化领域一个十分重要的组织。中国是 ISO 的正式成员，参加 ISO 的国家机构是中国国家标准化管理委员会（Standardization Administration of China，SAC）。

国际电工委员会（International Electrotechnical Commission，IEC），是非政府性国际组织和联合国社会经济理事会的甲级咨询机构，成立于 1906 年，是世界上成立最早的国际标准化机构。中国参加 IEC 的国家机构是国家技术监督局。

ISO/IEC 担负着制定全球国际标准的任务，ISO/IEC 都是非政府机构，它们制定的标准都是自愿性的，选择的标准都是最优秀的标准，目的是给工业和服务业带来收益。ISO/IEC 约有 1000 个专业技术委员会和分委员会，各会员国以国家为单位参加这些技术委员会和分委员会的活动。ISO/IEC 每年制定和修订 1000 个国际标准，标准的内容广泛，涉及信息技术、交通运输和环境等领域。

ISO/IEC 组织有多个技术委员会从事 RFID 标准研究，大部分 RFID 标准都是由 ISO/IEC 制订的，在射频识别的每个频段都发布了标准。EPC Global 专注于 860 ～ 960MHz 频段，UID 专注于 2.45GHz，在这些频段，ISO/IEC 的标准大量涵盖了 EPC 和 UID 两种编码体系。

4. AIM Global

全球自动识别和移动技术行业协会 AIM（Automatic Identification Manufacturers）Global 是一个射频识别的标准化组织，这个组织相对较小。AIM 组织由自动识别和数据采集组织（Automatic Identification and Data Collection，AIDC）组织发展而来，目的是推出 RFID 技术标准。

AIDC 最初制定通行全球的条码标准，1999 年 AIDC 组织另成立了 AIM 组织，AIM 组织在全球数十个国家与地区有分支机构，全球的会员数已超过 1000 个。

AIM Global 是可移动环境中自动识别、数据搜集及网络建设方面的专业协会，是世界性的机构，致力于促进自动识别和移动技术在世界范围内的普及和应用。AIM Global 包括技术符号委员会、北美及全球标准咨询集团、RFID 专家组（RFID Experts Group，

REG）。AIM Global 是条码、射频识别及磁条技术认证的机构，AIM Global 的成员主要是射频识别技术、系统和服务的提供商。

5. IP-X

IP-X 是一个较小的射频识别标准化组织，主要在非洲、大洋洲和亚洲推广，目前南非、澳大利亚和瑞士等国家采用 IP-X 标准。

从全球的范围来看，美国已经在 RFID 标准的建立、相关软硬件技术的开发、应用领域走在世界的前列，欧洲 RFID 标准追随美国主导的 EPC Global 标准。日本虽然已经提出 UID 标准，但主要得到的是本国厂商的支持，如要成为国际标准还有很长的路要走。RFID 在韩国的重要性得到了加强，政府给予了高度重视，但至今韩国在 RFID 标准上仍模糊不清。我国的 RFID 标准尚处于起步阶段，2011 年，总装备部率先批准发布了 23 项军用射频识别标准；2012 年军用标准开始转化为国家标准，但距离由国家标准转化为国际标准还有漫长的道路[3]。

6.1.2　RFID 标准体系

RFID 标准体系主要由四部分组成，如图 6-3 所示，分别为技术标准、数据内容标准、一致性标准和应用标准（如船运标准、产品包装标准）。编码标准和通信协议构成了 RFID 标准的核心。

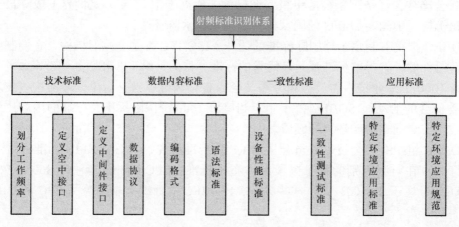

图 6-3　RFID 标准体系的构成

（1）RFID 技术标准　RFID 技术标准主要定义了不同频段的空中接口及相关参数，包括基本术语、物理参数、通信协议和相关设备等。RFID 技术标准划分了不同的工作频率，工作频率主要有低频、高频、超高频和微波。RFID 技术标准规定了不同频率电子标签的数据传输方法和读写器工作规范。RFID 技术标准也定义了中间件的应用接口。中间件是电子标签与应用程序之间的中介，从应用程序端使用中间件所提供的一组应用接口 API 就能连接到读写器，读取电子标签的数据。

（2）RFID 数据内容标准　RFID 数据内容标准涉及数据协议、数据编码规则及语法，主要包括编码格式、语法标准、数据对象、数据结构和数据安全等。RFID 数据内容标准能够支持多种编码格式。

（3）RFID 一致性标准　RFID 一致性标准即 RFID 性能标准，主要涉及设备性能标准和一致性测试标准，包括设计工艺、测试规范和试验流程等。

（4）RFID 应用标准　RFID 应用标准用于设计特定应用环境 RFID 的构架规则，包括 RFID 在工业制造、物流配送、仓储管理、交通运输、信息管理和动物识别等领域的应用标准和应用规范。

6.1.3　中国 RFID 的关键技术

为了在 RFID 产业中掌握主动权，世界发达国家和跨国公司都在加速推动 RFID 技术的研发、制定 RFID 标准和应用进程，中国在发展 RFID 产业的同时也积极制定符合中国国情的技术标准。

2005 年 10 月，为推动 RFID 技术的发展，我国正式成立了电子标签标准工作组。2006 年颁布了《中国射频识别（RFID）技术政策白皮书》，主要分为 RFID 技术发展现状及趋势、中国 RFID 技术发展战略、中国 RFID 发展和优先应用领域、推进产业化战略、发展 RFID 技术的宏观环境建设五部分。在标准化研究方面，制定了"集成电路卡模块技术规范""建设 IC 卡应用技术"等应用标准；在技术标准方面，主要是按照 ISO/IEC15693、ISO/IEC18000 系列标准制定国家标准[4]。

1. 中国 RFID 标准体系

中国 RFID 系统标准体系可分为基础技术标准体系和应用技术标准体系。基础技术标准分为基础标准、管理标准、技术标准和信息安全标准四个部分。其中，基础标准包括术语标准；管理标准包含编码注册管理标准和无线电管理标准；技术标准包含编码标准、RFID 标准（包括 RFID 标签、空中接口协议、读写器、读写器通信协议等）、中间件标准、公共服务体系标准（包括物品信息服务、编码解析、检索服务、跟踪服务、数据格式）及相应的测试标准；信息安全标准涉及标签与读写器之间及整个信息网络的每一个环节。RFID 信息安全标准可分为安全基础标准、安全管理标准、安全技术标准和安全测评标准四个方面。中国 RFID 标准体系如图 6-4 所示。

（1）RFID 基础技术标准体系　中国 RFID 基础技术标准体系如图 6-5 所示，其中，RFID 标签、读写器和中间件标准仅包含所有产品的共性功能与共性要求，应用标准体系中将定义个性功能和个性要求。接口标准和公共服务类标准不随应用领域变化而变化，是应用技术必须采用的标准。

（2）RFID 应用技术标准体系　应用标准是在 RFID 标签编码、空中接口协议和读写器协议等基础技术标准之上，针对不同的应用领域和不同的应用对象制定的具体规范。它包括使用条件、标签尺寸、标签位置、标签编码、数据内容、数据格式和使用频段等特定应用要求规范，还包括数据的完整性、人工识别、数据存储、数据交换、系统配置、工程建设和应用测试等扩展规范。

RFID 应用技术标准体系是一个指导性框架，制定具体 RFID 应用技术标准时，需要结合应用领域的特点，对其进行补充和具体的规定。在 RFID 应用技术标准体系模型中，有些内容需要制定国家标准，有些内容需要制定行业标准、地方标准或企业标准，标准制定机构需要根据具体的情况确定制定相应级别的应用标准。

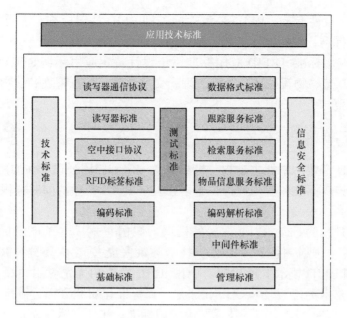

图 6-4　中国 RFID 标准体系

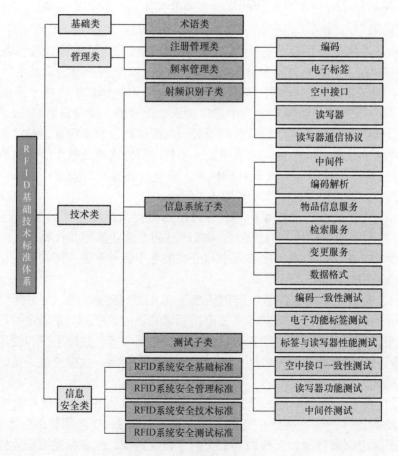

图 6-5　RFID 基础技术标准体系

2. 中国 RFID 的框架体系

中国 RFID 的框架体系分为数据采集和数据共享两个部分，主要包括编码标准、数据采集标准、中间件标准、公共服务体系标准和信息安全标准五方面内容。

（1）编码标准 制定编码标准要考虑与国际通用编码体系的兼容性，使其成为国际承认的编码方式之一，这样既可以减小商品流通信息化的成本，也能降低国外编码机构收费。有关编码方面的标准主要有：

1）基于 RFID 的物品编码。该标准对物品 RFID 编码的数据结构、分配原则及编码原则进行规定，为实际编码提供基本原则。

2）基于 RFID 的物品编码注册和维护。该标准对物品编码申请人的资格、注册程序及注册后的相关权利和义务进行规定，实现对物品编码的国家层和行业层管理。通过对物品编码注册、维护和注销等加以规定，可以实现物品编码信息的循环流通。

（2）数据采集标准 RFID 数据采集技术相关标准有电子标签与读写器之间的空气接口、读写器与计算机之间的数据交换协议、电子标签与读写器的性能和一致性测试规范，以及电子标签的数据内容编码标准等。空中接口协议主要指的是 ISO/IEC 18000 系列标准，包括调制方式、位数据编码方式、帧格式、防冲突算法和命令响应等内容。空中接口协议应趋向于一致，以降低成本并满足标签与读写器之间互操作性的要求。电子标签的低成本决定了一个标签难以支持多种空中接口协议。

（3）中间件标准 EPC Global 及一些国际著名的 IT 企业，如微软、SAP、Sun 和 IBM 等，都在积极从事 RFID 中间件的研究与开发。制定中国自主的中间件标准要结合中国行业的应用特点和现状，设计和开发出具有自主知识产权的 RFID 中间件产品。

（4）公共服务体系标准 公共服务体系是在互联网网络体系的基础上，增加一层可以提供物品信息交流的基础设施，其功能包括编码解析、检索与跟踪服务、目录服务和信息发布服务等。国外的 RFID 标准体系中，EPC Global 制定了"物联网"规范，已公布的规范有 EPCIS（EPC 信息服务）、ONS（对象名解析服务）和物品信息描述语言 PML（物体标识语言）。公共服务系统是 RFID 技术广泛应用的核心支撑，在制定中国 RFID 公共服务体系标准时，既要考虑中国 RFID 的应用特点，也要考虑全球贸易。

（5）信息安全标准 从电子标签到读写器、读写器到中间件、中间件之间及公共服务体系各因素之间，均涉及信息安全问题。

3. 中国 RFID 应用技术标准

中国的 RFID 应用标准和通用产品标准有国家应用标准、行业应用标准、协会应用标准、地方应用标准和企业应用标准等。

（1）动物识别代码结构标准 2006 年 12 月，中华人民共和国国家质量监督检验检疫总局、中国国家标准管理委员会联合发布国家标准 GB/T 20563—2006《动物射频识别代码结构》，该标准于 2006 年 12 月 1 日开始实施。根据 ISO 11784—1996《射频识别—动物代码结构》的总体原则，并结合中国动物管理的实际编写而成。该标准首先保证了编码具有国际流通的功能，最核心的编码部分（动物代码）由 64 位二进制数组成，其中，前 16 位为控制代码，17 ～ 26 位为国家或地区代码，27 ～ 64 位为国家动物代码。该标准适用于家禽家畜、家养宠物、动物园动物、实验室动物和特种动物的识别，也适用于动物管理相关信息的处理和交换。

（2）道路运输电子收费系列标准　中国高速公路收费的 RFID 系列标准以无线电管委会为道路运输电子收费应用分配的 5.8GHz 载波频率为基础，制定了一系列用于不停车收费专用通信的国家标准，包括设备和系统的设计和生产制造标准。标准包括五层，主要有物理层、数据链路层、应用层、设备应用层、物理层的主要参数方法测试。

（3）铁路机车车辆自动识别标准　原铁道部发布了该系统的行业标准 TB/T 3070—2002《铁路机车车辆自动识别设备技术条件》，适用于铁路机车车辆自动识别设备的设计、制造、安装和检验。该标准规定了铁路机车车辆自动识别设备基本要求与地面自动识别设备、标签、车载编程器的技术要求等内容。该标准还规定了系统的主要部件如标签、地面自动识别设备（AEI）、标签编程设备、数据管理、监测和跟踪设备的基本功能。同时，该标准对自动识别设备的安装进行了规范。

铁路车号自动识别系统（ATIS）的目标是在所有机车和货车上安装电子标签，在所有的区段站、编组站、大型货运站和分界站安置地面识别设备（AEI），对运行的列车及车辆进行准确的识别，并向后台管理系统及其他监测系统提供相关信息，建立一个铁路列车车次、机车和货车号码、标识、属性等信息的计算机自动采集处理系统。

（4）射频读写器通用技术标准　射频读写器通用技术规范由中国自动识别协会主持制定，2006 年 12 月 15 日正式公布。该技术规范分为《射频读写器通用技术规范—频率低于 135kHz》（AIMC 0003—2006）《射频读写器通用技术规范—频率为 13.56MHz》（AIMC 0004—2006）、《射频读写器通用技术规范—频率为 2.45GHz》（AIMC 0005—2006）、《射频读写器通用技术规范—频率为 UHF（860—960MHz）》（AIMC 0006—2006）、《射频读写器通用技术规范—频率为 433MHz》（AIMC 0007—2006）。

《射频读写器通用技术标准》根据 ISO/IEC 18000-2、ISO/IEC 18000-3、ISO/IEC 18000-4、ISO/IEC 18000-6 和 ISO/IEC 18000-7 空中接口标准设定了频率范围，分别针对频率为 135kHz、13.56MHz、2.45GHz、860 ~ 960MHz、433MHz 的读写设备，规定了 RFID 的系统功能、读写器技术结构框架、主要技术参数和应用指标。同时，该标准对读写器的测试项目、测试条件与测试方法给出了相应的规范。

中国制定和完善自己的 RFID 标准，可以保障国家信息安全、突破技术壁垒和实现标准自主。

（1）保障国家信息安全　在 RFID 标准的制定过程中，首先要考虑国家的信息安全。RFID 标准中涉及国家信息安全的核心问题是编码规则、传输协议和中央数据库等，谁掌握了产品信息的中央数据库和产品编码的注册权，谁就取得了产品身份认证、产品数据结构、物流及市场信息的拥有权，拥有自主知识产权的 RFID 技术标准是信息安全的基础。

（2）突破技术壁垒　如果使用国外的 RFID 技术标准，会涉及大量的知识产权问题。所以，有必要建立具有自主知识产权的 RFID 标准体系。

（3）实现标准自主　掌握 RFID 标准制定的主导权，就能充分考虑中国企业的应用需求，有条件地选择国外专利技术，控制产业发展的主导权，降低标准的综合使用成本。

6.2　Bluetooth 技术标准

Bluetooth（蓝牙）技术是一种无线数据和语音通信开放的全球规范，它是基于低成本的近距离无线连接，为固定和移动设备建立通信环境的一种特殊的近距离无线技术连接。利用 Bluetooth 技术，既能够有效地简化平板计算机、笔记本计算机和移动电话等移动通信终端设备之间的通信，也可以成功地简化这些设备之间的通信，使现代通信设备和网络之间的数据传输变得更加有效[5]。

Bluetooth 技术标准的更新主要体现在兼容性和安全技术上。随着 Bluetooth 技术标准的不断推陈出新，以及新产品的问世，使得 Bluetooth 技术在生活和生产中的应用日益广泛。

6.2.1　Bluetooth 标准协议简介

Bluetooth 标准的核心部分是协议栈。这个协议栈允许多个设备进行相互定位、连接和交换数据，并能实现互操作和交互式的应用。协议栈的各种单元（协议、层、应用等）在逻辑上分成传输协议组、中间件协议组和应用组三组，如图 6-6 所示。

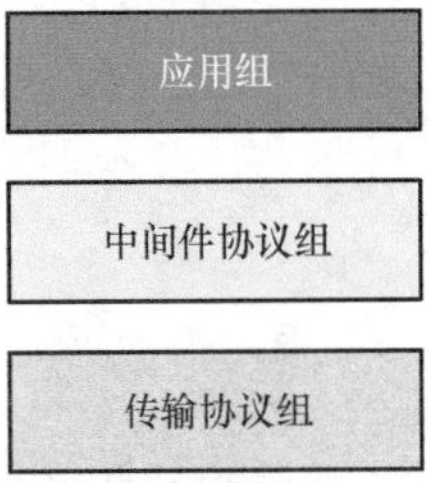

图 6-6　Bluetooth 协议栈的重要组成部分

1. 传输协议组

传输协议组包括的协议主要用于使 Bluetooth 设备能确认彼此的相互位置，且能创建、配置和管理物理及逻辑的链路，以使高层协议和应用经这些链路利用传输协议来传输数据。这个协议组包括无线、基带、链路管理器、逻辑链路控制和自适应协议及主机控制器接口协议。

2. 中间件协议组

为了在 Bluetooth 链路上运行应用，中间件协议组由另外的传送协议构成。它包括第三方和业内的标准协议、SIG（Bluetooth Special Interest Group，蓝牙技术联盟）特别为 Bluetooth 无线通信而制定的一些协议。第三方和业内的标准协议包括与互联网有关的协议（如 TCP）、无线应用协议和红外数据协会（Infrared Data Association，IrDA）及类似组织所采用的对象交换协议等。SIG 特别为 Bluetooth 无线通信而制定的一些协议包括三个专为 Bluetooth 通信制定的协议，以使种类繁多的另外一些应用能够在 Bluetooth 链路上运行。

3. 应用组

应用组包括使用 Bluetooth 链路的实际应用。Bluetooth 技术的应用主要有文件传输、网络、局域网访问。不同种类的应用是通过相应的应用程序和一定的应用模式实现的一种无线通信。

6.2.2　传输协议组

图 6-7 所示为传输协议组的协议组织结构。这些协议是 SIG 为在设备间承载语音和数据业务而开发的传输协议。

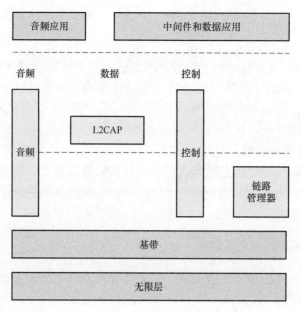

图 6-7　传输协议组的协议组织结构

传输协议不仅支持数据通信的异步传输，还支持能达到电信级质量的语音通信的同步传输。为了保持音频应用中所期望的高服务质量，音频业务被赋予了较高的优先级，不经过任何中间件协议层，直接从音频应用通到基带层上，然后以小分组的形式直接在Bluetooth 的空中接口上传输。

1. L2CAP 层

来自数据应用的业务首先被传递到逻辑链路控制和适配协议（Logical Link Control and Adaptation Protocol，L2CAP）层。L2CAP 层为应用和更高层的协议屏蔽了下层传输协议的细节。这样，高层无线天线和基带层的频率跳变，也不需要知道在 Bluetooth 空中接口上传输的特殊分组格式。L2CAP 支持协议的多路复用，允许多种协议和应用共享空中接口。它还能将高层使用的大分组拆分成基带可以传输的小分组，并在接收设备中完成对这些分组的相应组装过程。此外，通过协商一个可以接受的服务等级，两个对等设备中的 L2CAP 层能够方便地维护服务级别目标。根据需要的服务等级，一个 L2CAP 层的具体实现可以对新业务进行输入控制并与低层相互配合来维持这个服务质量。

2. 链路管理层

每个设备中的链路管理器通过链路管理器协议（Link Manager Protocol，LMP）与Bluetooth 空中接口协商能够得到的性能。这些性能包括为支持数据（L2CAP）业务所需的服务等级而分配的带宽，以及为支持音频业务而获得的周期性预留带宽。通信设备中的 Bluetooth 链路管理器采用查询 – 响应方式对设备进行鉴权，监视设备的配对（Pairing，创建两个设备之间的信任关系，通过产生并存储一个鉴权密钥，用于后期的设备鉴权），并且在需要的时候对空中接口的数据流进行加密。如果鉴权失败，链路管理器可能会切断设备之间的连接，从而禁止这两个设备相互通信。由于能够通过交换参数信息，如低活动性基带模式的持续时间等，协商得到活动性较低的基带操作模式，因此链路管理器还可以

支持功率控制。为了进一步保持功率，链路管理器也可以请求调整发射功率的大小。

3. 基带层和无线层

基带层决定和展示了 Bluetooth 的空中接口，同时定义了设备之间相互查找的过程及建立连接的方式。基带层为设备定义了主从连接方式，发起连接过程的设备是"主控设备"，其他的设备是"从属设备"。基带层还定义了如何形成通信设备所使用的跳频序列及数个设备共享空中接口的有关规定，这些规定以时分双工（Time Division Duplex，TDD）为基础，采用了基于分组的查询方式。同时，基带层定义了同步和异步业务共享空中接口的方式，支持同步和异步业务的各种分组类型及其处理过程，如检错、纠错、信号白化（Signal Whitening）、加密、分组的传输和重传。

主控设备和从属设备的概念不能扩展到比链路管理器更高的层次上。在 L2CAP 层及其以上的各层中，通信是基于端到端的对等模型，不存在主控设备或从属设备的这种行为上的差异。

4. HCI 层

主机控制器接口（Host Controller Interface，HCI）功能规范是 Bluetooth 与主机系统之间的接口规范，提供控制基带与链路控制器、链路管理器、状态寄存器等硬件功能的指令分组格式，以及进行数据通信的数据分组格式。

主机控制器接口提供一种访问 Bluetooth 硬件能力的通用接口。HCI 固件通过访问基带命令、链路管理器命令、硬件状态寄存器、控制寄存器及事件寄存器，实现对 Bluetooth 硬件的 HCI 命令。

当主机和主机控制器通信时，HCI 层以上的协议在主机上运行，HCI 层以下的协议由 Bluetooth 主机控制器的硬件实现，它们都通过 HCI 层进行通信。主机和主机控制器中的 HCI 具有相同的接口标准。

6.2.3　中间件协议组

中间件协议组如图 6-8 所示。中间件协议利用下层的传输协议，为应用层通信提供标准接口。中间件层的每一层都定义了一个标准协议，这些协议能够利用一个更高级的抽象，而不必直接与下层的传输协议打交道。中间件协议包括以下四种。

1. RFCOMM 串行端口抽象

串行端口是如今计算和通信设备中最常见的通信接口之一，大多数通过串口传输数据的串行通信需要一条电缆。Bluetooth 无线通信的目标是替代电缆，因此在最初的一套电缆替代应用模式中，支持串行通信及与之相关的应用是其最重要的特征。

为了方便在 Bluetooth 无线链路上实现串行通信，协议栈定义了 RFCOMM 的串行端口抽象。RFCOMM 为各种应用提供了一个虚拟的串行端口，这样就可以方便地将有线串行通信中的应用搬到无线串行通信的领域中来。因此，可以像使用一个标准的有线串口一样，利用 RFCOMM 实现诸如同步、拨号上网和其他的各种功能，对于应用而言没有明显的变化。RFCOMM 协议的目的就是要使传统的基于串口的应用可以利用 Bluetooth 传输。

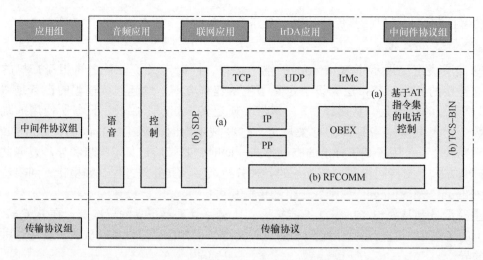

图 6-8　中间件协议组的协议栈

（a）—已采纳的协议　（b）—Bluebooth 特有协议

RFCOMM 是欧洲电信标准协会（European Telecommunication Standards Institute，ETSI）TS 0710 标准定义的模型，这个标准定义了在一个单独的串行链路上进行多路复用串行通信的方式。Bluetooth 规范采用了 ETSI 07.10 标准的一个子集，同时专门为Bluetooth 通信做了一些修改。

2. 服务发现协议（Service Discovery Protocol，SDP）

SDP 用于描述可用的服务和确定所需服务的位置。SDP 是基于客户端 / 服务器结构的协议，它为客户应用提供了一种发现服务器所提供的服务和服务属性的机制。如图 6-9所示，服务器维护一份服务记录列表，服务记录列表描述与该服务器有关的服务特征。

图 6-9　SDP 客户端 / 服务器交互过程

每个服务列表包括一个服务的信息。客户端可以通过发送一个 SDP 请求从服务器记录中检索信息。

Bluetooth 设备与 SDP 服务器一一对应，一个 Bluetooth 设备只有一个 SDP 服务器，如果 Bluetooth 设备只充当客户端，它就不需要 SDP 服务器。通常一个 Bluetooth 设备既可以是 SDP 服务器，也可以是 SDP 客户端。如果一个设备上有多个应用提供服务，使用一个 SDP 服务器就可以充当这些服务的提供者，负责处理请求这些服务的信息。多个客户应用也可以使用一个 SDP 客户端作为客户应用的代表请求服务。SDP 服务器向 SDP 客户提供的服务是随着服务器到客户端的距离动态变化的。当 SDP 服务器可用后，潜在的客户必须使用不同于 SDP 的机制来通知服务器所要使用 SDP 协议查询服务器的服务。当服务器由于某种原因离开服务区而不能提供服务时，也不会用 SDP 协议进行显式的通知。但是客户可以使用 SDP 轮询（Poll）服务器，根据是否能够收到响应来推断服务器是否可

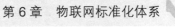

用。如果服务器长时间没有响应，则认为服务器已经失效。

3. 一套 IrDA 互操作协议。

IrDA 定义了在无线环境中交换和同步数据的协议，能实现 IrDA 各种应用的互操作。由于 IrDA 和 Bluetooth 无线通信的一些重要特性、使用模式和应用相同，所以 SIG 选用了 IrDA 的一些协议和数据模型。

OBEX（Object Exchange，对象交换）是 IrDA 制定用于红外数据链路上数据对象交换的会话层协议。SIG 采纳了该协议，使得原来基于红外链路的 OBEX 应用方便地移植到 Bluetooth 上或在两者之间进行切换。OBEX 是一种高效的二进制协议，采用简单和自发的方式来交换对象。在假定传输层可靠的基础上，采用客户机 / 服务器模式。它只定义传输对象，而不指定特定的传输数据类型，可以是从文件到商业电子贺卡、从命令到数据库等任何类型，从而具有很好的平台独立性。

4. 电话控制协议（Telephone Control Protocol，TCP）

TCP 用来控制音频或数字业务的电话呼叫。Bluetooth 电话控制协议定义了用于 Bluetooth 设备间建立语音和数据呼叫的呼叫控制信令，并处理 Bluetooth 设备的移动性管理过程。电话控制协议包括以下功能：

1）寻呼控制（CC）：指示 Bluetooth 设备间语音会话和数据呼叫的建立和释放。

2）组管理（GM）：简化 Bluetooth 设备组的处理。

3）无连接 TCS（CL）：交换与正在进行的呼叫无关的信令时使用的条款。

电话控制协议位于 Bluetooth 协议栈的 L2CAP 层之上，包括电话控制规范二进制（TCS BIN）协议和一套电话控制命令（AT Commands）。其中，TCS BIN 定义了在 Bluetooth 设备间建立话音和数据呼叫所需的呼叫控制信令；AT Commands 是一套可在多使用模式下用于控制移动电话和调制解调器的命令，它由 SIG 在 ITU-TQ.931 的基础上开发而成。TCS 层不仅支持电话功能（包括呼叫控制和分组管理），也可以用来建立数据呼叫，呼叫的内容在 L2CAP 上以标准数据包形式运载。

6.2.4　应用组

SIG 定义了协议栈的中间件协议和传输协议，而未定义应用协议和应用编程接口（API），要实现 Bluetooth 无线通信的各种应用方案，还需要应用协议。

SIG 定义了协议栈各层支持的一些传统软件在 Bluetooth 链路中使用，所以，那些已有的应用几乎可以不做任何改动就直接用于 Bluetooth 链路。在一些平台上完成这项工作的方法是开发 Bluetooth 适配软件（Bluetooth Adaption Software）完成从这些平台上现有的串行通信和其他通信对应的 Bluetooth 通信协议栈的映射。

当现有的应用不能实现 Bluetooth 的应用模式，或者希望在协议栈中包括具有独特能力的应用特征，就可以开发专门运行在 Bluetooth 环境中的新应用。当针对某个平台开发适用于 Bluetooth 无线通信的应用时，可以为这些应用开发一些公共服务（Common Service）。这些公共服务包括安全服务、连接管理服务、SDP 服务等。这些公共的应用服务可以通过应用级的编程来实现，如安全管理者、Bluetooth 管理控制台、一个通用的 SDP 客户端和服务器等。图 6-10 给出了这些公共应用服务的描述。

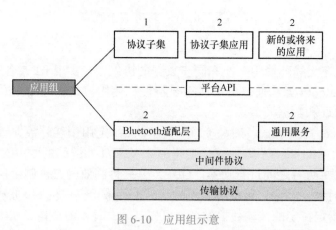

图 6-10　应用组示意

1—已采纳的协议　2—Bluebooth 特有协议

6.3　NFC 技术标准

近场通信（Near Field Communication，NFC），是一种新兴的技术，使用了 NFC 技术的设备（如移动电话）可以在彼此靠近的情况下进行数据交换，是由非接触式射频识别（RFID）及互连互通技术整合演变而来，通过在单一芯片上集成感应式读卡器、感应式卡片和点对点通信的功能，利用移动终端实现移动支付、电子票务、门禁、移动身份识别、防伪等应用[6]。

NFC 技术是由诺基亚（Nokia）、飞利浦（Philips）和索尼（Sony）共同制定的标准，在 ISO 18092、ECMA-340 和 ETSI TS 102 190 框架下推动标准化，同时也兼容应用广泛的 ISO 14443、Type-A、ISO 15693 及 Felica 标准非接触式智能卡的基础架构。2003年通过 ISO/IEC 机构的审核而成为国际标准。在 2004 年由 ECMA（European Computer Manufacturers Association）认定为欧洲标准，已通过的标准编列有 ISO/IEC 18092（NFCIP-1）、ECMA-340、ECMA-352、ECMA-356、ECMA-362、ISO/IEC 21481（NFCIP-2）。

近场通信标准详细规定了近场通信设备的调制方案、编码、传输速度与射频接口的帧格式，以及主动与被动近场通信模式初始化过程中数据冲突控制所需的初始化方案和条件；此外，还定义了传输协议，包括协议启动和数据交换方法等。

6.3.1　NFC 技术标准简介

NFC 技术标准主要包含四层，分别为 RF Layer（射频层）、Mode Switch（模式切换）、NFC Protocol（NFC 协议）、Applications（应用），如图 6-11 所示。

1）RF Layer。NFC 通信距离约为 10cm，属于近距离通信，其底层的射频标准为 ISO 18092、ISO 14443 Type A、ISO14443 Type B 和 Felica。

2）Mode Switch，是一个可以将射频层数据切换到 NFC Type A、Type B 或 NFC Type F 三种机制的切换标准。

3）NFCIP-1，即 ISO 18092，强调其标准中的数据交换部分。

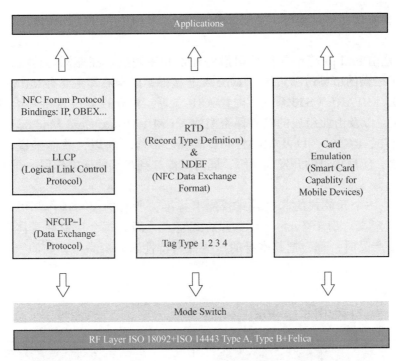

图 6-11 NFC 技术标准结构

4）LLCP（Logical Link Control Protocol，逻辑链路控制协议），用于管理 ISO 18092 的 NFC 设备之间逻辑连接的标准，主要用于 P2P（点对点）模式。

5）NFC Forum Protocol Bindings，是在 P2P 模式下高层数据传递采用的是集成传统的 IP、OBEX 等来实现设备间数据的传递。

6）Tag Type（标签类型），是在读写模式下 NFC 设备能够读取的标签类型。其中，该标签类型必须支持 ISO 14443 A/B、MIFARE、ISO 18092 等标准。

7）NDEF（NFC Data Exchange Format，NFC 数据交换格式），是 NFC 的数据传递协议[7]。

8）RTD（Record Type Definition，记录类型定义），是 NFC NDEF 数据格式中定义的数据类型[8]。

9）Card Emulation（卡模拟），是 NFC 设备模拟成卡片的标准。

6.3.2 NFC 标准规范

NFC 底层射频协议标准包含 ISO 14443 A/B、NFCIP-1（ISO 18092）、Felica 和 MIFARE。

1. ISO 14443

ISO 14443 协议是非接触 IC 卡标准，该标准由 JTC 旗下 SCI7 的 WG8 开发。ISO/IEC 14443 的英文原版包含四部分，分别为物理特性、频谱功率和信号接口、初始化和防冲突算法、通信协议，如图 6-12 所示。它定义了两种卡，即 Type A 和 Type B，两种卡均在 13.56MHz 无线频率下工作。这两种卡的主要区别在于所关注的调制方式、编码方案

（第二部分）和协议初始化程序（第三部分），Type A 和 Type B 都采用第四部分中定义的通信协议。

Type A 是由 Philips 等半导体公司最先开发和使用的。在亚洲等地区，Type A 技术和产品占据了很大的市场份额。代表 Type A 非接触智能卡芯片主要有 Mifare Light（MFI IC L10 系列）、MIFARE（S50 系列、内置 ASIC）等。相应的 Type A 卡片读写设备的核心是 ASIC 芯片，以及由此组成的核心保密模块 MCM（Mifare Core Module），主要代表有 RC150、RC170、RC500，以及 MCM200、MCM500 等。所以，总体来说，Type A 技术设计简单扼要，应用项目的开发周期短，同时又能起到足够的保密作用，适用于非常多的应用场合。

Type B 是一个开放式的非接触式智能卡标准，所有的读写操作都可以由具体的应用系统开发者定义。由于 Type B 具有开放式特点，因此每个厂家在具体设计、生产其本身的智能卡产品时，都会把其本身的一些保密特性融入产品中，如加密算法、认证方式等。

2. NFCIP-1

NFCIP-1 协议栈如图 6-13 所示。

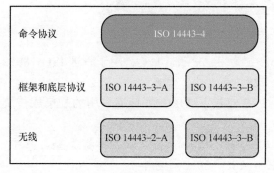

图 6-12　ISO 14443 协议栈

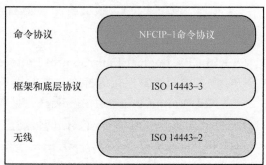

图 6-13　NFCIP-1 协议栈

NFC 接口和传输协议标准由 NXP（恩智浦半导体公司）、诺基亚和索尼等主推，这项开放技术规格被认可为 ECMA-340 标准，并纳入到 ISO 18092 协议中。NFCIP-1 标准详细规定了 NFC 设备的调制方案、编码、传输速度与射频接口的帧格式，以及主动与被动 NFC 模式初始化过程中，数据冲突控制所需的初始化方案和条件。此外，这些标准还定义了传输协议，包括协议启动和数据交换方法等。NFCIP-1 的协议栈基于 ISO 14443，主要的区别是在协议栈顶部分，用一种新的命令协议代替了 ISO 14443 中的栈顶部分。

NFCIP-1 包含主动模式和被动模式两种通信模式，不仅可以用于 P2P 通信，也可以用于 NFC Tags 中。

3. MIFARE

伴随着超过 50 亿张智能卡和 IC 卡，以及超过 5000 万台读卡器的销售，MIFARE 已成为全球大多数非接触式智能卡的技术选择，且是自动收费领域最成功的平台。MIFARE 卡是目前世界上使用量最大、技术最成熟、性能最稳定、内存容量最大的一种感应式智能 IC 卡。

MIFARE 是 Philips Electronics（恩智浦半导体 NXP Semiconductors 的前身）所拥有的 13.56MHz 非接触性辨识技术。Philips 不制造卡片或卡片阅读机，而是出售相关技术方案与芯片。模式是由卡片和卡片阅读机的制造商利用其技术方案来创造某方面应用的产品。

MIFARE 本身只具备记忆功能，再搭配处理器卡就能达到读写功能。MIFARE 协议栈与 ISO 14443 的关系如图 6-14 所示。

4. Felica

Felica 是索尼公司开发的 NFC 标签技术，广泛用于支付和亚洲的运输工具应用。Felica 标签属于日本的工业标准（基于日本工业标准 JIS X 6319-4）。标签基于被动模式的 ISO 18092，带有额外的认证和加密功能，与 ISO 14443 的关系如图 6-15 所示。

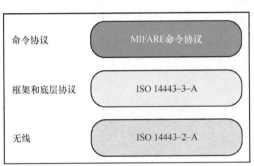

图 6-14　MIFARE 协议栈与 ISO 14443 的关系

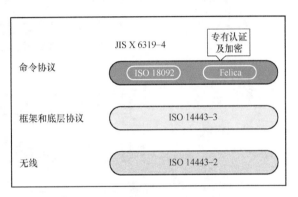

图 6-15　Felica 协议栈与 ISO 14443 的关系

6.3.3　NFC 标签

NFC 标签主要有两种，一种是 NFC 论坛定义的标签类型，另外一种是非 NFC 论坛定义的标签类型。

NFC 论坛定义的标签用于 NFC 通信中的小数据交互，可以存储如 URL、手机号码或其他文本信息。NFC 论坛定义了四种不同的标签类型，即 Type 1、Type 2、Type 3、Type 4。

（1）Type 1　Type 1 标签比较便宜，适用于多种 NFC 应用，特性如下：可读可重写，可配置成只读；96byte 内存，可扩展到 2kB；没有数据冲突保护。

（2）Type 2　Type 2 标签与 Type 1 类似，也是由 NXP/Philips MIFARE Ultralight 标签衍生出来的，特性如下：可读可重写，可配置成只读；支持数据冲突保护。

（3）Type 3　Type 3 标签价格比类型 Type 1 和 Type 2 的标签昂贵，特性如下：基于日本工业标准 JIS X 6319-4；在生产时定义可读、可重写或只读的属性；可变内存，每个服务最多 1MB 空间；支持数据冲突保护。

（4）Type 4　Type4 标签与 Type 1 类似，是由 NXP DESFire 标签衍生而来的，特性如下：在生产时定义可读、可重写或只读的属性；可变内存，每个服务最大 32kB；支持数据冲突保护。

6.3.4 NDEF 协议

为了实现 NFC 标签、NFC 设备及 NFC 设备之间的交互通信，NFC 论坛定义了 NFC 数据交换格式（NDEF）的通用数据格式。NDEF 使 NFC 的各种功能更加容易使用各种支持的标签类型进行数据传输，由于 NDEF 已经封装了 NFC 标签的种类细节信息，因此不用关心是在与何种标签通信。

NDEF 是轻量级的、紧凑的二进制格式，可带有 URL、vCard 和 NFC 定义的各种数据类型。NDEF 交换的信息由一系列记录（Record）组成，每条记录包含一个有效载荷，记录内容可以是 URL、MIME 媒质或者 NFC 自定义的数据类型。使用 NFC 定义的数据类型，载荷内容必须被定义在一个 NFC 记录类型定义（RTD）文档中。

NDEF 的组成如图 6-16 所示。

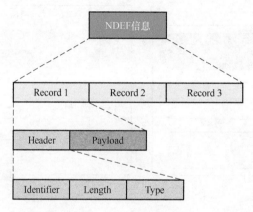

图 6-16　NDEF 的组成

其中，记录中的数据类型和大小由记录载荷的报头（Header）注明，这里的报头包含三部分，分别为 Length、Type 和 Identifier，见表 6-1。

表 6-1　NDEF 报头组成

名称	NDEF 协议对应	含义
Length	PAYLOAD LENGTH	Payload 的长度，单位是字节
Type	Type Value：TNF TYPE	类型域，用来指定载荷的类型
Identifier	ID LENGTH ID	可选的指定载荷是否带有一个 NDFF 记录

如 NDEF 记录类型所述，NFC 定义的数据类型需要的载荷内容被定义在 RTD 文档中。NFC 论坛定义了以下 RTD：

1）NFC 文本 RTD（T），可携带 Unicode 字符串。文本记录可包含在 NDEF 信息中作为另一条记录的描述文本。

2）NFC URI RTD（U），可用于存储网站地址、邮件和电话号码，存储成经过优化的二进制形式。

3）NFC 智能海报 RTD，用于将 URL、短信或电话号码编入 NFC 论坛标签，以及如何在设备间传递这些信息。

4）NFC 通用控制 RTD。

5）NFC 签名 RTD。

智能海报记录类型是将 URL、SMS（Short Messages，短信）等信息综合到了一个 Tag 中。RTD TEXT 即文本记录类型，用来存储 Tag 中的文本信息。RTD_URL 用来描述从 NFC 兼容的标签中取得一个 URL，或者在两个 NFC 设备之间传输 URL 数据，同时也提供另一种在另一个 NFC 元素里存储 URL 的方法。

6.3.5　LLCP

LLCP（Logical Link Control Protocol，逻辑链路控制协议）为 NFC 论坛定义的两个 NFC 设备之间的上层信息单元传输提供了过程，这组过程对数据链路服务的用户展现了一个统一的链路抽象。

如图 6-17 所示，LLCP 构成了 OSI 的数据链路层的上半部分，下半部分是介质访问控制层（MAC），MAC 层由 LLCP 规范通过一组映射来支持，每个映射指定了 LLCP 对一个外部定义的 MAC 协议的绑定需求。

LLCP 可以分为以下四部分：

1）MAC 映射（Media Access Control Mapping），将一个已存在的 RF（Radio Frequency，射频）协议集成到 LLCP 结构中，如 ISO 18092 协议。

2）链路管理（Link Management），用于负责有连接和无连接的 LLC PDU（Protocol Data Unit，协议数据单元）的交换，以及小的 PDU 的聚合和分解，同时还负责对连接状态的监督。

3）有连接传输（Connection-oriented Transport），负责所有有连接数据的交换，包括连接的建立和终止。

4）无连接传输（Connectionless Transport），负责处理未知数据交换。

如图 6-18 所示，LLCP 类似 TCP/UDP，该协议的数据传输服务分为以下三种：

1）链路服务 1，提供无连接服务。

2）链路服务 2，提供有连接服务。

3）链路服务 3，提供无连接服务和有连接服务。

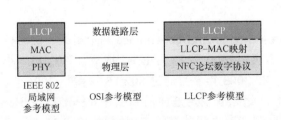

图 6-17　LLCP 和 OSI 的参考模型

图 6-18　LLCP 组成

NFC 因为受限于硬件原因，往往在高端手机中才会配备，所以基于 NFC 技术推出的使用场景一直是不温不火，尤其在支付领域。但手机厂商并没有就此放弃，一直在不断探索 NFC 技术的应用场景。如苹果在 iOS 14 中为其加入了 Carkey 功能，通过手机 NFC 功能可以用来解锁宝马汽车。在 iOS 15.4 版本中，苹果推出了"Tap to Pay"（点击支付）功能。所谓"Tap to Pay"（点击支付）即不需要额外的硬件，只需轻触该功能就能使用 iPhone 无缝、安全地接受 Apple Pay、非接触式信用卡和借记卡，以及其他数字钱包付款。

可以预料的是，至少在支付领域，在未来很长一段时间里，扫码和闪付将会共存很长时间。相信随着消费者对创新式体验需求的日益增加，未来会有越来越多的企业运用智能设备和数字世界与客户连接，让用户获得更加"无感"的使用体验，进而获得用户的青睐。相信 NFC 技术凭借着简单、快速的优势，必将在未来数字化浪潮中获得一席之地，无论是在个人消费领域还是工业领域都能大放异彩。

6.4 ZigBee 技术标准

ZigBee 是一种新兴的短距离、低功耗、低速率、低成本的双向无线通信技术，是一种介于无线标记技术和蓝牙之间的技术方案，主要用于近距离无线连接，ZigBee 的基础是 IEEE 802.15.4[9]，这是 IEEE 无线个人局域网（PAN）工作组的一项标准，被称作 IEEE 802.15.4 技术标准。相对于现有的各种无线通信技术，ZigBee 技术是功耗和成本最低的技术之一[10]。

IEEE 组织早在 2003 年就开始制定 IEEE 802.15.4 标准并发布，2006 年进行了标准更新，后来针对智能电网应用制定了 IEEE 802.15.4g 标准，针对工业控制应用制定了 IEEE 802.15.4e 标准。IEEE 802.15.4 系列标准属于物理层和 MAC 层标准，由于 IEEE 组织在无线领域的影响力，以及芯片厂商的推动，该标准已经成为无线传感器网络领域的事实标准，符合该标准的芯片已经在各个行业得到广泛应用。

6.4.1 ZigBee 协议框架

ZigBee 是一组基于 IEEE 批准通过的 802.15.4 无线标准研制开发的组网、安全和应用软件方面的技术标准。与其他无线标准如 802.11 或 802.16 不同，ZigBee 以 250kb/s 的最大传输速率承载有限的数据流量。ZigBee V1.0 版本的网络标准于 2004 年年底推出，其协议框架如图 6-19 所示。

在标准的制定方面，主要是 IEEE 802.15.4 小组与 ZigBee Alliance 两个组织，两者分别制定硬件与软件标准。在 IEEE 802.15.4 方面，2000 年 12 月 IEEE 成立了 802.15.4 小组，负责制定 MAC 与 PHY（物理层）规范，在 2003 年 5 月通过 802.15.4 标准，2006 年，IEEE 802.15.4 小组发布 IEEE 802.15.4b 标准，此标准主要是加强 802.15.4 标准，ZigBee 建立在 802.15.4 标准之上，确定了可以在不同制造商之间共享的应用纲要。802.15.4 仅仅定义了实体层和介质访问层,不足以保证不同的设备之间可以对话,于是便有了 ZigBee 联盟。

　　ZigBee V1.0 版本是 ZigBee 联盟制定的第一个 ZigBee 标准,它包括物理层、介质访问控制层、网络层和应用层。ZigBee 协议套件紧凑且简单,具体实现的硬件需求很低,8 位微处理器 80c51 即可满足要求,全功能协议软件需要 32KB 的 ROM,最小功能的协议软件约需 4kB 的 ROM。

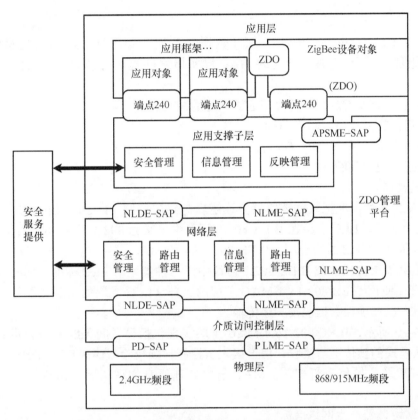

图 6-19　ZigBee 协议框架

6.4.2　物理层

　　物理层(PHY)主要负责电磁波收发设备的管理、频道选择、能量和信号侦听及利用。同时,物理层也规定了可使用的频率范围,802.15.4 协议主要使用三个频段:868.0 ～ 868.6MHz,欧洲采用,单信道;902 ～ 928MHz,北美采用,10 个信道,支持扩展到 30;2.4 ～ 2.4835GHz,世界范围内通用,16 个信道。后来根据各个地区的不同需求和应用背景,也有一些新的频段加入。协议采取的这三个频段都是国际电信联盟电信标准化组(ITU Telecommunication Standardization Sector,ITU–T)定义的用于科研和医疗的 ISM 开放频段,被各种无线通信系统广泛使用。在这三个不同频段,都采用相位调制技术,2.4GHz 采用较高阶的 QPSK 调制技术来达到 250kb/s 的速率,并降低工作时间，以减少功率消耗。在 915MHz 和 868MHz，采用 BPSK 的调制技术。相比较 2.4GHz 频段，900MHz 频率更低，绕射能力较好。802.15.4 因为采用直接序列扩频技术，具备一定的抗干扰能力，在其他条件相同的情况下其传输距离要大于跳频技术。在发射功率为 0dBm（1MW）的情况下，Bluetooth 能有 10m 的作用范围，而基于 IEEE 802.15.4 的 ZigBee 在室内通常能达到 30 ～ 50m 的作用距离。如果室外障碍物较少，甚至可以达到 100m 的作用距离。

6.4.3　介质接入控制子层

IEEE 802.15.4/ZigBee 的 MAC 层（数据链路层、介质接入控制层或媒体控制层）的主要功能是为两个 ZigBee 设备的 MAC 层实体之间提供可靠的数据链路，主要功能包括：

1）通过 CSMA–CA 机制解决信道访问时的冲突。

2）发送信标或检测、跟踪信标。

3）处理和维护保护时隙（GTS）。

4）连接的建立和断开。

5）安全机制。

IEEE 802 系列标准把数据链路层分成逻辑链路层控制（Logical Link Control，LLC）和 MAC 两个子层。LLC 子层在 IEEE 802.6 标准中定义为 802 标准系列所共用；而 MAC 子层协议则依赖于各自的物理层。IEEE 802.15.4 的 MAC 子层支持多种 LLC 标准，通过业务相关汇聚子层协议承载 IEEE 802.2 协议中第一种类型的 LLC 标准，同时也允许其他 LLC 标准直接使用 IEEE 802.15.4 MAC 子层的服务。LLC 子层的主要功能是进行数据包分段与重组，以及确保数据包按顺序传输。

如图 6-20 所示，IEEE 802.15.4 MAC 子层实现包括设备间无线链路的建立、维护与断开，确认模式的帧传送与接收，信道接入与控制，帧校验与快速自动请求重发（ARQ），预留时隙管理及广播信息管理等。MAC 子层处理所有物理层无线信道接入，主要功能如下：

1）网络协调器产生网络信标。

2）与信标同步。

3）支持个域网链路的建立和断开。

4）为设备的安全提供支持。

5）信道接入时采用免冲突载波检测多址接入（CSMA–CA）机制。

6）处理和维护保护时隙（GTS）机制。

7）在两个对等的 MAC 实体之间提供一个可靠的通信链路。

MAC 子层与 LLC 子层的接口中用于管理目的的原语仅有 26 条。相对于 Bluetooth 技术的 131 条和 32 个事件而言，IEEE 802.15.4 MAC 子层的复杂度很低，不需要高速处理器，因此降低了成本。

IEEE 802.15.4 MAC 层定义了两种信道接入方法，分别用于两种 ZigBee 网络拓扑结构中：基于中心控制的星形网络和基于对等操作的网状网络。在星形网络中，中心设备承担网络的形成与维护、时隙的划分、信道接入控制及专用带宽分配等功能，其余设备则根据中心设备的广播信息来决定如何接入和使用信道，这是一种时隙化的载波监听和冲突避免 CSMA CA 信道接入算法。在对等的网络中，没有中心设备控制，也没有广播信道和广播信息，而是使用标准的 CSMA CA 信道接入算法接入网络。

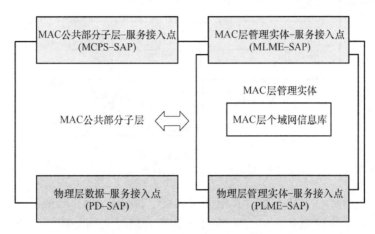

图 6-20　MAC 子层参考模型

　　总线型局域网在 MAC 层的标准是 CSMA CD，即载波监听多点接入 / 冲突检测。由于无线产品的适配器不易检测信道是否存在冲突，因此 IEEE 802.15 定义了一种新的协议，即载波监听多点接入 / 冲突避免。一方面，载波监听，即可查看介质是否空闲；另一方面避免冲突，通过随机的时间等待，使信号冲突发生的概率最小，当介质被监听到空闲时，优先发送。

6.4.4　网络层

　　ZigBee 堆栈是在 IEEE 802.15.4 标准的基础上建立的，而 IEEE 802.15.4 仅定义了协议的 MAC 和 PHY 层。ZigBee 设备应该包括 IEEE 802.15.4 的 PHY 和 MAC 层、ZigBee 堆栈层、网络层、应用层及安全服务管理。每个 ZigBee 设备都与一个模板有关。模板定义了设备的应用环境、设备类型及用于设备间通信的串（簇）。设备是以模板定义的，并以应用对象的形式实现。每个应用对象通过一个端点连接到 ZigBee 堆栈的余下部分。从应用角度上看，通信的本质是端点到端点的连接，它们之间的通信叫串，串就是端点间信息共享所需的全部属性的容器。

　　所有端点都使用应用支持子层提供的服务，APS 通过网络层（NWK）和安全服务提供层与端点连接，并为数据传送、安全和绑定提供服务。APS 使用 NWK 提供服务。NWK 负责设备到设备的通信，并负责网络中设备初始化所包含的活动、消息路由和网络发现。

　　网络层提供的功能是保证 IEEE 802.15.4/ZigBee 的 MAC 子层的正确操作，并为应用层提供一个合适的服务接口。网络层参考模型如图 6-21 所示，这些服务实体是数据服务和管理服务。

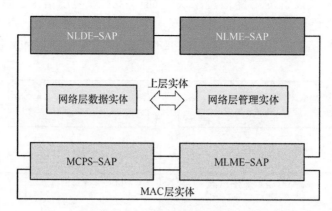

图 6-21　网络层参考模型

网络层数据实体（NLDE）通过其相关的 SAP、NLDE-SAP 提供了数据传输服务，而 NLME-SAP 提供了管理服务。NLME 使用 NLDE 来获得它的一些管理任务，且它还维护一个管理对象的网络信息库（NIB）。

网络层数据实体通过网络层数据实体服务接入点提供数据传输服务。网络层管理实体通过网络层管理实体服务接入点提供网络管理服务。网络层管理实体利用网络层数据实体完成一些网络的管理工作，并且完成对网络信息库的维护和管理。网络层通过 MCPS-SAP 和 MLME-SAP 接口，为 MAC 层提供接口，通过 NLDE-SAP 与 NLME-SAP 接口为应用层提供接口服务。

网络管理实体提供网络管理服务，允许应用与堆栈相互作用。其提供的服务如下：

1）配置一个新的设备。为保证设备正常工作的需要，设备应具有足够的堆栈，以满足配置的需要。配置选项包括对一个 ZigBee 协调器或者连接一个现有网络设备的初始化操作。

2）初始化一个网络，使之具有建立一个新网络的能力。

3）连接和断开网络。具有连接或者断开一个网络的能力，以及为建立一个 ZigBee 协调器或者路由器，具有要求设备同网络断开的能力。

4）寻址。ZigBee 协调器和路由器具有为新加入网络设备分配地址能力。

5）邻居设备发现。具有发现、记录和汇报有关一跳邻居设备信息的能力。

6）路由发现。具有发现和记录有效的传送信息的网络路由的能力。

7）接收控制。具有控制设备接收状态的能力，即控制接收机什么时间接收、接收时间的长短，以保证 MAC 层的同步或正常接收等。

网络层数据实体为数据提供服务，在两个或多个设备之间传送数据时，应用协议数据单元的格式进行传送，并且这些设备必须在同一个网络中，即在同一个内部个域网中。网络层数据实体可提供如下服务：

1）生成网络层协议数据单元（NPDU）。网络层数据实体通过增加一个适当的协议头，从应用支持层协议数据单元中生成网络层的协议数据单元。

2）指定拓扑传输路由。网络层数据实体能够发送一个网络层的协议数据单元到一个

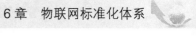

合适的设备，该设备可能是最终目的通信设备，也可能是在通信链路中的一个中间通信设备。

3）确保通信的真实性和机密性安全。

6.4.5 应用层

ZigBee 应用层框架包括应用支持子层（Application Support Layer）。应用支持子层的功能包括维持绑定表、在绑定的设备之间传送信息。

ZigBee 设备对象的功能包括：定义设备在网络中的角色，发起和响应请求，在网络设备之间建立安全机制。ZigBee 设备对象还负责发现网络的设备，并且决定向它们提供何种应用服务。

ZigBee 应用除了提供一些必要函数及为网络层提供合适的服务接口，一个重要的功能是应用者可在这层定义自己的应用对象。

通常符合下列条件之一的应用，就可以考虑采用 ZigBee 技术：

1）设备间距较小。

2）设备成本很低，传输的数据量很小。

3）设备体积很小，不允许放置较大的充电电池或者电源模块。

4）只能使用一次性电池，没有充足的电力支持。

5）无法做到频繁更换电池或反复充电。

6）需要覆盖的范围较大，网络内需要容纳的设备较多，网络主要用于监测或控制。

延伸阅读

ZigBee 的前身是 1998 年由 Intel、IBM 等产业巨头发起的"Homerflite"技术，随着我国物联网正进入发展的快车道，ZigBee 也正逐步被国内越来越多的用户接受。

在以数据信息为载体进行的传输中，ZigBee 技术使用起来比较安全，而且它的容量性很强，被广泛应用到人类的日常通信传输中。

1）实际生活的数据信息传输是以 ZigBee 无线传感技术为通信网络的依靠，可以建立很多网络连接点，依靠网络辅助器还可以实时传输数据通信。因此，信息容量大的数据传输是 ZigBee 技术的主要特点。为了避免在传输数据的时候发生信号碰撞，产生不稳定的传输，它采用了高效的碰撞避免机制，较好地保障了数据的安全传输。ZigBee 技术的另外一个优点是兼容性能很强大，在进行操作时，可以连接家庭中的控制网络，而且不会发生碰撞，能很好地与网络融合。

2）ZigBee 系统的持续时间不长，启动它的通信运作，仅用时 15～30 分钟。在这么简短的时间内，系统能够快速地接收到用户发来的一切信息，它的工作时间很短，能耗非常低。ZigBee 在收发信息时，每个节点都能很好地节约电。工作时间能够持续1～2年，可以满足每个家庭的普通需要。

总的来说，ZigBee 技术具有很多优点，作为一种新型技术，被普遍使用在很多网络技术上。

本章习题

1. 单选题

（1）下列选项不属于目前实力最大的三大射频识别标准组织的是（　　）。

A. EPC Global　　　B. UID　　　　　C. IP-X　　　　　D. ISO/IEC

（2）Bluetooth 协议栈的各种单元在逻辑上被分成三组，不包括下列的（　　）。

A. 传输协议组　　B. 中间件协议组　C. 应用组　　　　D. 网络组

（3）下列选项中全部属于中间件协议组协议的是（　　）。

A. RFCOMM、SDP、IrDA、TCP　　B. L2CAP、SDP、IrDA、TCP

C. L2CAP、LMP、IrDA、TCP　　　D. L2CAP、LMP、NDEF、TCP

（4）下列选项与 NFC 技术标准无关的是（　　）。

A. NFCIP-1　　　B. IEEE 802.15.4　C. ISO 14443　　D. ISO 18092

（5）下列选项介于无线标记技术和蓝牙之间的是（　　）。

A. RFID　　　　　B. Bluetooth　　　C. NFC　　　　　D. ZigBee

2. 填空题

（1）目前全球有五大射频识别标准组织：_____、_____、_____、_____和_____。

（2）RFID 标准体系主要由四部分组成，分别为_____、_____、_____和_____。

（3）中国 RFID 的框架体系主要包括_____、_____、_____和_____五方面内容。

（4）Bluetooth 传输协议组的协议是 SIG 为在设备间承载_____和_____业务而开发的传输协议。

（5）NFC 技术标准主要包含四层，分别为_____、_____、_____和_____。

（6）ZigBee 的基础是_____。

3. 简答题

（1）我国为什么要制定属于自己的 RFID 标准？

（2）通常符合什么条件的应用可以考虑采用 ZigBee 技术？

（3）Bluetooth 中间件协议组有哪些协议？分别是什么？

（4）简述 NDEF 协议？

参考文献

［1］ 刘多 . 物联网标准化进展［J］. 中兴通讯技术，2012，18（2）：5-9.

［2］ 吴奕甫 . 射频识别（RFID）技术分析及其应用研究［D］. 成都：西南石油大学，2011.

［3］ 彭潇 . RFID 标准化现状研究［C］// 2013 年全国无线电应用与管理学术会议论文集 . 2013：104-107.

［4］ 齐俊鹏，田梦凡，马锐 . 面向物联网的无线射频识别技术的应用及发展［J］. 科学技术与工程，2019，19（29）：1-10.

［ 5 ］　朱昭华 . 浅析蓝牙技术［ J ］. 电声技术，2018，42（4）：70-72.

［ 6 ］　NFC Forum. Smart poster record type definition technical specification［ J/OL ］. http://www.nfc-forum.org/specs/，2006-07-24.

［ 7 ］　NFC Forum. NFC data exchange format（NDEF）［ J/OL ］. http://www.nfc-forum.org/specs/，2006-07-24.

［ 8 ］　 NFC Forum. NFC record type definition（RTD）［ J/OL ］. http://www.nfc-forum.org/specs/，2006-07-24.

［ 9 ］　Andrew Wheeler, Ember Corporation. Commercial applications of wire-less sensor networks using ZigBee［ J ］. IEEE communications magazine，2007，（4）：70-77.

［10］　余艳伟，徐鹏飞 . 近距离无线通信技术研究［ J ］. 河南机电高等专科学校学报，2012，20（3）：18-20.

第7章

物联网安全与隐私

本章导读

物联网是一种虚拟网络与现实世界实时交互的新型系统，其无处不在的数据感知、以无线为主的信息传输、智能化的信息处理，一方面固然有利于提高社会效率，另一方面也会引起大众对信息安全和隐私保护问题的关注。

物联网安全是一个比较宏观的概念，如果以其涉及的个体数量为依据进行划分，可分为公共安全与个体安全两种；如果按其对应的目标或者对象划分的话，则可以分为生命、健康、财产、生产等与人们的生活密切相关的安全类型。也就是说，安全问题是人们日常生活、工作、学习过程中无法回避的问题。虽然物联网是一个信息空间与物理空间高度复杂的系统，且相关部门目前针对物联网安全仍然没有做出明确的定义，但是经过深入分析和研究后发现，物联网安全涉及的内容主要有以下三方面：首先，信息空间安全性，也就是为了确保物联网信息空间中相关信息的可用性、完整性及保密性，而采取的切实可行的技术与管理手段；其次，物理空间安全性，主要是以对物联网物理空间实施操作的方式，促进物联网应用可靠性与稳定性的有效提升；最后，物联网系统运行安全性，即通过为物联网系统提供安全保护措施的方式，确保物联网操作过程中各个环节的安全性。

隐私是人们在日常生活、学习过程中存在的不想被外人所知的秘密。隐私权则是指所有的自然人根据相关法律规定所享有的私人生活及私人信息的安全保护，以及避免他人通过非法手段获知或者利用的一种权利。在物联网技术迅速发展和应用的大背景下，智能物体所具有的超强感知能力，为全面且精准地掌握人们的隐私提供了便利。所以，怎样有效地解决物联网隐私问题已经引起了社会各界的广泛关注。必须强调的是，即便是在物联网技术高速发展的背景下，人们的隐私权也依然受到法律法规的保护[1]。

学习要点

1）了解 RFID 的安全解决方案。

2）掌握 WSN 的几种密钥分配模型。

3）了解常用的 WSN 路由协议的安全性分析。

4）了解三种入侵检测方案的工作原理。

7.1　物联网面临的安全问题

近年来，随着大数据、云计算、互联网通信、人工智能等技术的飞速发展，物联网被广泛应用于智能交通、智能家居、智慧医疗、智能建造等领域，为人们的生活带来了极大的便利。然而，它也为用户带来了一系列安全和隐私泄露问题，用户在物联网应用中请求数据、传输数据、存储数据及共享数据的过程中都存在个人隐私泄露的风险，降低了用户对物联网应用的接受度和可信度。因此，解决物联网中的安全和隐私泄露问题有利于促进物联网应用的进一步发展[2]。

物联网体系架构主要由感知层、网络层和应用层组成。

1）物联网感知层所面临的安全威胁主要是针对无线传感器网络及射频识别两个层面。针对无线传感器网络的安全威胁主要是来自于传感节点的数据采集及传输安全，由于传感节点部署的环境往往是无人监控区域，再加上无线自身就具有一定的开放性，所以，无线传输往往会受到外界的干扰及非法用户的攻击。

2）网络层主要负责传送传感层所采集的数据，使处理层能够对数据进行智能化分析及决策，物联网设备采用的技术往往是无线技术，但是无线数据存在一定的危险性，往往会出现被窃听或者修改等现象。

3）物联网应用层的安全威胁主要来自于数据处理、认证机制及业务控制等方面。由于大部分传感节点都无人值守，因此节点业务配置就成了一大问题。在物联网应用的过程中，用户的隐私数据将会被传感节点大量收集，很有可能会造成泄露[3]。

在物联网技术应用中面临的安全问题主要包括以下三个方面[4]。

1）信息滥用问题。物联网在人与网络之间搭建了能够互动的桥梁，在物联网不断发展的今天，个人隐私的获取会被商家当成一项具备收益的方式，他们将各式各样的信息进行收集，并对信息进行合理的分类，从而对一个或者多个信息进行完整的盗取，而这些信息对商家而言是一个具有经济效益的卖点。很多网站的运行人员擅自收集并推送用户的信息，乃至将其用作金钱的交易，这种情况便被称为信息滥用。

2）通信窃听。网络系统在进行 RFID 技术的运用时，每一项物体都会被贴上 RFID 标签，窃听者能够进行通信的窃听。此情况不仅导致技术层面出现影响，更严重的是会触犯法律。与此同时，传输平台也在一定程度上暴露了自己，在暴露的情况下，对传感器进行干扰是非常容易的。所以，窃听者的主要攻击形式为传感器网络假冒攻击，这也是在日常生活中不得不解决的问题。

3）网络病毒。当前，有很多病毒制造者将病毒置于网络之中，影响人们的网络体验。如果病毒足够强大，会让整个国家面临巨大的威胁，尤其是在国家的重要基础部门，如教育领域、医疗领域等。除此之外，如果交通枢纽被病毒影响，加油站也会出现无法工作的情况。网络病毒会让很多国家重要的基础设施被迫停止运行，直接影响人们的日常生活与工作。

7.1.1　从信息处理过程看物联网安全

物联网既具有各种传统网络的安全问题，又存在着一些与自身技术标准特性相关的

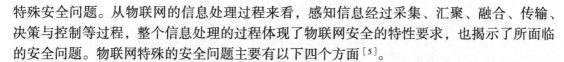

特殊安全问题。从物联网的信息处理过程来看，感知信息经过采集、汇聚、融合、传输、决策与控制等过程，整个信息处理的过程体现了物联网安全的特性要求，也揭示了所面临的安全问题。物联网特殊的安全问题主要有以下四个方面[5]。

1. 从感知网络的信息采集、传输与信息安全问题

感知网络中信息采集和传输中的安全问题，包括感知节点的本地安全及感知信息的传输安全。由于物联网的应用可以取代人来完成一些复杂、危险和机械的工作，物联网机器／感知节点，包括射频识别装置、红外感应器、全球定位系统、激光扫描器、传感器节点等信息传感设备，多数部署在无人监控的场景中，如用于野外环境监测的传感器节点等。攻击者可能会接触到这些设备，对它们造成破坏，甚至通过本地操作更换感知节点的软／硬件等。如何确保感知节点的安全可靠性是感知网络安全的一个重要的问题。

另外，在感知信息的传输中，由于感知节点通常情况下功能简单（如自动温度计）、携带的能量少（使用电池），使得它们无法拥有复杂的安全保护能力，无法完成复杂的加密、解密操作，这使得感知信息在传递过程中容易遭到窃听、篡改、伪造等。同时，由于感知网络多种多样，从温度测量到水文监控，从道路导航到自动控制，它们的数据传输和消息也没有特定的标准，所以很难提供统一的安全保护体系。

感知网络是物联网络的信息采集和获取的部分，是物联网应用最基础的数据来源部分，因此，这些采集点本身要能够被认证，确保不是非法的节点。同时，为了应对节点被敌手控制，需要建立一定的信任机制，以检测恶意节点。另外，传感网络在信息传递过程中还要保证数据的机密性、完整性。

2. 核心网络的传输与信息安全问题

核心网络是指接收到感知信息后负责将感知信息传输到业务处理系统的通信网络，包括传统意义上的有线网络、GSM、WCDMA 及 4G/5G 网络等。相对而言，核心网络的安全问题已有很多研究，并且有了较为成熟的传统安全解决方案，包括网络认证、加密保护、数字签名、入侵检测、防火墙、内容信息过滤等。

但是物联网的应用又带来了一些新的安全问题。如由于物联网中节点数量庞大，且以集群的方式存在，因此更容易导致数据在传播时，由于大量机器的数据发送使网络拥塞，产生拒绝服务攻击。同时，异构网络的信息交换将成为安全性的脆弱点，特别是在网络认证方面，难免存在中间人攻击和其他类型的攻击（如异步攻击、合谋攻击等），这些攻击都需要有更高的安全防护措施。

在物联网传输层通常会遇到下列安全挑战：DoS 攻击、DDoS 攻击，假冒攻击、中间人攻击等，跨异构网络的网络攻击。因此，针对物联网核心层的安全架构主要包括如下四个方面：

1）节点认证、数据机密性、完整性、数据流机密性、DDoS 攻击的检测与预防。

2）移动网中 AKA 机制的一致性或兼容性、跨域认证和跨网络认证（基于国际移动用户识别码 IMSI）。

3）相应密码技术，密钥管理（密钥基础设施 PKI 和密钥协商）、端对端加密，以及节点对节点加密、密码算法和协议等。

4）组播和广播通信的认证性、机密性和完整性安全机制。

3. 物联网支撑业务平台的安全问题

支撑物联网的业务平台是接收感知信息并进行存储、处理的系统。目前,由于物联网仍处于发展的初级阶段,主要围绕 M2M 的业务应用展开,各业务应用和管理平台仍处于孤立和垂直的状态,相对比较零散。进一步的发展要求不同行业平台之间实现互连互通、协同处理,实现物联网业务的规模化运营。

从传感器网络接入平台的需求来看,主要集中在安全接入和标准化接入两个主要方面。

(1)安全接入方面 由于传感器大部分都是无人值守并且长期持续工作的,所以运营支撑平台必须充分考虑对传感器的安全性进行即时监测。首先,在保证传感器自身遵循安全的设计前提下,平台必须对传感器自身的健康程度进行检测并及时告警。其次,传感器持续或者间歇地回传大量的数据信息,平台必须保证传感器与业务系统之间的信息交互的安全性。

(2)标准化接入方面 由于目前缺少统一的通信协议,使得多个行业和多个厂家的传感器终端无法统一接入运营商的网络及业务平台,无法实现传感终端的统一认证和管理。目前,中国移动推出了 WMMP 协议(Wireless M2M Protocol)、中国电信相应推出了 MDMP 协议(M2M Device Management Protocol),分别用于规范在各自平台上接入的终端设备。

从物联网运营的角度,首先,物联网业务运营支撑平台能够对原有语音、彩信、短信等电信业务能力进行封装,提供开放接口,从而降低业务创新的难度。其次,平台需要具备透明的认证鉴权、接入计费、网管、业务支撑等功能,同时为所有的物联网业务者提供统一的运营维护、管理界面。再次,平台必须提供不同行业应用系统、社会公共服务系统(120、110 和 119 等)的接入,实现行业信息的整合,提供大量数据的存储、分析和挖掘,具有云计算的能力。还有,该平台需要具有开放、灵活、异构的架构,不但能够与传感器网络、移动接入及宽带接入网络等无缝集成,而且能够与现有的运营商已有的承载网和业务网无缝集成,平台具备可扩展性、易融合性等。此外,平台须具备完善的管理能力,实现统一的合作伙伴的管理、统一的用户管理、统一的业务产品管理、统一的订购管理、统一的认证授权管理等。

从业务提供者的角度,希望专注于业务应用的开发,关注业务数据和业务流程的处理,期望简单、快速的业务开发环境,不希望分散精力处理不同的传感器、不同的电信能力,以及不同的门户系统。首先,平台需要对提交的物联网业务开发需求,自动匹配适合的传感器资源,并对传感器与业务平台进行对应登记注册。其次,提供标准的开发接口,开发传感器与平台的交互界面,编写详细的数据上传、下载、存储及其他业务交互流程,并根据需要,激活诸如语音、视频、短信、计费、网管、故障、告警等其他的工作。

从物联网业务的使用者角度,由于物联网本身具有的复杂性、普遍性,因此每个用户可能有多个物联网应用、有多种方式接入,用户希望可以像使用水、电一样方便地接入、使用物联网业务,有自己的业务申请注册管理界面,有自己的费用结算、充值划账界面,有自己的鉴权管理、委托管理、查询统计、多种提醒等功能。

综上所述,未来的物联网支撑平台提供业务提供者、业务使用者和多终端的接入,是服务请求递交、信息存储与处理的核心。从安全的角度来说,主要涉及接入认证(包括

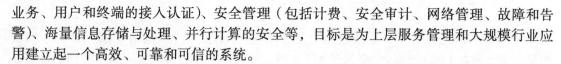

业务、用户和终端的接入认证）、安全管理（包括计费、安全审计、网络管理、故障和告警）、海量信息存储与处理、并行计算的安全等，目标是为上层服务管理和大规模行业应用建立起一个高效、可靠和可信的系统。

4. 应用层的信息安全问题

应用层设计的是综合的或有个体特性的具体应用业务，它所涉及的某些安全问题是通过前面几个逻辑层的安全解决方案可能仍然无法解决的。在这些问题中，隐私保护就是典型的一种。无论感知层、核心网络还是业务支撑层，都不涉及隐私保护的问题，但它是一些特殊应用场景的实际需求，即应用层的特殊安全需求。物联网的数据共享有多种情况，涉及不同权限的数据访问。此外，在应用层将涉及知识产权保护、计算机取证、计算机数据销毁等安全需求和相应技术。

应用层的安全挑战和安全需求主要来自下述几个方面：

1）如何根据不同访问权限对同一数据库内容进行筛选。

2）如何提供用户隐私信息保护，同时又能正确认证。

3）如何解决信息泄漏追踪问题。

4）如何进行计算机取证。

5）如何销毁计算机数据。

6）如何保护电子产品和软件的知识产权。

由于物联网需要根据不同应用需求对共享数据分配不同的访问权限，而且不同权限访问同一数据可能得到不同的结果。如道路交通监控视频数据用于城市规划时，只需要很低的分辨率，城市规划需要的是交通堵塞的大概情况；用于交通管制时，就需要清晰一些，需要知道交通的实际情况，以便及时发现哪里发生了交通事故，以及交通事故的基本情况等；用于公安机关侦查立案时，可能需要更清晰的图像，以便能准确识别汽车牌照等信息。因此，如何以安全方式处理信息是应用中的一项挑战。

随着个人和商业信息的网络化，越来越多的信息被认为是用户的隐私信息，需要隐私保护的应用至少包括如下几种：

1）移动用户既需要知道（或被合法知道）其位置信息，又不愿意非法用户获取该信息。

2）用户既需要证明自己合法使用某种业务，又不想让他人知道自己在使用某种业务，如在线游戏。

3）病人急救时需要及时获得该病人的电子病历信息，但又要保护该病历信息不被非法获取，包括病历数据管理员。事实上，电子病历数据库的管理人员可能有机会获得电子病历的内容，但隐私保护采用某种管理和技术手段使病历内容与病人身份信息在电子病历数据库中无关联。

4）许多业务需要匿名性，如网络投票。

很多情况下，用户信息是认证过程的必需信息，如何对这些信息提供隐私保护，是一个具有挑战性的问题，但又是必须要解决的问题。如医疗病历的管理系统需要病人的相关信息来获取正确的病历数据，但又要避免该病历数据跟病人的身份信息相关联。在应用过程中，主治医生知道病人的病历数据，这种情况下对隐私信息的保护具有一定困难性，但可以通过密码技术手段掌握医生泄漏病人病历信息的证据。

在使用互联网的商业活动中，特别是在物联网环境的商业活动中，无论采取了什么技术措施，都很难避免恶意行为的发生。如果能根据恶意行为所造成后果的严重程度给予相应的惩罚，那么就可以减少恶意行为的发生。技术上，这需要搜集相关证据，因此，计算机取证就显得非常重要。这有一定的技术难度，主要是因为计算机平台种类太多，包括多种计算机操作系统、虚拟操作系统、移动设备操作系统等。与计算机取证相对应的是数据销毁。数据销毁的目的是销毁那些在密码算法或密码协议实施过程中所产生的临时中间变量，一旦密码算法或密码协议实施完毕，这些中间变量将不再有用。但这些中间变量如果落入攻击者手里，可能为攻击者提供重要的参数，从而增大攻击成功的可能性。因此，这些临时中间变量需要及时、安全地从计算机内存和存储单元中删除。计算机数据销毁技术不可避免地会为计算机犯罪提供证据销毁工具，从而增大计算机取证的难度。因此，如何处理好计算机取证和计算机数据销毁这对矛盾是一项具有挑战性的技术难题，也是物联网应用中需要解决的问题。

另外，由于物联网的主要市场将是商业应用，在商业应用中存在大量需要保护的知识产权产品，包括电子产品和软件等。在物联网的应用中，对电子产品的知识产权保护将会提高到一个新的高度，对应的技术要求也是一项新的挑战。

基于上述物联网综合应用层的安全挑战和安全需求，需要如下的安全机制：

1）有效的数据库访问控制和内容筛选机制。

2）不同场景的隐私信息保护技术。

3）叛逆追踪和其他信息泄漏追踪机制。

4）有效的计算机取证技术。

5）安全的计算机数据销毁技术。

6）安全的电子产品和软件的知识产权保护技术。

针对这些安全架构，需要发展相关的密码技术，包括访问控制、匿名签名、匿名认证、密文验证（包括同态加密）、门限密码、叛逆追踪、数字水印和指纹技术等。

7.1.2 从安全性需求看物联网安全

从保护要素的角度来看，物联网的保护要素仍然是机密性、完整性、可用性、可鉴别性与可控性。

信息隐私是物联网信息机密性的直接体现，如感知终端的位置信息是物联网的重要信息资源之一，也是需要保护的敏感信息。在数据处理过程中同样存在隐私保护问题，如基于数据挖掘的行为分析等，要建立访问控制机制，控制物联网中信息采集、传递和查询等操作，不会由于个人隐私或机构秘密的泄漏而对个人或机构造成伤害。信息的加密是实现机密性的重要手段，由于物联网的多源异构性，使密钥管理显得更为困难，特别是对感知网络的密钥管理是制约物联网信息机密性的瓶颈。

物联网的信息完整性和可用性贯穿了物联网数据流的全过程，网络入侵、拒绝攻击服务、Sybil 攻击、路由攻击等都会使信息的完整性和可用性受到破坏。同时，物联网的感知互动过程也要求网络具有高度的稳定性和可靠性。物联网与许多应用领域的物理设备相关联，要保证网络的稳定可靠，如在仓储物流应用领域，物联网必须是稳定的，要保证网络的连通性，不能出现互联网中电子邮件时常丢失等问题，不然无法准确地检测进库和出库的物品。

可鉴别性是要构建完整的信任体系，以保证所有的行为、来源、数据的完整性等都是真实可信的；可控性是物联网最为特殊的地方，是要采取措施来保证物联网不会因为错误而带来控制方面的灾难，包括控制判断的冗余性、控制命令传输渠道的可生存性、控制结果的风险评估能力等。

总之，物联网要解决的安全问题既包含了现有通信网、互联网中依然存在的安全问题，又包括了物联网自身特色所面临的特殊需求，如隐私问题、可控性问题、感知网络的安全性问题等。从保障物联网安全的技术来说，现有的安全技术可以在一定程度保障物联网部分的应用安全，但也在很多方面面临着新的挑战。图 7-1 所示为物联网安全技术架构，可以看出，信息安全的核心技术仍然是以密码学为基础的，随着物联网的发展，除了现有互联网上广泛使用的结合公钥的 PKI 公钥基础设施，面向感知终端的要求，需要进一步研究轻量级高效安全的加密和密钥管理机制，对应于终端认证和感知信息加密传输的要求，需要研究高效的密码算法和高速密码芯片。另外，互联网上的 DDoS（Distributed Denial of Service，分布式拒绝服务）攻击本身就很难防范，由于大量物理终端的引入，物联网的应用可能使这一问题更为突出，需要进一步研究 DDoS 攻击检测与防御技术。针对应用层的数据隐私保护，需加强身份认证和访问控制；同时，为了达到泄密追踪和取证的目的，需要加强安全审计的内容。目前，物联网的发展还是初级阶段，关于物联网的安全研究任重而道远。

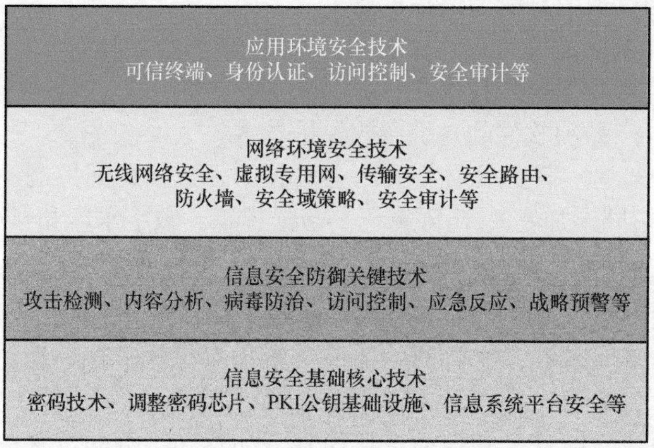

应用环境安全技术
可信终端、身份认证、访问控制、安全审计等
网络环境安全技术
无线网络安全、虚拟专用网、传输安全、安全路由、 防火墙、安全域策略、安全审计等
信息安全防御关键技术
攻击检测、内容分析、病毒防治、访问控制、应急反应、战略预警等
信息安全基础核心技术
密码技术、调整密码芯片、PKI公钥基础设施、信息系统平台安全等

图 7-1　物联网安全技术架构

延伸阅读

虽然在早期，网络威胁主要针对企业 IT 设施，但在现代世界中，网络威胁变得更加广泛和频繁。以下是一些现实生活中发生的网络攻击事件。

1）通过暖通空调（HVAC）系统进入网络导致数据泄露。Target 公司是美国十大零售商之一。根据媒体的报道，黑客窃取了该公司 4000 万个信用卡号码，这是全球规模最大的数据泄露事件之一。黑客窃取了第三方 HVAC 供应商的凭证，进入 HVAC 系统，然后获得了对企业网络的访问权限。

2）Subway PoS 遭遇黑客攻击。目前有一些与 PoS 相关的安全漏洞报告，Subway PoS 的漏洞导致了 1000 万美元的损失，Subway 公司至少有 150 个特许经营店成为攻击目标。美国图书销售商 Barnes&Noble 公司也发生了一起类似的黑客攻击事件，其中 63 家商店的信用卡读卡器遭到攻击和破坏。

3）SamSam 勒索软件。该软件于 2018 年袭击了美国科罗拉多州交通部和圣地亚哥港等管理部门，并突然中止了他们的服务。

尽管一些国家和地区发布了一些物联网法规，但它们不足以减轻网络攻击所涉及的风险。在遏制网络攻击方面，美国加利福尼亚州拥有合理的安全级别法规。同样，英国实施了独特密码政策，企业必须为连接到当地 IT 基础设施的物联网设备提供明确的联系方式，以披露漏洞和定期进行安全更新。尽管这些法规准则受到许多安全评论员的欢迎，但对于谁将执行这些政策并不清楚。因此仅依靠监管政策很难跟上网络攻击者实施的攻击。

7.2 RFID 的安全问题

RFID 是自动识别技术的一种，即通过无线射频的方式进行非接触双向数据通信从而对目标加以识别并获取相关数据。与传统的识别方式相比，RFID 技术无须直接接触、无须光学可视、穿透性好、无须人工干预即可完成信息输入和处理，抗污染能力和耐久性强，可在恶劣环境下工作，读取距离远，且操作方便快捷，能够广泛应用于生产、物流、交通、运输、医疗、防伪、跟踪、设备和资产管理等需要收集和处理数据的应用领域。

随着 RFID 能力的提高和标签应用的日益普及，与之相关的安全问题，特别是用户隐私问题变得日益严重。越来越多的商家和用户担心系统的安全和隐私保护问题，即在使用 RFID 系统过程中如何确保其安全性和隐私性，防止个人信息、商业信息和财产等丢失。因此，在应用 RFID 时，必须仔细分析存在的安全威胁，研究和采取适当的安全措施，既需要技术方面的措施，也需要政策、法规方面的制约。

7.2.1 RFID 的安全和隐私问题

随着电子标签逐步应用到单品级消费品，其安全问题和隐私问题已经成为制约其进一步发展的瓶颈。RFID 系统当初的设计思想是系统对外应用是完全开放的，这是 RFID 系统出现安全隐患的根本原因。另外，标签和阅读器是在不安全的无线信道中通信，在标签上执行加、解密运算需要耗用较多的处理器资源，会给轻便、廉价、成本可控的 RFID 标签增加额外的开销。因此一些优秀的安全工具未能嵌入到 RFID 标签的硬件中，这也是 RFID 标签出现安全隐患的重要原因。安全问题会出现在 RFID 标签、读写器、通信网络和数据存储等各个环节。由于信息安全问题的存在，RFID 技术至今尚未普及到极为重要的关键任务中。如果没有可靠的安全机制，就无法有效保护整个系统中的数据信息，如果该信息被窃取或者恶意篡改，就会给应用 RFID 技术的企业、个人和政府机关带来无法估量的损失。特别是对于没有可靠安全机制的电子标签，存在被干扰、被跟踪等安全隐患。同时，RFID 标签还可能被政府组织或商业使用，用于跟踪和追溯人们的行为和财产，消费者组织认为这样侵犯了个人保护隐私的权利[6]。

1. RFID 系统中安全与隐私的区别

在 RFID 系统中，尽管安全与隐私在很多场合是通用的，但是理解二者之间的区别同样也很重要，这将有助于设计一个有效的方案去解决安全与隐私问题。图 7-2 所示为RFID 系统中安全与隐私的区别。

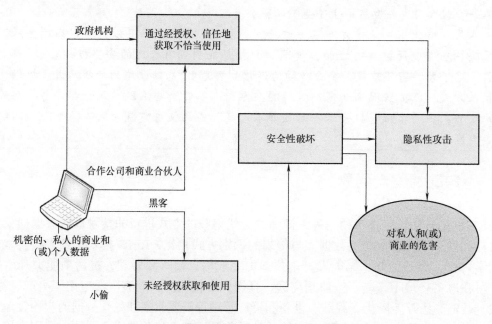

图 7-2　RFID 系统中安全与隐私的区别

安全是指下面的一个或者多个元素：机密性（消息内容的安全）、完整性、发送方和接收方的身份认证、有效性（可用性）。这四个元素主要来自安全需求的角度。安全所关注的问题是保护 RFID 系统中的保密数据不被未经授权方获取和操纵，以及考虑 RFID 系统安全方面弱点和针对这些弱点的解决方法。只要是被认为和人、企业和对象相关的机密数据都应该得到保管和保护，以及有预谋的安全方面的破坏，包括偷窃数据及通过第三方谋取利益、造成危害或者蓄意犯罪的使用相关数据。

相对于安全的概念而言，隐私则是一个包含了政策、法律等多领域的多元概念。关于隐私方面争论最激烈的话题本质上和安全并没有关系，而主要和一些经过授权收集的私人数据有关。这些数据可能存在被授权人不恰当使用或者滥用的可能性。由于电子标签可能被很远的距离进行读取，消费者十分担心电子标签的信息被盗取，侵犯消费者的隐私。如电子标签所携带的数据可以被零售商搜集和利用，消费者的采购习惯或许还有其他信息，被采集以后可以出售给需要的人或者集团，进行目标营销，从而向不知情的消费者发送特定的广告等。通常评价系统隐私的一个标准是看其是否提供了匿名性。从某种程度上来说，隐私也可以被认为是安全问题的一种。

2. RFID 安全问题

RFID 应用广泛，可能引发各种各样的安全问题。如攻击者可以利用合法阅读器或者自己构造一个阅读器对标签实施非法接入，造成标签信息的泄露，攻击者也可以篡改标签

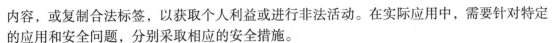

内容，或复制合法标签，以获取个人利益或进行非法活动。在实际应用中，需要针对特定的应用和安全问题，分别采取相应的安全措施。

具体来说，对于通常的系统而言，存在的安全风险通常包括下面几种：

（1）物理攻击　对于物理系统的威胁，可以通过系统远离电磁干扰，加不间断电源（UPS），及时维修故障设备来解决。

（2）非法访问　非法用户可以利用读写器直接与标签通信，获取标签内所存数据。对于可读写的标签而言，还面临数据被改写的风险。对于这类危险，一般通过访问控制来解决。

（3）伪造攻击　指伪造电子标签，以产生系统认可的"合法用户标签"。采用该手段实现攻击的代价高，周期长。要通过加强系统管理来避免这种攻击的发生。

（4）假冒攻击　在射频通信网络中，电子标签和读写器之间不存在任何固定的物理连接，电子标签必须通过射频信道传送其信息身份，以便读写器能够正确鉴别它的身份。射频信道中传送任何信息都可以窃听。攻击者截获一个合法用户的身份信息时，就可以利用这个身份信息来假冒该合法用户的身份入网，这就是所谓的假冒攻击。通常来讲，解决假冒攻击问题的主要途径是执行认证协议和数据加密。

（5）重放攻击　指攻击者通过某种方式将用户的某次消费过程或身份验证记录重放，或将窃听到的有效信息经过一段时间后才传给信息的接收者，骗取系统的信任，达到其攻击目的。此类攻击对基于局域网的电子标签信息系统的威胁比较大，需要加强对访问的安全加入，采用传输数据加密等方式防止系统被攻击。

（6）信息篡改　指攻击者将窃听到的信息篡改（如删除或替代信息）之后，再将信息传送给原本的接收者。这种攻击的目的有两个：一是攻击者恶意破坏合法标签的通信内容，阻止合法标签建立通信连接；二是攻击者将修改的内容传送给接收者，企图欺骗接收者相信该修改的信息是由一个合法的用户在传递的。

（7）去同步化　指通过使标签和后台服务器所存储的信息不一致导致标签失效的一种威胁。读写器对标签有读和写两种操作，在现实的 RFID 应用中，写操作的内容主要是标签 ID，攻击者通过对写操作（如更新 ID）的攻击而带来去同步化问题。

（8）窃听　由于读写器和标签之间，读写器和后台数据库之间都是无线通信，攻击者可以中途读取它们之间通信的有效信号，从而执行加强的攻击，如重放或者伪造攻击。

（9）追踪　不同于前面的攻击，追踪是一种对人有威胁的安全问题，攻击者通过标签的响应信息来追踪标签。因此，一个 RFID 系统应该满足不可分辨性（Indistinguishability）和前向安全（Forward Security）。不可分辨性是包含在 ID 匿名（Anonymity）中的一个概念，意味着一个标签所发出的信息与其他标签所发出的信息具有不可分辨性，即与 ID 无关；前向安全则是指，如果一个攻击者获取了该标签先前发出的信息，那么攻击者用该先前获取的信息不能够确定该标签。通常 Hash 函数的随机特性和随机数可用来解决该类问题。

此外，射频通信网络也面临着病毒攻击等威胁，这些攻击的目的不仅在于窃取信息和非法访问网络，而且阻止网络的正常工作，病毒威胁通常可以通过 RFID 中间件的过滤功能来去除。在物理层还可能发生电磁干扰（Jamming）、能量分析、克隆（Clone）等安全问题。

3. RFID 隐私问题

通常认为 RFID 系统面临更加严峻的隐私保护问题，即标签信息泄漏和利用标签的唯一标识符进行的恶意跟踪[7]。

（1）信息泄露 信息泄露是指暴露标签发送的信息，该信息包括标签用户或者是识别对象的相关信息。如当 RFID 标签应用于医院处方药物管理时，很可能暴露药物使用者的病理，隐私侵犯者可以通过扫描服用的药物推断出某人的健康状况。当个人信息如电子档案、生物特征添加到 RFID 标签里时，标签信息泄露问题便会极大地危害个人隐私。如美国原计划 2005 年 8 月在入境护照上装备电子标签的计划，因为考虑到信息泄露的安全问题而被推迟。

（2）恶意跟踪 RFID 系统后端服务器提供有数据库，标签不需包含和传输大量的信息。通常情况下，标签只需要传输简单的标识符。然后，通过这个标识符访问数据库获得目标对象的相关数据和信息。因此，可通过标签固定的标识符实施跟踪，即使标签进行加密后不知道标签的内容，仍然可以通过固定的加密信息跟踪标签。也就是说，持有阅读器的人可以获取标签的位置信息。这样，隐私侵犯者可以通过标签的位置信息获取标签用户的行踪。

RFID 系统根据分层模型可划分为应用层、通信层和物理层三层，如图 7-3 所示，恶意跟踪可分别在这三个层次内进行。

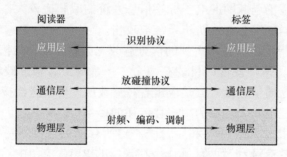

图 7-3　RFID 的层次模型

（1）应用层 处理用户定义的信息，如标识符。为了保护标识符，可在传输前变换该数据，或仅在满足一定条件时传送该信息。标签识别、认证等协议在该层定义。

（2）通信层 定义阅读器和标签之间的通信方式。防冲突协议和特定标签标识符的选择机制在该层定义。该层的跟踪问题来源于两个方面：一是基于未完成的单一化会话攻击，二是基于缺乏随机性的攻击。

（3）物理层 定义物理空中接口，包括频率、传输调制、数据编码、定时等。在阅读器和标签之间交换的物理信号使对手在不理解所交换的信息的情况下，也能区别标签或标签集。

4. RFID 安全和隐私问题分析

下面，根据 EPC Global 标准组织定义的 EPC Global 系统架构和一条完整的供应链，纵向和横向分别描述 RFID 面临的安全威胁和隐私威胁。

（1）EPC Global 系统的纵向安全与隐私问题分析 EPC Global 系统架构和所面临的安全威胁如图 7-4 所示，主要由标签、阅读器、电子物品编码（Electronic Product Code，

EPC）中间件、电子物品编码信息系统（EPCIS）、物品域名服务（ONS）及企业的其他内部系统组成。其中 EPC 中间件主要负责从一个或多个阅读器接收原始标签数据，过滤重复等冗余数据；EPCIS 主要保存有一个或多个级别的事件数据；ONS 主要负责提供一种机制，允许内部、外部应用查找 EPC 相关 EPCIS 数据。

从下到上，可将 EPC Global 整体系统划分为三个安全域：标签和阅读器构成的无线数据采集区域构成的安全域、企业内部系统构成的安全域、企业之间和企业与公共用户之间供数据交换和查询网络构成的安全区域。个人隐私威胁主要可能出现在第一个安全域，即标签、空中无线传输和阅读器之间，有可能导致个人信息泄漏和被跟踪等。另外，个人隐私威胁还可能出现在第三个安全域，如果 ONS 的管理不善，也可能导致个人隐私的非法访问或滥用。安全与隐私威胁存在于如下各安全域：

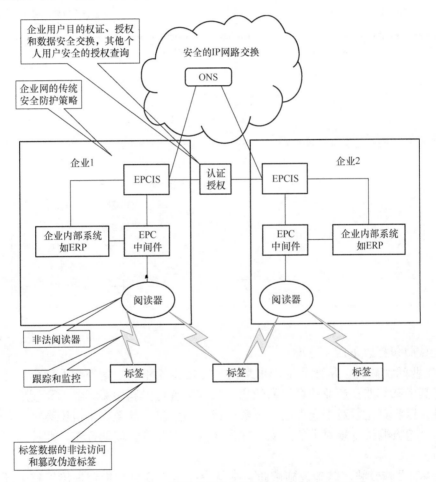

图 7-4　EPC Global 整体系统架构和面临的安全与隐私问题

EPC—电子物品编码　ERP—企业资源管理
EPCIS—电子物品编码信息系统　ONS—物品域名服务

1）标签和阅读器构成的无线数据采集区域构成的安全域。可能存在的安全威胁包括标签的伪造，对标签的非法接入和篡改，通过空中无线接口的窃听、获取标签的有关信息，以及对标签进行跟踪和监控。

2）企业内部系统构成的安全域。企业内部系统构成的安全域存在的安全威胁与现有企业网一样，在加强管理的同时，既要防止内部人员的非法或越权访问与使用，还要防止非法阅读器接入企业内部网络。

3）企业之间和企业与公共用户之间供数据交换和查询网络构成的安全区域。ONS 通过一种认证和授权机制，以及根据有关的隐私法规，保证采集的数据不被用于其他非正常目的的商业应用和泄漏，并保证合法用户对有关信息的查询和监控。

（2）供应链的横向安全和隐私问题分析　一个较完整的供应链及其面对的安全与隐私问题如图 7-5 所示，包括供应链内、商品流通和供应链外三个区域，具体包括商品生产、运输、分发中心、零售商店、商店货架、付款柜台、外部世界和用户家庭等环节。

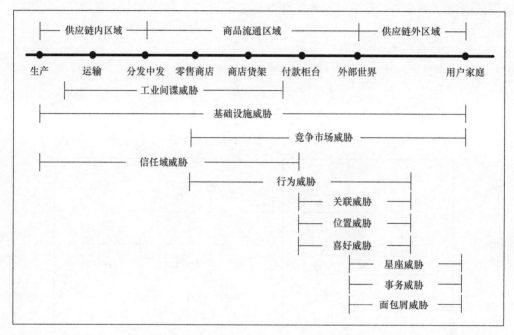

图 7-5　供应链组成和面临的安全威胁与隐私威胁

安全威胁包括以下四个方面：

1）工业间谍威胁。从商品生产出来到售出之前各环节，竞争对手可容易地收集供应链数据，其中某些涉及产业的最机密信息。如攻击者可以利用阅读器远程读取竞争对手仓库的标签，以收集竞争对手仓库的存货数量或商品信息，甚至取得机密数据。营销竞争对手可从数个地方购买竞争对手的产品，在商店内或在卸货时读取标签，监控这些产品的位置补充情况。

2）基础设施威胁。基础设施威胁包括从商品生产到付款柜台售出等整个环节，攻击者可以使用特殊设备，持续发送无线射频信号来干扰标签或读取器，导致标签跟读取器无法正常进行通信，从而导致 RFID 系统瘫痪，属于拒绝服务（DoS）攻击。当 RFID 成为一个企业基础设施的关键部分时，这种通过阻塞无线信号的攻击方式，可使企业基础设施遭到新的拒绝服务攻击。

另外，由于标签上有内存可用来储存额外信息，若恶意的使用者用来存放与传播恶意的编码，将可能影响读取器的正常存取功能。国外已有研究指出，攻击者可在标签植入恶意 SQL 语法进行 SQL 注入攻击，造成后端系统中毒，并可感染其他正常标签，再通过受感染的卷标感染其他后端系统。

3）竞争市场威胁。从商品到达零售商店直到用户在家使用等环节，携带着标签的物品使竞争者可容易地获取消费者购物偏好信息，从而利用这些信息进行营销竞争。

4）信任域威胁。信任域威胁包括从商品生产到付款柜台售出等整个环节，由于 RFID 系统的使用，需要在各环节之间共享大量的电子数据。如标签的相关信息会在上下游厂商之间通过网络方式共享，而此共享的管道即有可能受到攻击者的入侵，某个不适当的共享机制将提供新的攻击机会，因此公司需要对信息系统可信赖的边界重新界定。

个人隐私通常是指消费者的身份隐私、购物隐私和行踪隐私，包括以下七个方面：

1）行为威胁。由于标签标识的唯一性，可以很容易地与一个人的身份相联系。可以通过监控一组标签的行踪而获取一个人的行为。

2）关联威胁。在用户购买一个携带标签的物品时，可将用户的身份与该物品的电子序列号相关联，这类关联可能是秘密的，甚至是无意的。

3）位置威胁。在特定的位置放置秘密的阅读器，可产生两类隐私威胁：一类是如果监控代理知道那些与个人关联的标签，那么携带唯一标签的个人可被监控，其位置将被暴露；另一类是，一个携带标签的物品的位置易于未经授权地被暴露。

4）喜好威胁。利用网络，物品上的标签可唯一地识别生产者、产品类型、物品的唯一身份。这使竞争者以非常低的成本就可获得宝贵的用户喜好信息。如果对手能够容易地确定物品的金钱价值，这实际上也是一种价值威胁。

5）星座威胁。无论个人身份是否与一个标签关联，多个标签可在一个人的周围形成一个唯一的星座，对手可使用该特殊星座实施跟踪，而不必知道他们的身份，即前面描述的利用多个标准进行的跟踪。

6）事务威胁。当携带标签的对象从一个星座移到另一个星座时，在与这些星座关联的个人之间，可容易地推导出发生的事务。

7）面包屑威胁。属于关联结果的一种威胁。因为个人收集携带标签的物品，然后在公司信息系统中建立一个与他们的身份关联的物品数据库。当他们丢弃这些"电子面包屑"时，在他们和物品之间的关联不会中断。使用这些丢弃的面包屑可实施犯罪或某些恶意行为。

7.2.2　RFID 的安全解决方案

标准化实体组织 Auto ID 实验室最初的想法是在 RFID 电子标签中集成一个杀死功能。完全杀死标签可以完美地阻止扫描和跟踪，但同时以牺牲电子标签功能和售后服务为代价。在标签发送信息之前对标签标识符加密是隐私保护的另一种方法。如果所有的标签都使用相同的密钥，这种情况下的安全问题是明显的，对手一旦破解了一个标签，他获得的标签信息将会危害整个系统的安全。

要是每个标签都使用不同的密钥，那需要考虑两种情况。第一种情况，加密是确定的，加密后标签的信息得到了保护，但是因为标签返回的是固定的加密信息，可以看作一个标记被隐私侵犯者利用追踪标签，获得标签用户定位隐私。第二种情况，加密是随机的，带来了复杂性问题，标签识别时，阅读器需要搜索后端服务器数据库中所有存储的标签信息找到与请求的标签匹配的信息。这种验证机构不知道标签标识符的方法，是现有实际应用中唯一能确保隐私的方法。虽然公钥密码体制从理论上能够轻松地解决面临的隐私问题。但为了识别标签，系统都必须搜索后端服务器数据库里所有的标签信息，公钥认证机制虽然可能减少标签一端的计算量，但是当所有的密钥都需要测试的时候，后端服务器数据库系统端的计算量就变得难以处理。

下面将从技术解决方案和政策、法规解决方案两个方面来介绍隐私保护工作。

1.技术解决方案

RFID安全和隐私保护与成本之间是相互制约的。根据自动识别Auto ID中心的试验数据，在设计5美分标签时，集成电路芯片的成本不应超过2美分，这使集成电路门电路数量限制在了7500～15000。一个96位的EPC芯片需要5000～100000的门电路，因此用于安全和隐私保护的门电路数量不能超过2500～5000，使得现有密码技术难以应用。优秀的RFID安全技术解决方案应该是平衡安全、隐私保护与成本的最佳方案。

从上述安全攻击行为来看，RFID不安全的原因主要是由于非授权地读取RFID信息造成的，针对这个问题，现有的RFID安全和隐私技术主要侧重于RFID信息的保护，包括授权访问可以分为两大类：一类是通过物理方法阻止标签与阅读器之间通信，另一类是通过逻辑方法增加标签安全机制。

（1）物理方法 物理方法包括杀死标签、法拉第网罩、主动干扰、阻挡标签等。

1）杀死（Kill）标签。原理是使标签丧失功能，从而阻止对标签及其携带物的跟踪，如在超市买单时的处理。但是，Kill命令使标签失去了它本身应有的优点，如商品在卖出后，标签上的信息将不再可用，不便于后期的售后服务，以及用户对产品信息的进一步了解。另外，若Kill识别序列号（PIN）一旦泄露，可能导致恶意者对超市商品的偷盗。

2）法拉第网罩（Faraday Cage）。根据电磁场理论，由传导材料构成的容器，如法拉第网罩可以屏蔽无线电波，使得外部的无线电信号不能进入法拉第网罩，反之亦然。把标签放进由传导材料构成的容器可以阻止标签被扫描，即被动标签接收不到信号，不能获得能量，主动标签发射的信号不能发出。因此，利用法拉第网罩可以阻止隐私侵犯者扫描标签获取信息。如当货币嵌入RFID标签后，可利用法拉第网罩原理阻止隐私侵犯者扫描，避免他人知道你包里有多少钱。"静电屏蔽"可以对标签进行屏蔽，使之不能接收任何来自标签读写器的信号，但需要一个额外的物理设备，既造成了不便，也增加了系统的成本。

3）主动干扰。主动干扰无线电信号是另一种屏蔽标签的方法。标签用户可以通过一个设备主动广播无线电信号，用于阻止或破坏附近的RFID阅读器的操作。但这种方法可能会导致非法干扰，使附近其他合法的RFID系统受到干扰，严重的是，它可能阻断附近其他无线系统。

4）阻挡标签（Blocker Tag）。阻挡标签是一种特殊设计的标签，能持续对读取器传送混淆的信息，由此阻止读取器读取受保护的标签；但当受保护的标签离开阻挡标签的保护范围，则安全与隐私的问题仍然存在。

（2）逻辑方法 逻辑方法大部分是基于密码技术的安全机制。由于RFID系统中的主要安全威胁来自非授权的标签信息访问，因此这类方法在标签和阅读器交互过程中增加了认证机制，对阅读器访问 RFID 标签进行认证控制。当阅读器访问 RFID 标签时，标签先发送标签标识给阅读器，阅读器查询标签密码后发送给标签，标签通过认证后再发送其他信息给阅读器。

1）哈希锁方案（Hash-Lock）。Hash 锁是一种抵制标签未授权访问的安全与隐私技术。其原理是阅读器存储每个标签的访问密钥 K，对应标签存储的元身份（MetaID），其中 MetaID=Hash（K）。标签接收到阅读器访问请求后发送 MetaID 作为响应，阅读器通过查询获得与标签 MetaID 对应的密钥 K 并发送给标签，标签通过 Hash 函数计算阅读器发送的密钥 K，检查 Hash（K）是否与 MetaID 相同，相同则解锁，发送标签真实 ID 给阅读器。

该协议的优点是成本较小，仅需一个 Hash 方程和一个存储的 MetaID 值，认证过程中使用对真实 ID 加密后的 MetaID；缺点是对密钥进行明文传输，且 MetaID 是固定不变的，不利于防御信息跟踪威胁。

2）随机 Hash 锁方案。作为 Hash 锁的扩展，随机 Hash 锁方案可以做到阅读器每次访问标签的输出信息都不同，解决了标签位置隐私问题。随机 Hash 锁协议的认证过程如图 7-6 所示，标签在收到读写器的读写请求后，利用随机数发生器生成一随机数 R，并计算 H（ID‖R），其中 ‖ 表示将 ID 和 R 进行连接，并将（R，H（ID‖R））数据对送至后台数据库。后台服务器数据库穷举搜索所有标签 ID 和 R 的 Hash 值，查询满足 H（ID'‖R）=H（ID‖R）的记录。若找到则将对应的 ID' 发往标签，标签比较 ID 与 ID' 是否相同，以确定是否解锁。

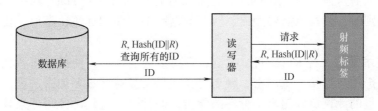

图 7-6　随机 Hash 锁

该协议的优点是认证过程中出现的随机信息避免了信息跟踪。缺点是仍出现了 ID 的明文传输，易遭到窃听威胁。尽管 Hash 函数可以在低成本的情况下完成，但要集成随机数发生器到计算能力有限的低成本被动标签却是很困难的。后台服务器数据库的解码操作是通过穷举搜索，需要对所有的标签进行穷举搜索和 Hash 函数计算，因此，存在拒绝服务攻击的风险。

3）Hash 链方案（Hash-Chain）。作为 Hash 方法的一个发展，为了解决可跟踪性，标签使用了一个 Hash 函数在每次阅读器访问后自动更新标识符，实现前向安全性。

Hash 链协议是基于共享秘密的询问 - 应答协议，认证过程如图 7-7 所示。在 Hash 链协议中，标签在每次认证过程中的密钥值是不断更新的，为避免跟踪，该协议采用了动态刷新机制。它的实现方法主要是在标签中加入了两个哈希函数模块 G 和 H。与 Hash-Lock 协议类似，在发放标签之前，需要将标签的 ID 和 $S_{L,1}$（$S_{L,1}$ 是标签初始密钥值，对每一个标签而言，它的值都是不同的）存于后端数据库中，并将 $S_{L,1}$ 存于标签随机存储器中。在安全方面，后端数据库从阅读器处接收到标签输出的 $a_{L,j}$，并且对数据库中（ID，$S_{L,1}$）列表的每个 $S_{L,1}$ 计算 $a_{L,j*}=G(H_{j-1}(S_{L,1}))$，检查 $a_{L,j}$ 与 $a_{L,j*}$ 是否相等。如果相等，就可以确定标签 ID。该方法满足了不可分辨和前向的安全特性。G 是单向方程，因此攻击者能够获得标签输出 $a_{L,j}$，但是不能从 $a_{L,j}$ 中获得 $S_{L,j}$。G 输出的是随机值，攻击者能够观测到标签输出，但不能把 $a_{L,j}$ 和 $a_{L,j+1}$ 联系起来。另外，H 也是单向函数，即使攻击者能够篡改标签并获得标签的秘密值，仍然不能从 $S_{L,j+1}$ 中获得 $S_{L,j}$。也就是说，此协议对跟踪与窃听攻击有较好的防御能力。该协议具有不可分辨性及前向安全性的优点，但缺点是容易受到重传和假冒攻击，且计算量大，一旦标签规模扩大，后端服务器的计算负担将急剧增大，不适用于标签数目较多的情况。

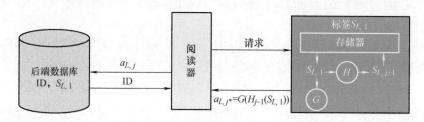

图 7-7　Hash 链协议认证过程

4）重加密方案（Re-Encryption）。基于 Hash 函数的机制可实现标签和读写器的双向认证，能同时解决隐私和认证问题，但需要在标签内部实现 Hash 函数，增加了标签成本；另外在识别时，读写器需要搜索、匹配数据库中存储的标签秘密值，要求读写器在线连接数据库。

重加密技术是另一种 RFID 安全机制，它可重命名标签，使得攻击者无法跟踪和识别标签，从而保护用户隐私。重加密，顾名思义就是反复对标签名加密，重加密时，因采用公钥加密，大量的计算负载超出了标签的能力，通常这个过程由读写器来处理。读写器读取标签名，对其进行加密，然后写回标签中。

重加密机制的优点包括：对标签要求低，加密和解密操作都由读写器执行，标签只不过是密文的载体；保护隐私能力强，重加密不受算法运算量限制，一般采用公钥加密，抗破解能力强；兼容现有标签，只要求标签具有一定可读写单元，现有标签已可实现；读写器可离线工作，无须在线连接数据库。

该方案存在的最大缺陷是标签的数据必须经常重写，否则，即使加密标签 ID 固定的输出也将导致标签定位隐私泄漏。与匿名 ID 方案相似，标签数据加密装置与公钥加密将导致系统成本的增加，使得大规模的应用受到限制。而且，经常地重复加密操作也给实际操作带来困难。

GSA. Juels 等最早将重加密技术应用于 RFID 安全中。为了跟踪欧元支票流，在欧元支票中嵌入 RFID 芯片。为了保护支票携带者的隐私，该系统要求除了认证中心，任何机构都不能够识别标签 ID（支票的唯一序列号）。重加密时，重加密读写器以光学扫描方式获得支票上印刷的序列号，使用认证中心的公钥对序列号进行加密，然后写入 RFID 芯片。重加密采用 ElGamal 公钥加密。所以，对于同一序列号每次可采用不同的随机数，加密结果（别名）不同。这样攻击者通过读取别名无法识别支票，但是具有私钥的认证中心可以解密别名识别支票。

2. 政策、法规解决方案

除了技术解决方案，还应充分利用和制定完善的法规、政策，加强 RFID 安全和隐私的保护。2002 年，美国哈佛大学 Garfinkel 提出了一个 RFID 权利法案，提出了 RFID 系统创建和部署的五大指导原则，即标签产品的用户具有如下权利：

1）有权在购买产品时移除、失效或摧毁嵌入的 RFID 标签。

2）有权对 RFID 做最好的选择，如果消费者决定不选择 RFID 或启用 RFID 的 Kill 功能，消费者不应丧失其他权利。

3）有权知道他们的 RFID 标签内存储着什么信息，如果信息不正确，则有方法进行纠正或修改。

4）有权知道何时、何地、为什么 RFID 标签被阅读。

5）有权知道产品是否包含 RFID 标签。

7.3　WSN 的安全问题

无线传感器网络（Wireless Sensor Network，WSN）是由很多传感器节点大规模随机分布形成的具有信息收集、传输和处理功能的信息网络，通过动态自组织方式协同感知并采集网络覆盖区域内被查询对象或事件的信息，用于决策支持和监控。由于不需要固定的基础设施，WSN 具有快速部署、自组织和自维护的能力，因而成为信息收集、传输与处理的重要手段，是物联网感知层的主要技术之一。

和传统网络一样，WSN 会受到一些典型的安全威胁，包括信息泄漏、信息篡改、重放攻击和拒绝服务攻击等。除此之外，由于 WSN 没有网络基础设施、资源有限、分布与通信具有开放性的特点，使其易受到一些其他攻击，如汇聚节点攻击、Sybil 攻击、黑洞（Sinkhole）攻击、节点复制（Node Duplication）攻击、随机游走（Random walk）攻击、虫洞（Wormhole）攻击等。

由于 WSN 的安全一般不涉及其他网路的安全，因此是相对独立的问题，有些已有的安全解决方案在物联网环境中也同样适用。目前，WSN 安全技术的研究主要集中在密钥管理、安全路由协议、入侵检测技术等方面。

7.3.1　WSN 的密钥管理

WSN 集传感器技术、通信技术于一体，拥有巨大的应用潜力和商业价值。密钥管理是 WSN 安全研究最为重要、最为基本的内容，有效的密钥管理机制是其他安全机制（如安全路由、安全定位、安全数据融合及针对特定攻击的解决方案等）的基础。

WSN 密钥管理的需求分为安全需求和操作需求两个方面。安全需求是指密钥管理为WSN 提供的安全保障；操作需求是指在无线传感器网络特定的限制条件下，如何设计和实现满足需求的密钥管理协议。

传感器网络密钥管理的安全需求包括机密性、完整性、新鲜性、可认证、健壮性、自组织、可用性、时间同步和安全定位等。此外，密钥管理还需满足一定的操作需求，如可访问，即中间节点可以汇聚来自不同节点的数据，邻居节点可以监视事件信号，避免产生大量冗余的事件检测信息；适应性，即节点失效或被俘获后应能被替换，并支持新节点的加入；可扩展，即能根据任务需要动态扩大规模。密钥管理示意如图 7-8 所示。

安全管理的核心问题是安全密钥的建立过程。传统解决密钥协商过程的主要方法有信任服务器分配模型、自增强模型和密钥预分配模型。信任服务器分配模型使用专门的服务器完成节点之间的密钥协商过程，如 Kerberos 协议；自增强模型需要非对称密码学的支持，而非对称密码学的很多算法无法在计算能力非常有限的传感器网络上实现；密钥预分配模型在系统部署之前完成大部分安全基础的建立，对于系统运

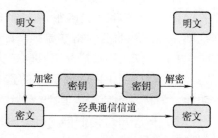

图 7-8　密钥管理示意

行后的协商工作只需要简单的协议过程，所以特别适合传感器网络的安全引导。

目前，主流的密钥预分配模型为预共享密钥分配模型、基本随机密钥预分配模型、q-composite 随机密钥预分配模型和随机密钥对模型。在介绍安全分配模型之前，首先引入一个新的概念——安全连通性。安全连通性是根据通信连通性提出来的，通信连通性是指在无线通信各个节点与网络之间的数据互通性，安全连通性是指网络建立在安全通道上的连通性。在通信连通的基础上，节点之间进行安全初始化建立，或者说各个节点根据预共享知识建立安全通道，如果建立的安全通道能够把所有的节点连成一个网络，则认为该网络是安全连通的。安全连通的网络一定是通信连通的，反过来不一定成立。

评价密钥管理方案的好坏不能仅仅依据方案提供保密能力的程度，还必须满足一定的标准以使它在遭遇敌手攻击时仍然有效，这种效能就是传感器网络的三 R 标准：抵抗能力（Resistance）、撤销能力（Revocation）和恢复能力（Resilience）。

（1）抵抗能力　攻击者可能捕获网络中部分节点，然后复制这些节点重新投放到网络中。通过这种方式攻击网络，攻击者用复制的节点移植到全部网络，从而获得对整个网络的控制，一个好的密钥管理方案能够抵制节点复制从而抵抗这种攻击。

（2）撤销能力　如果某个传感器网络被攻击者入侵，密钥管理技术要能够提供一个有效的方法来废除那些被捕获的节点，这种方法必须是轻量级的，不能占用太多有限的通信容量。

（3）恢复能力　如果传感器网络中某个节点被捕获，密钥管理方案要能确保其他节点上的秘密信息不被泄露。一个方案的恢复能力可以通过被捕获节点的总数及网络中被捕获的通信的比例来衡量，网络恢复能力同样可以将新节点加入安全通信。

1. 预共享密钥分配模型

预共享密钥是最简单的一种密钥建立过程，SPINS 就是使用这种密钥建立的模式。预共享密钥有以下两种模式。

（1）每对节点之间都共享一个主密钥　这种模式保证每个节点之间的通信都可以直接使用这个预共享密钥衍生出来的密钥进行加密，要求每个节点都存放与其他节点的共享密钥。这种模式的优点包括：不依赖基站、计算复杂度低、引导成功率为 100%；任何节点之间共享的密钥是独享的，其他节点不知道，所以一个节点被俘获后不会泄露直接建立

的任何安全通道。但是这种模式的缺点也是明显的：扩展性不好、无法加入新节点，除非重建网络；网络免疫力很低，一旦节点被俘，攻击者将很容易使用该节点获得与所有节点之间的密钥，并通过这些密钥破坏整个网络；支持的网络规模小，每个传感器节点都必须存储与所有节点共享的密钥，如网络的规模为 n 个节点，每个节点都至少要存储 $n-1$ 个密钥，如果考虑到各种衍生密钥的存储，整个网络的密钥存储开销是非常庞大的。

（2）每个普通节点与基站之间共享一对主密钥　这种模式下每个节点需要存储密钥的空间将非常小，计算和存储压力全部集中在基站上。该模式的优点包括：计算复杂度低，对普通节点资源和计算能力要求不高；引导成功率高，只要节点能够连接到基站就能够进行安全通信；支持的网络规模取决于基站的能力，可以支持上千个节点；对于异构节点基站可以进行识别，并及时将其排除在网络之外。其缺点包括：过分依赖基站，如果节点被俘，会暴露其与基站的共享密钥；如果基站被俘，则整个网络被攻破，所以要求基站被部署在安全的位置；整个网络通信或多或少地都要经过基站，基站可能成为网络的瓶颈，如果基站能够动态更新的话，则网络能够扩展新节点，否则将无法扩展。这种模式对于收集性网络比较有效，因为所有的节点都是与基站直接相连的；而对于协同性网络，如用于目标跟踪的网络，效率会比较低。在协同性网络中，数据要安全地在各个节点之间通信，一种是通过基站，但会造成数据拥塞；另一种方法是通过基站建立点到点的安全通道。对于通信对象变化不大的情况下，建立点到点的安全通道的方式还能够进行正常的工作；如果通信对象频繁切换，安全通道的建立过程会严重影响网络的运行效率。另外一个问题就是在多跳网络环境下，对于 DoS 攻击没有任何防御能力。在节点和基站之间的通信过程中，中间转发节点没有办法对信息包进行任何认证判断，只能透明转发。恶意节点可以利用这一点伪造各种错误数据包发送给基站，因为中间节点是透明转发数据包，只有到达基站才能够被识别出来。

预共享密钥分配模型虽然有很多不尽如人意的地方，但因其实现简单，所以在一些网络规模不大的应用中可以得到有效的实施。

2. 随机密钥预分配模型

解决 DoS 攻击的最基本方式是实现逐跳认证，或者说每一对相邻的通信节点之间传递的数据都能够进行有效性认证，这样，一个数据包在每对节点之间转发都可以进行一次认证过程，恶意节点的 DoS 攻击包会在刚刚进入网络的时候就被丢弃。

实现点到点安全最直接的办法是点到点共享安全密钥的模式，不过这种模式对节点资源要求过高，事实上并不要求任何两个节点之间都共享密钥，而是能够在直接通信的节点之间共享密钥就可以了。由于缺乏后期节点部署的先验知识，传感器网络在部署节点的时候并不知道哪些节点会与该节点直接通信，所以这种确定的预共享密钥模式就必须在任何可能建立通信的节点之间设置共享密钥。

（1）基本随机密钥预分配模型　基本随机密钥预分配模型是 Eschenauer 和 Gligor 首先提出来的，为了保证在任意节点之间建立安全通道的前提下，尽量降低模型对节点资源的要求，基本思想是：生成一个比较大的密钥池，任何节点都拥有密钥池中一部分密钥，只要节点之间拥有一对相同的密钥就可以建立安全通道。如果密钥池存放全部的密钥，则基本密钥预分配模型就退化成点到点的预共享密钥分配模型。

Eschenauer 和 Gligor 提出的基本随机密钥预分配模型不但满足实际的可操作性，而且满足分布式传感器网络的安全需求，包括传感器密钥的选择性分发和注销，以及在不需要充足的计算和通信能力前提下的节点密钥重置。这个模型依赖节点之间随机曲线的概率密钥共享，以及使用一个简单的密钥共享、发现和密钥路径建立的协议，可以方便地进行密钥的撤销、重置和增加节点。基本随机密钥预分配模型的具体实施过程如下：

1）在一个比较大的密钥空间中为一个传感器网络选择一个密钥池 S，并为每个密钥分配一个 ID，在进行节点部署前，从密钥池 S 中选择 m 个密钥存储在每个节点中，这 m 个密钥称为节点的密钥环。m 大小的选择要保证两个都拥有 m 个密钥的节点存在相同密钥的概率大于一个预先设定的概率 p。

2）节点布置好以后，节点开始进行密钥发现过程。节点广播自己密钥环中所有密钥的 ID，寻找那些和自己有共享密钥的邻居节点，不过使用 ID 的一个弊端就是攻击者可以通过交换的 ID 分析出安全网络拓扑，从而对网络造成威胁。解决这个问题的方法是使用 Merkle 谜题来完成密钥的发现，Merkle 谜题的技术基础是正常的节点之间解决谜题要比其他节点容易。任意两个节点之间通过谜题交换密钥，它们可以很容易判断出彼此是否存在相同密钥，而中间人却无法判断这一结果，也就无法构建网络的安全拓扑。

3）根据网络的安全拓扑，节点和那些与自己没有共享密钥的邻居节点建立安全通信密钥。节点首先确定到达该邻居节点的一条安全路径，然后通过这条安全路径与该邻居节点协商一对路径密钥，未来这两个节点之间的通信将直接通过这一对路径密钥进行，不再需要多次的中间转发。如果安全拓扑是连通的，则任何两个节点之间的安全路径总能找到。

基本随机密钥预分配模型是一个概率模型，可能存在这样的节点，或者一组节点，它们和它们周围的节点之间没有共享密钥，所以不能保证通信连通的网络一定是安全连通的。影响基本密钥预分配模型的安全连通性的因素有：密钥环的尺寸 m、密钥池 S 的大小 $|S|$ 以及它们的比例、网络的部署密度（或者说是网络的通信连通度数）、布置网络的目标区域状况。$m/|S|$ 越大，则相邻节点之间存在相同密钥的可能性越大。但 m 太大会导致节点资源占用过多，$|S|$ 太小或者 $m/|S|$ 太大会导致系统变得脆弱，这是因为当一定数量的节点被俘获以后，攻击者将获得系统中绝大部分的密钥，导致系统彻底暴露。$|S|$ 的大小与网络规模也有紧密的关系：网络部署密度越高，则节点的邻居节点越多，能够发现具有相同密钥的概率就会比较大，整个网络的安全连通概率也会比较高。对于网络布置区域，如果存在大量物理通信障碍，不连通的概率会增大。为了解决网络安全不连通的问题，传感器节点需要完成一个范围扩张过程，该过程可以是不连通节点通过增大信号传输功率，从而找到更多的邻居，增大与邻居节点共享密钥概率的过程；也可以是不连通节点与两跳或者多跳以外的节点进行密钥发现的过程（跳过几个没有公共密钥的节点）。范围扩张过程应该逐步增加，直到建立安全连通图为止，多跳扩张容易引入 DoS 攻击，因为无认证的多跳会给攻击者可乘之机。

网络通信连通度的分析基于一个随机图 $G(n, p_1)$，其中 n 为节点个数，p_1 是相邻节点之间能够建立安全链路的概率。根据 ErdoS 和 Renyi 对于具有单调特性的图 $G(n, p_1)$ 的分析，有可能为途中的顶点计算出一个理想的度数 d，使得图的连通概率非常高，达到一个指定的门限 c（如 $c=0.999$）。Eschenauer 和 Gligor 给出规模为 n 的网络节点的理想度数如下式

$$d = \left(\frac{n-1}{n}\right) \times [\ln n - \ln(-\ln c)] \qquad (7\text{-}1)$$

对于一个给定密度的传感器网络，假设 n' 是节点通信半径内邻居个数的期望值，则成功完成密钥建立阶段的概率可以表示为

$$p = \frac{d}{n'} \qquad (7\text{-}2)$$

诊断网络是否连通的一个实用方法是，检查它能不能通过多跳连接到网络中所有的基站上，如果不能，就启动范围扩张过程。

和基站预共享密钥相比，随机密钥预分配模型有很多优点，主要表现在：

1）节点仅存储密钥池中的部分密钥，大大降低了每个节点存放密钥的数量和空间。

2）更适合于解决大规模的传感器网络的安全引导，因为大网络有相对比较小的统计涨落。

3）点到点的安全信道通信可以独立建立，减少网络安全对基站的依赖，基站仅仅作为一个简单的消息汇聚和任务协调的节点，即使基站被俘，也不会对整个网络造成威胁。

4）有效地抑制 DoS 攻击。

（2）q-composite 随机密钥预分配模型　在基本随机密钥预分配模型中，任何两个邻居节点的密钥环中至少有一个公共密钥。Chan-Perring-Song 提出了 q-composite 模型，该模型将这个公共密钥的个数提高到 q，提高 q 值可以提高系统的抵抗力，网络的攻击难度和共享密钥个数 q 之间呈指数关系。但是要想使安全网络中任意两点之间的安全连通度超过 q 的概率达到理想的概率值 p（预先设定），就必须缩小整个密钥池的大小、增加节点间共享密钥的交叠度，但密钥池太小，会使攻击者通过俘获少数几个节点就能获得很大的密钥空间，因此，寻找一个最佳的密钥池大小是该模型的实施关键。

q-composite 随机密钥预分配模型和基本模型的过程相似，只是要求相邻节点的公共密钥数要大于 q。在获得了所有共享密钥信息以后，如果两个节点之间的共享密钥数量超过 q，为 q' 个，那么就用所有 q' 个共享密钥生成一个密钥，作为两个节点之间的共享主密钥。Hash 函数自变量的密钥顺序是预先议定的协议，这样两个节点就能计算出相同的通信密钥。

q-composite 随机密钥预分配模型中密钥池的大小可以通过下面的方法获得。

假设网络的连通概率为 C，每个节点的全网连通度的期望值为 n'。根据式（7-1）和式（7-2），可以得到任意给定节点的连通度期望值 d 和网络连通概率 p。设任何两个节点之间共享密钥个数为 i 的概率为 $p(i)$，则任意节点从 $|S|$ 个密钥池中选取 m 个密钥的方法有 $C(|S|,m)$ 种，两个节点分别选取 m 个密钥的方法数为 $C^2(|S|,m)$ 个。假设两个节点之间有 i 个共同密钥，则有 $C(|S|,m)$ 种方法选出相同密钥，另外 $2(m-i)$ 个不同的密钥从剩下的 $|S|-i$ 个密钥中获取，方法数为 $C(|S|-i,2(m-i))$。于是有

$$p(i) = \frac{C(|S|,i)C(|S|-i,2(m-i))C(2(m-i),(m-i))}{C^2(|S|,m)} \qquad (7\text{-}3)$$

用 p_c 表示任何两个节点之间存在至少 q 个共享密钥的概率，则有

$$p_c = 1 - (p(0) + p(1) + p(2) + \cdots + p(q-1)) \qquad (7\text{-}4)$$

根据不等式 $p_c \geq p$ 计算最大的密钥池尺寸 $|S|$。q-composite 随机密钥预分配模型相对于基本随机密钥预分配模型对节点被俘有很强的自恢复能力。规模为 n 的网络，在有 x 个节点被俘获的情况下，正常网络节点通信信息可能被俘获的概率如下式

$$P = \sum_{i=q}^{m} \left[1 - \left(1 - \frac{m}{|S|} \right)^x \right]^i \frac{p(i)}{p} \qquad (7\text{-}5)$$

q-composite 随机密钥预分配模型因为没有限制节点的度数，所以不能防止节点的复制攻击。

（3）多路径密钥增强模型　假设初始密钥建立完成（用基本模型），很多链路通过密钥链中的共享密钥建立安全链接，密钥不能一成不变，使用一段时间的通信密钥必须更新，密钥可以在已有的安全链路上更新，但是存在危险。假设两个节点间的安全链路是根据两个节点间的公共密钥 K 建立的，根据随机密钥分布模型的基本思想，共享密钥 K 很可能存放在其他节点的密钥池中。如果对手俘获了部分节点，获得了密钥 K，并跟踪了整个密钥池的所有信息，它就可以在获得密钥 K 以后解密密钥的更新信息，从而获取新的通信密钥。

为此，Anderson 和 Perring 提出多路径密钥增强的思想，多路径密钥增强模型是在多个独立的路径上进行密钥更新。假设有足够的路由信息可用，以至于节点 A 知道所有的到达 B 节点跳数小于 h 的不相交路径。设 $A N_1 N_2 \cdots N_i B$ 是在密钥建立之初建立的一条从 A 到 B 的路径。任何两点之间都有公共密钥，并设这样的路径存在 j 条，且任何两条之间不交叉，产生 j 个随机数 v_1，v_2，$\cdots$，v_j，每个随机数与加解密密钥有相同的长度。A 将这 j 个随机数通过 j 条路径发送到 B，B 接收到这 j 个随机数将它们异或之后，作为新密钥，除非攻击者能够掌握所有的 j 条路径才能够获得密钥 K 的更新密钥。使用这种算法，路径越多安全度越高，但路径越长安全度越差。对于任何一条路径，只要路径中的任一节点被俘获，整条路径就等于被俘获了。考虑到长路径降低了安全性，所以一般只研究两跳的多路径密钥增强模型，即任意两个节点间更新密钥时，使用两条安全链路，且任何一条路径只有两跳的情况，此时通信开销被降到最小，A 和 B 之间只需要交换邻居信息，且两跳不可能存在路径交叠问题，降低了处理难度。

多路增强一般应用在直连的两个节点之间，如果用在没有共享密钥的节点之间，会大大降低因为多跳带来的安全隐患。但多路径增强密钥模型增加了通信开销，是否合适要看具体的应用。密钥池大小对多路径增强密钥模型的影响表现在：密钥池小会削弱多路径密钥增强模型的效率，因为攻击者容易收集到更多的密钥信息。

（4）随机密钥对模型　随机密钥对模型是 Chan-Perring-Song 等提出的又一种安全引导模型，它的原型始于共享密钥引导中的节点共享密钥模式。节点密钥模式是在一个 n 个节点的网络中，每个节点都存储与另外 $n-1$ 个节点的共享密钥对，或者说任意两个节点之间都有一个独立的共享密钥对。随机密钥对模型是一个概率模型，它不存储所有 $n-1$ 个密钥对，而只存储与一定数量节点之间的共享密钥对，以保证节点之间的安全连通的概

率为 p，进而保证网络的安全连通概率达到 c。式（7-6）给出了节点需要存储密钥对的数量 m，从公式可以看出，p 越小，节点需要存储的密钥对越少。所以，对于随机密钥对模型来说，要减少密钥存储给节点带来的压力，就需要在给定网络的安全连通概率 c 的前提下，计算单对节点的安全连通概率 p 的最小值。单对节点安全连通概率 p 的最小值可以通过式（7-1）和式（7-2）计算。

$$m=np \qquad (7\text{-}6)$$

如果给定节点存储 m 个随机密钥对，则能够支持的网络大小为 $n=m/p$。根据连通度模型，p 在 n 比较大的情况下可能会增长缓慢，n 随着 m 的增大和 p 的减小而增大，增大的比例取决于网络配置模型。与上面介绍的随机密钥预分配模型不同，随机密钥对模型没有共享的密钥空间和密钥池。密钥空间存在的一个最大的问题就是节点中存放了大量使用不到的密钥信息，这些密钥信息只在建立安全通道和维护安全通道的时候用得到，而这些冗余的信息在节点被俘的时候会给攻击者提供大量的网络敏感信息，使得网络对节点被俘的抵御力非常低。密钥对模型中每个节点存放的密钥具有本地特性，也就是说所有的密钥都是为节点本身独立拥有的，这些密钥只在与其配对的节点中存在一份。如果节点被俘，它只会泄露和它相关的密钥及它直接参与的通信，不会影响到其他节点。当网络感知到节点被俘的时候，可以通知与其共享密钥对的节点将对应的密钥对从自己的密钥空间中删除。

为了配置网络的节点对，引入了节点标识符 ID 空间的概念，每个节点除了存放密钥，还要存放与该密钥对应的节点标识符。有了节点标识符的概念，密钥对模型能够实现网络中的点到点身份认证，任何存在密钥对的节点之间都可以直接进行身份认证，因为只有它们之间才存在这个密钥对。点到点身份认证可以实现很多安全功能，如可以确认节点的唯一性，阻止复制节点加入网络。

随机密钥对模型的初始化过程如下，这里假设网络最大容量为 n 个节点：

1）初始配置阶段。为可能的 n 个独立节点分配唯一节点标识符，网络的实际大小可能比 n 小。不用的节点标识符在新的节点加入到网络中的时候使用，以提高网络的扩展性。每个节点标识符和另外 m 个随机选择的不同节点标识符相匹配，且为每对节点产生一个密钥对，存储在各自的密钥环中。

2）密钥建立的后期配置阶段。节点 i 首先广播自己的 ID_i 给其邻居，邻居节点在接收到来自 ID_i 的广播包以后，在密钥环中查看是否与这个节点共享密钥对。如果有，则通过一次加密的握手过程来确认本节点确实和对方拥有共享密钥对。如节点 A 和 B 之间存在共享密钥，则它们之间可以通过下面的信息交换完成密钥的建立：

$$\begin{aligned} A &\to *:\{\mathrm{ID}_A\} \\ B &\to *:\{\mathrm{ID}_B\} \\ B &\to A:\{\mathrm{ID}_A\,|\,\mathrm{ID}_B\}K_{AB}, MAC(K'_{AB},\mathrm{ID}_A\,|\,\mathrm{ID}_B) \\ A &\to B:\{\mathrm{ID}_B\,|\,\mathrm{ID}_A\}K_{AB}, MAC(K'_{AB},\mathrm{ID}_B\,|\,\mathrm{ID}_A) \end{aligned} \qquad (7\text{-}7)$$

经过握手，节点双方确认彼此之间确实拥有共同的密钥对，因为节点标识符很短，所以随机密钥对的密钥发现通信开销和计算开销比前述随机密钥预分配模型小。与其他随机密钥预分配模型相同，随机密钥对模型同样存在安全拓扑图不连通的问题，这一点可以

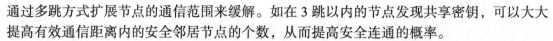

通过多跳方式扩展节点的通信范围来缓解。如在 3 跳以内的节点发现共享密钥,可以大大提高有效通信距离内的安全邻居节点的个数,从而提高安全连通的概率。

通过多跳方式扩展通信范围必须小心使用,因为在中间节点转发过程中数据包没有认证和过滤。在配置阶段,攻击者如果向随机节点发送数据包,则该数据包会被当作正常的密钥协商数据包在网络中重复很多遍。这种潜在的 DoS 攻击可能会终止或者减缓密钥的建立过程,通过限定跳数可以减少这种攻击方法对网络的影响。如果系统对 DoS 攻击敏感,最好不要使用多跳特性,多跳过程在随机密钥模型的操作过程中不是必需的。

3)随机密钥对模型支持分布节点的撤除。节点撤除过程主要在发现失效节点、被俘节点或者被复制节点的时候使用。前面描述过如何通过基站完成对已有节点的撤除,但是因为节点和基站的通信延迟比较大,所以这种机制会降低节点撤除的速度。在撤除节点的过程中,必须在恶意节点对网络造成危害之前将它从网络中剪除,所以快速反应是非常重要的。

在随机密钥对引导模型中定义了一个投票机制来实现分布式的节点撤除过程,使它不再依靠基站,这个投票机制的前提是,每个节点中存在一个判断其邻居节点是否被俘的算法。这样,节点可以在收到投票请求时,对邻居节点是否被俘进行投票。投票过程是一个公开的过程,不需要隐藏投票节点的节点标识符。如果在一次投票过程中,节点 A 收到弹劾节点 B 的节点数超过门限值 t 以后,节点 A 将断开与节点 B 之间的所有连接。撤除节点的消息将通过基站传送到网络配置机构,使后面部署的节点不再与节点 B 共享密钥。

3. 基于位置的密钥预分配模型

基于位置的密钥预分配模型是对随机密钥预分配模型的一个改进。该模型在随机密钥对模型的基础上引入了传感器节点的位置信息,每个节点都存放一个地理位置参数。基于位置的密钥预分配模型借助于位置信息,在相同网络规模、相同存储容量的条件下可以提高两个邻居节点具有相同密钥对的概率,也能提高网络攻击节点抵抗俘获的能力。

Liu 的方案是把传感器网络划分为大小相等的单元格,每个单元格共享一个多项式,每个节点存放节点所在单元格及相邻 4 个单元格的多项式。周围节点可以根据自身坐标和该节点坐标判断是否有相同的多项式,如果有,可以通过多项式计算出共享密钥对,建立安全通信信道;否则,可以考虑通过已有的安全通道协商共享密钥对。此方案需要部署服务器帮助确定节点的期望位置及其邻近节点,并为其配置共享多项式。

Huang 的方案是对基本的随机密钥分配方案的扩展,他把密钥池分为多个子密钥池,每个子密钥池又包含多个密钥空间,传感器网络被划分为二维单元格,每个单元格根据位置信息对应于一个子密钥池,单元格中的节点在对应的子密钥池中随机选择多个密钥空间。特别地,为每个节点选择其相邻单元格中的一个节点,并部署与其共享的密钥,这样每个单元格中的节点都分配了唯一的密钥,使节点具有更强的抗俘获能力。

基于对等中间节点(Peer Intermediary)的密钥预分配方案也是一种基于位置的密钥预分配方案,基本思想是把部署的网络节点划分成一个网络,每个节点分别与它同行和同列的节点共享密钥对。对于任意两个节点 A 和 B 都能够找到一个节点 C,分别和节点 A 与 B 共享会话密钥,这样通过节点 C,A 和 B 就能够建立起一个安全通信信道。此方案大大减小了节点在建立共享密钥时的计算量及对存储空间的需求。

4. 其他密钥管理方案

基于 KDC 的组密钥管理是在逻辑层次密钥（Logical Key Hierarchy，LKH）方案上的扩展，如有路由唤醒密钥分配（Routing Awared Key Distribution）、ELK 方案，这些密钥管理方案对于普通的传感器节点要求的计算量比较少，且不需要占用大量的内存空间，有效地实现了密钥的前向保密和后向保密，可以利用 Hash 法减少通信开销，提高密钥更新效率。但在无线传感器网络中，KDC 的引入使网络结构异构化，增加了网络的脆弱环节，KDC 的安全性直接关系到网络的安全。另外 KDC 与节点距离甚远，节点要经过多跳才能到达 KDC，会导致大量的通信开销。一般来说，基于 KDC 的模型不是传感器网络密钥管理的理想选择。

WSN 的密钥管理方案还有许多，如多路径密钥增强（Multipath Key Reinforcement）、使用部署知识（Deployment Knowledge）等，通常应根据具体的应用来选取合适的密钥管理方案。然而，目前大多数预配置密钥管理机制的可扩展性不强，而且不支持网络合并，其应用受限。在资源受限的网络环境下，让传感器节点随机地和其他节点预配置密钥也不是一个高效选择，因此，与应用相关的定向、动态密钥预配置方案将获得更多的关注。随着新应用的出现和传感器网络中一些基础协议研究的发展，需要提出新的相应的密钥管理协议。因此，密钥管理仍然是传感器网络安全的一个研究热点。

7.3.2　WSN 的安全路由协议

由于受本身特点的影响，许多传感器网络路由协议的目标主要集中在节点有限能力的考量上，对安全问题考虑较少。因此，目前传感器网络的路由容易遭受安全威胁。以下主要针对无线传感器网络路由层协议的安全性展开讨论，介绍目前路由层协议遭受的安全威胁及防御策略，并详细分析几种典型的安全路由协议。

1. WSN 路由的安全威胁

目前，许多传感器网络的路由算法较为简单，根据网络层攻击的目标不同，可以分为两类，第一类攻击主要是试图获取或直接操纵用户数据，如选择性转发攻击、女巫攻击、欺骗性确认及被动窃听等；第二类攻击主要是试图影响底层的路由拓扑结构，如虚假路由信息攻击、黑洞攻击、虫洞攻击、HELLO 洪泛攻击等。

（1）选择性转发攻击　即恶意节点有选择地转发或者根本不转发收到的数据包，导致数据包不能到达目的地。为了减少因自己非法行为而被发现的可能性，恶意节点可以只丢弃或篡改自己感兴趣的特定节点发出的数据包，对其他节点发送的信息进行正常转发。

当攻击者恰好包含在一个数据流的传送路径中时，选择性转发攻击最为有效。但如果不在传送途径中，监听到感兴趣的数据流正在通过其邻节点，攻击者也可以用一些手段来阻塞目标数据包的传输，或者在传输信道上产生碰撞，以破坏目标数据包的有效传输，这样在实质上也成功地完成了选择性转发攻击。

（2）女巫攻击　恶意节点通过大量伪造或者窃取合法节点的身份，吸引数据流经过自己，并对经过的数据流进行篡改、选择性丢弃、伪造、窃听等恶意行为。在无线传感器网络中，女巫攻击的实现方式主要有两种：一种是恶意节点在一个地理位置上伪造出多个身份，另一种是在多个地理位置伪造多个身份。

在很多无线传感器网络协议中，为了负载均衡，避免某个节点的能量过早耗尽，都会将任务向不同的节点分摊，因此女巫攻击是无线传感器网络中容易出现的一种攻击。女巫攻击也可以为其他攻击提供便利条件，常与其他攻击方式相结合，对无线传感器网络造成很大的危害，如在地理路由协议中，女巫攻击者伪造多个处于不同地理位置的节点，来削弱分布式存储算法中冗余备份的作用。另外，女巫攻击还可以破坏无线传感器网络中的路由算法、数据融合机制、投票机制、公平资源分配机制、非法行为检测机制等。

（3）欺骗性确认　即恶意节点通过窃听其邻居节点的分组，伪造链路层确认，欺骗发送节点或目标节点，使数据包在一些差链路上传输或经过一些不存在的节点，从而导致传输的数据丢失，甚至通过欺骗性确认来进行选择性转发攻击。

（4）被动窃听　即攻击者窃听链路间的信息，分析出信息中的敏感数据，并通过分析被窃听节点上的网络流量，推断出该节点作用的攻击方式。

（5）虚假路由信息攻击　即攻击者通过伪造、篡改或重传路由信息，产生虚假的路由信息，造成路由环路，使源路径延长或缩短的一种攻击方式。由于是通过锁定节点间交换的路由信息进行攻击，所以将对路由协议造成最直接的破坏。攻击者的主要目的是分割网络，造成网络拥塞，吸引或阻塞网络流量，增加端到端传输延时。

（6）黑洞攻击　恶意节点通过某种方式，使周围节点在依据路由算法建立路由时通过恶意节点或被攻击者控制的被俘获节点，从而产生以恶意节点或被俘获节点为中心的黑洞，吸引数据流使之无法到达基站的一种攻击方式。

黑洞攻击的主要目标是吸引特定区域的几乎所有的数据流无法到达目的节点，因此，将对无线传感器网络中信息传输产生巨大的影响。当上当节点将该黑洞扩散到其他邻居节点后，会使大量数据流经过恶意节点或被俘获节点。同时，攻击者还能对流经的所有数据包进行篡改、选择性丢弃、伪造、窃听等恶意行为，也为其他攻击方式提供便利的条件。因此，黑洞攻击将对无线传感器网络中信息传输的安全性和机密性造成很大的威胁。

（7）虫洞攻击　主要是两个恶意节点共谋，使源节点在建立路由时选择恶意节点，形成经过共谋节点的路径，使数据包发往该恶意节点的攻击方式。一般情况下，一个恶意节点在基站附近，另一个恶意节点在离基站较远的区域。离基站较远的恶意节点声称自己能够和基站附近的节点建立低时耗、高带宽的链路，从而达到攻击目的。由于虫洞攻击使恶意节点存在传输的路径上，当进行数据包的传输时，恶意节点可以故意丢弃部分数据包，或者篡改数据包的内容，造成数据包的丢失或者破坏；或者实施被动攻击，对数据包的内容进行窃听，从而破坏信息的安全性和机密性。

（8）HELLO洪泛攻击　即恶意节点利用节点间广播的HELLO数据包向邻居节点声明自己的存在，使自己处在多条数据传输路径上，进而破坏网络路由的一种攻击方式。HELLO洪泛攻击的目的是使数据流无法到达目的节点，导致网络处于混乱状态。由于进行HELLO泛洪攻击的攻击者并不需要构造合法数据流，只需采用足够大的功率发送广播路由或其他信息，让其他节点认为通过恶意节点进行数据包的传输可以到达目的地即可。因此，对于那些依靠邻居节点间的局部信息交换来进行拓扑维护和流控制的路由协议容易遭受到这种攻击，这也是无线传感器网络的一种比较常见的攻击方式。

以上是无线传感器网络路由层存在的典型攻击方式，其中女巫攻击、黑洞攻击、虫洞攻击是基本的攻击手段，对网络中经过它们的数据包进行篡改、选择性丢弃、伪造、窃听等恶意行为，具有很强的破坏性。而且这三种攻击常常被作为基础、前提或者辅助手段，和其他攻击方式相结合对无线传感器网络实施破坏，产生更大的破坏性。因此，越来越多研究者针对上述攻击行为，特别是女巫攻击、黑洞攻击、虫洞攻击，进行了详细的分析，并提出了一些防范策略和安全路由协议的设计。

2. 常用 WSN 路由协议的安全性分析

针对无线传感器网络的应用，人们提出了许多无线传感器网络路由协议，这些协议主要是负责寻找源与目的之间的最优路径，并利用最优路径进行数据传输。但由于协议在设计之初并没有过多地考虑安全性，因此提出的传感器网络路由协议都极易受到攻击。攻击有可能造成传输延迟增大，可能使整个网络不可用或其他目的。

依据传感器网络的节点特性和结构，以及各种协议的具体实现方式，可以将无线传感器网络路由协议分为 TinyOS Beaconing 路由协议、以数据为中心路由协议、基于分簇的路由协议、基于地理位置的路由协议、能量感知路由协议五类。

（1）TinyOS Beaconing 路由协议　该协议首先对节点进行编址，Sink 节点周期性地广播路由更新消息，信号覆盖范围内的节点接收到更新消息后，将发送消息的节点作为父节点保存到路由表中，然后将该消息在物理信道上广播，从而构成一个以 Sink 节点为根的广度优先的生成树。由于这种协议相对简单，而且路由更新过程没有任何安全措施，所以 TinyOS Beaconing 协议很容易遭受恶意节点的攻击。攻击者可以发起虫洞攻击或女巫攻击将数据流引向恶意节点，可以通过虚假路由信息攻击，造成路由环路，还可以通过 HELLO 洪泛攻击，使得网络处于混乱状态；另外，恶意节点位于路径上后，可以对数据包进行选择转发攻击，直接破坏数据包的传输。

（2）以数据为中心的路由协议　这类路由协议采用基于属性的命名机制来描述数据，通过汇聚节点向特定的区域发送查询请求来获取路由信息，并在数据传输过程中进行数据融合以降低节点的能量消耗。典型的以数据为中心的路由协议有定向扩散（Directed Diffusion，DD）、SPIN、Rumor、GBR、CADR 及 ACQIRE 等。在以数据为中心的路由协议中，基站通过洪泛方式将请求发送给节点，节点再通过反向路径将基站需要的数据传给基站，因此，当恶意节点通过伪造请求发送虚假信息时，能很容易窃听到数据，并能进一步影响数据传输路径，发起选择性转发攻击或篡改数据。另外，以数据为中心的路由协议很容易遭受虫洞攻击和女巫攻击。

（3）基于分簇的路由协议　基于分簇的路由协议将整个网络分为若干个区域（簇），每个簇中按照一定的规则生成一个簇头节点，由这个簇头节点融合从簇中所有节点收集上来的数据信息，并将融合后的数据传输至 Sink 节点，除了簇头节点，其他节点的功能都相对简单，不需要复杂路由进行维护。典型的基于分簇的路由协议有 LEACH、TEEN、PEGASIS 等。基于分簇的路由协议中，由于节点会根据信号的强弱来选择加入的簇，因此攻击者可以发起 HELLO 洪泛攻击，使得大量节点想要加入该簇并选取该恶意节点作为簇头节点，从而攻击者能进一步进行选择性转发及篡改数据信息等攻击，使得全网处于混乱状态。而基于这几种路由协议簇头的形成方式，即在连续的轮中不使用同一个簇头节点或随机地挑选簇头节点，攻击者可以采用女巫攻击增大自己成为簇头的概率。

（4）基于地理位置的路由协议　地理位置路由协议是节点假设都知道自己的地理位置信息和目的节点或目的区域的位置，依据位置信息选择路由进行转发时，按照某种策略将数据传输至目的节点或目的区域。典型的基于地理位置路由协议有 GEAR、GPSR。由于地理位置路由协议中假设节点都知道自己和目的的地理位置信息，因此容易受到恶意节点的欺骗性确认攻击，攻击者可以虚报自己的地理位置，从而使自己获得更大的位于一条已知流的路径上的概率。另外，恶意节点能发起女巫攻击，伪造多个位置的身份，并总是宣称自己具有最大的能量，使其有更多机会位于附近传输的流的路径之上，从而可以进一步发起选择性转发攻击。如 GEAR 协议总是按照节点的剩余能量分配路由任务，因此攻击者可以总是宣称自己具有最大的剩余能量；而在 GPSR 协议中，恶意攻击者可以伪造位置声明构成路由环路，扰乱正常的数据流传输。

（5）能量感知路由协议　在一些恶劣环境中部署传感器网络时，需要考虑能量的节省，能量感知路由协议是在选择路由的时候，从数据传输中的能量消耗出发，根据不同区域的剩余能量分布，建立最优能量消耗的路径或最长网络生存期的路径。典型的基于能量感知的协议包括有 SPAN、GAF、CEC、AFECA 等。在能量感知路由协议中，由于采用的是能量消耗最小的路径，因此，恶意节点可以利用能量高的机器来发起女巫攻击和HELLO 洪泛攻击，使网络处于混乱状态，同时还可以进一步发起选择性转发攻击等，从而破坏数据传输的过程。

3. 典型的攻击防御策略

针对上述攻击，目前已经提出了许多相应的防御策略。为防止外部攻击者对无线传感器网络的攻击，一般采用链路层加密及认证技术，即在链路层采用密钥加密传输，对源节点和目的节点的身份或双方的链接进行认证及认证广播，从而保证外部攻击者无法伪造或无法解密已监听到的数据包。这种防御策略能有效地抵御多数外部攻击者，如被动窃听、外部女巫攻击、确认欺骗和 HELLO 洪泛攻击等。

针对内部攻击者和女巫攻击、虫洞攻击及黑洞攻击，常用的典型防御策略有以下四种：

（1）加密及身份认证策略　基于加密和身份认证的策略是指节点在通信过程中相互认证，防止恶意节点加入转发路径上。

（2）多路径路由策略　即在源节点及转发节点选择下一跳节点进行数据转发时，动态选择下一跳转发节点，形成多条到达目的节点的路径，并使数据通过不同的路径传递到目的节点，降低恶意节点控制数据流的机会。由于多路径策略中，数据不通过同一条抵达终点，因此，多路径路由策略对选择性转发攻击、黑洞攻击、虫洞攻击及女巫攻击能起到较好的抵御效果。但是，多路径路由策略中，建立多条路径需要一定的时间，集中式的无环多路径建立方法计算量较大，而且每个节点需要为每条路径维护一个路由表，路由表的大小与存在的路径数成比例，因此节点维护路由表的开销将增大。

（3）基于地理位置检测的策略　主要是防止恶意节点利用虫洞攻击方式占据在路径上的行为，由于虫洞攻击中恶意节点声称的距离比实际距离要短，则可以通过实际地理位置估算的距离与恶意节点声称的距离之间的差异来发现恶意节点。但由于基于地理位置检测的策略都需要 GPS 或其他硬件设备的支持，在大量传感器节点上添加额外的硬件设备，将大大增加传感器网络的成本开销，对很多应用中的传感器网络产生局限性。

（4）基于节点监听及信誉管理机制的策略　主要是通过节点监听邻居转发包的情况，判定邻居是否对转发数据包进行了修改，或为每个节点赋予信誉度，在建立路由过程中，选择信誉度高的节点来进行数据的转发，从而避免恶意节点出现在路径上。但基于节点监听及信誉管理机制的策略需要大量的节点长时间地参与监听，这将消耗节点大量的能量，当节点能量过早地耗尽时，网络也将陷入瘫痪状态。

7.3.3 WSN 的入侵检测技术

WSN 安全防御可以分成两层。第一层主要集中在密钥管理、认证、安全路由、数据融合安全、冗余、限速及扩频等方面。第一层防御机制可以对攻击进行防范，但是攻击者总能找出网络的脆弱点实施攻击，在防御机制被攻克，攻击者可以发动攻击时，缺乏有效的检测与应对措施，没有针对入侵的自适应能力，所以，入侵检测作为第二道防线就显得尤为重要。无线传感器网络安全防护如图 7-9 所示。

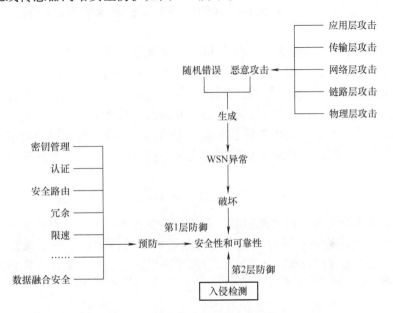

图 7-9　无线传感器网络安全防护

入侵是指破坏系统机密性、可用性和完整性的行为，入侵检测提供了一种积极主动的深度防护机制，通过对系统的审计数据或者网络数据包信息来实现非法攻击和恶意使用行为的识别。当发现被保护系统可能遭受攻击和破坏后，通过入侵检测响应维护系统安全。相比第一层防御致力于建立安全、可靠的系统或网络环境，入侵检测采用预先主动的方式，全面地自动检测被保护的系统，通过对可疑攻击行为进行报警和控制来保障系统的安全。目前，入侵检测系统已被广泛应用到网络系统和计算机主机系统的安全中。

由于无线传感器网络与传统的计算机网络在终端类型、网络拓扑、数据传输等方面不同，且面临的安全问题也有较大的差别，已有的检测方法不再适用。如何设计实现适用于无线传感器网络的入侵检测系统，已变成当前传感器网络安全防御机制的研究重点。

1. 入侵检测技术概述

入侵检测可以被定义为识别出正在发生的入侵企图或已经发生的入侵活动的过程，它是无线传感器网络的安全策略之一，传感器节点有限的内存和电池能量使得无线传感器网络并不适合使用现行的入侵检测机制。

入侵检测是发现、分析和汇报未授权或者毁坏网络活动的过程。传感器网络通常被部署在恶劣的环境下，甚至是敌方区域，因此容易受到敌人的捕获和侵害，传感器网络入侵检测技术主要集中在节点异常的监测及恶意节点的辨别上。由于资源受限及传感器网络易受到更多侵害，传统的入侵检测技术不能应用于传感器网络。

无线传感器网络入侵检测研究面临的主要挑战有：

1）攻击形式多种多样。无线传感器网络的攻击手段和攻击特点与传统计算机网络具有较大差异，如链路层和网络层的大部分攻击都是传感器网络中特有的。传统计算机网络使用的资源（如网络、文件、系统日志、进程等）无法应用于无线传感器网络，需要考虑能够应用到无线传感器网络入侵检测中的特征信息。

2）新型攻击层出不穷。如何提升入侵检测系统检测未知攻击的能力是需要解决的问题。

3）网络资源有限。资源包括存储空间、计算能力、带宽和能量，有限的存储空间意味着传感器节点上不可能存储大量的系统日志。基于知识的入侵检测系统需要存储大量的预定义入侵模式，通过模式匹配的方式检测入侵，这需要存储入侵行为特征库，且随着入侵类型的增多，特征库也随之增大。有限的计算能力意味着节点上不适合运行需要大量计算的入侵检测算法。当前的无线传感器网络采用的都是低速、低功耗的通信技术，节点能源有限的特点要求入侵检测系统不能带来太大的通信开销，这一点在传统计算机网络中较少考虑。

2. 入侵检测技术分类

入侵检测技术分为基于误用的检测、基于异常的检测、基于规范的检测。

（1）基于误用的检测　通过比较存储在数据库中的已知攻击特征来检测入侵，然而无线传感器网络中节点的存储能力有限，数据管理系统不成熟，要建立完善的入侵特征库存在一定困难。

（2）基于异常的检测　建立系统状态和用户行为的正常轮廓，然后与当前的活动进行比较，如果有明显的偏差，则发生异常。由于无线传感器网络动态性强，当节点能量消耗殆尽时会导致网络拓扑结构变化，网络流量一方面呈现出一种高度非线性、耗散与非平衡的特性，另一方面并非所有的入侵都表现为网络流量异常，给区分无线传感器网络的正常行为和异常行为带来了极大的挑战。

（3）基于规范的检测　定义一系列描述程序或协议的操作规范，通过比较系统程序的执行和系统定义正常的程序和协议规范来判断异常。无线传感器网络中异常检测利用预先定义的规则把数据分为正常和异常，当监控网络时，如果定义为异常条件的规则得到满足，则发生异常。

3. 入侵检测体系框架

WSN 入侵检测由入侵检测、入侵跟踪和入侵响应三部分组成。这三部分顺序执行，首先执行入侵检测，如果存在入侵，将执行入侵跟踪来定位入侵，然后执行入侵响应来防御攻击者。入侵检测框架如图 7-10 所示。

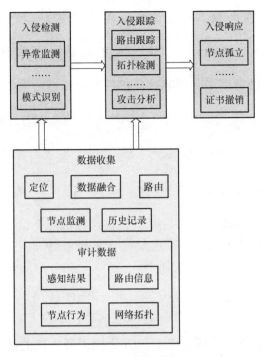

图 7-10 入侵检测框架

W.Ribeiro 等提议通过检测恶意信息传输来标识传感器网络的恶意节点，如果信息传输的信号强度和其所在的地理位置相矛盾，那么此信息被认为是可疑的。节点接收到信息时，比较接收信息的信号强度和期望的信号强度（根据能力损耗模型计算），如果相匹配，则将此节点的不可疑投票加 1，否则将可疑投票加 1，然后通过信息发布协议来标识恶意节点。

A.Agah 等通过博弈论的方法衡量传感器网络的安全，协作、信誉和安全质量是衡量节点的基本要素。另外，攻击者和传感器网络之间规定非协作博弈，最终得到抵制入侵的最优防御策略。

4. 三种入侵检测方案的工作原理

（1）博弈论框架 对于一个固定的簇 k，攻击者有三种可能的策略：AS_1（攻击簇 k）、AS_2（不攻击簇 k）、AS_3（攻击其他簇）。IDS 也有两种策略：SS_1（保护簇 k）或者 SS_2（保护其他簇）。考虑这样一种情况，在每一个时间片内 IDS 只能保护一个簇，那么这两个博弈者的支付关系可以用一个 2×3 的矩阵表示，矩阵 A 和 B 中的 a_{ij} 和 b_{ij} 分别表示 IDS 和攻击者的支付。此外，还定义 $U(t)$ 为传感器网络运行期间的效用，C_k 为保护簇 k 的平均成本，AL_k 为丢掉簇 k 的平均损失，N_k 为簇 k 的节点数量。

IDS 的付出矩阵 $A = (a_{ij})_{2 \times 3}$ 定义如下：

$$A = \begin{pmatrix} a_{11} & a_{12} & a_{13} \\ a_{21} & a_{22} & a_{23} \end{pmatrix} \tag{7-8}$$

这里 $a_{11} = U(t) - C_k$ 表示 (AS_1, SS_1)，即攻击者和 IDS 都选择同一个簇 k，因此对于 IDS，它最初的效用值 $U(t)$ 要减去它的防御成本。$a_{12} = U(t) - C_k$ 表示 (AS_2, SS_1)，

即攻击者并没有攻击任何簇，但是 IDS 却在保护簇 k，所以必须扣除防御成本。$a_{13} = U(t) - C_k - \sum_{i=1}^{N_k} AL_k$ 表示 (AS_3, SS_1)，IDS 保护的是簇 k，但攻击者攻击的是簇 k'，在这种情况下，需要从最初的效用中既要减去保护一个簇所需的平均成本，还要减去由于丢掉簇 k' 带来的平均损失。$a_{21} = U(t) - C_{k'} - \sum_{i=1}^{N_k} AL_k$ 表示 (AS_1, SS_2)，即攻击者攻击的簇为 k，而 IDS 保护的簇为 k'。$a_{22} = U(t) - C_{k'}$ 表示 (AS_2, SS_2)，即攻击者没有攻击任何簇，但 IDS 却在保护簇 k'，所以必须减去保护成本。$a_{23} = U(t) - C_{k'} - \sum_{i=1}^{N_k'} AL_{k'}$ 表示 (AS_3, SS_2)，即 IDS 保护的是簇 k'，但是攻击者攻击的却是簇 k''，在这种情况下，要从最初的效用中既要减去防御簇 k' 的平均成本，还要减去丢掉簇 k'' 带来的平均损失。

定义攻击者的付出矩阵 $\boldsymbol{B} = (b_{ij})_{2 \times 3}$ 如下

$$\boldsymbol{B} = \begin{pmatrix} PI(t) - CI & CW & PI(t) - CI \\ PI(t) - CI & CW & PI(t) - CI \end{pmatrix} \tag{7-9}$$

其中，CW 为等待并决定攻击的所需成本；CI 为攻击者入侵的成本，$PI(t)$ 为每次攻击的平均收益。在上述付出矩阵中，b_{11} 和 b_{21} 表示对簇 k 的攻击，b_{13} 和 b_{23} 表示对非簇 k 的攻击，它们都为 $PI(t) - CI$，表示从攻击一个簇所获得的平均收益中减去攻击的平均成本。同样 b_{12} 和 b_{22} 表示非攻击模式，如果入侵者在这两种模式下准备发起攻击，那么 CW 就代表了因为等待攻击所付出的代价。

现在讨论博弈的平衡问题。首先介绍博弈论中的支配策略，给定由两个 $m \times n$ 矩阵 A 和 B 定义的双博弈矩阵，A 和 B 分别代表博弈者 p_1 和 p_2 的付出。假定 $a_{ij} \geq a_{kj}(j = 1、\cdots、n)$，则行 i 支配行 k，行 i 称为"p_1 的支配策略"。对 p_1 来说，选出支配行 i 要优先于选出被支配行 k，所以行 k 实际上可以从博弈中去掉，这是因为作为一个合理的博弈者 p_1 根本不会考虑这个策略。

定理 7.1 基于策略的 (AS_1, SS_1) 的博弈结果趋于纳什均衡。

从上面的讨论中得出：对于 IDS 来说，最好的策略就是选择最恰当的簇予以保护，这样就使 $U(t) - C_k$ 的值最大；对于攻击者最好的策略就是选择最合适的簇来攻击，因为 $PI - C$ 总比 CW 大，所以总是鼓励入侵者的攻击。

（2）马尔科夫判定过程（Markov Decision Process，MDP）假设在有限值范围内存在随机过程 $\{X_n, n = 0, 1, 2, \cdots\}$，如果 $X_n = i$，那么就说这个随机过程在时刻 n 的状态为 i。假定随机过程处于状态 a，那么过程在下一时刻从状态 i 转移到状态 j 的概率为 p_{ij}，这样的随机过程称为"马尔科夫链"。基于过去状态和当前状态的马尔科夫链的条件分布与过去状态无关而仅取决于当前状态。对 IDS 来说，可以给出一个奖励概念，只要正确地选出予以保护的簇，它将为此得到奖励。

马尔科夫判定过程为解决连续随机判定问题提供了一个模型，它是一个关于 (S, A, R, tr) 的四元组。其中，S 是状态的集合，A 是行为的集合，R 是奖励函数，tr 是状态转移函数，状态 $s \in S$ 封装了环境状况的所有相关信息。行为会引起状态的改变，二者之间的关系由状态转移函数决定。状态转移函数定义了每一个（状态，行为）对的概率分布，因此，$tr(s,a,s')$ 表示的是当行为 a 发生时，从状态 s 转移到 s' 的概率。奖励函数为每一个（状态，行为）对定义了一个实际的值，该值表示在该状态下发生这次行为所获得的奖励（或所需要的成本）。入侵检测系统的 IDS 的 MDP 状态相当于预测模型的状态，如状态 (x_1, x_2, x_3) 表示对 x_3 的攻击（ $\{x_1, x_2\}$ 表示在过去曾经遭受过攻击），这种对应也许不是最佳的。事实上，获取更准确的对应关系需要大量的数据（如"在线时间"等数据），每一次 MDP 的行为相当于一个传感器节点的一次入侵检测，一个节点可以建立基于 MDP 的多个入侵检测系统，但是为了使模型简化和计算简单，这里只考虑一种入侵检测的情况，即当检测到节点 x' 遭受入侵时，MDP 要么认同这次检测，把状态 (x_1, x_2, x_3) 转移到 (x_1, x_2, x')；要么否定这次检测，重新选择另外一个节点。MDP 的奖励函数把入侵检测的效用进行编码，如状态 (x_1, x_2, x_3) 的奖励可能是维持节点 x_3 所获得的全部收益。简单地说，如果检测到入侵，则可以为奖励定义一个常量。MDP 模型的转移函数 $tr((x_1, x_2, x_3), x', (x_2, x_3, x''))$ 表示检测节点 x'' 被入侵的概率（假定节点 x' 在过去曾经遭受过攻击）。

为了方便学习，使用 Q-learning，引入这种方式是为了把获得的基于时间奖励的期望值最大化，可以通过从学习状态到行为的随机映射来实现，如从状态 $x \in S$ 到 $a \in A$ 的映射被定义成 $\prod : S \to A$。在每一个状态中选择行为的标准是使未来的奖励值达到最大，更确切地说就是选择的每一个行为能使获得的回报期望值 $R = E \left[\sum_{i=0}^{\infty} \lambda^i \omega_i \right]$ 达到最大，其中 $\lambda \in (0,1)$ 是一个折扣率参数，ω_i 表示第 i 步的奖励值。如果在状态 s 时的行为为 a，则折扣后的未来奖励期望值由 Q- 函数定义。

如果 $Q(s_t, a_t) \leftarrow Q(s_t, a_t) + a \left[\omega_{t+1} + \lambda \max_{a \in A} Q(s_{t+1}, a) - Q(s_t, a) \right]$，那么有 $Q : S \times A \to \Re$。

一旦掌握了 Q- 函数，就可以根据 Q- 函数贪婪地选择行为，从而使 R 函数的值最大。这样就有了如下表示

$$\prod (s) = \operatorname{argmax}_{a \in A} Q(s, a) \tag{7-10}$$

（3）依据流量的直觉判断　第三种方案通过直觉进行判断，在每一个时间片内 IDS 必须选择一个簇进行保护，这个簇要么是前一个时间片内被保护的簇，要么重新选择一个更易受攻击的簇。使用通信负荷来表征每个簇的流量，IDS 根据这个参数值的大小选择要保护的簇。所以，在一个时间片内 IDS 应该保护的是具有最大流量的簇，也是最易受攻击的簇。

本章习题

1. 单选题

（1）在物联网技术应用中物联网面临的安全问题不包括（　　　）。

A. 信息滥用　　　B. 通信窃听　　　C. 网络病毒　　　D. 网络拥塞

（2）下列关于物联网的安全特征说法不正确的是（　　　）。

A. 安全体系结构复杂　　　　　　B. 涵盖广泛的安全领域

C. 物联网加密机制已经成熟健全　　D. 有别于传统的信息安全

（3）物联网感知层遇到的安全挑战主要有（　　　）。

A. 网络节点被恶意控制　　　　　B. 感知信息被非法获取

C. 节点受到 DoS 攻击　　　　　　D. 以上都是

（4）在计算机攻击中，（　　　）是 DoS。

A. 拒绝服务　　　B. 操作系统攻击　　C. 磁盘系统攻击　　D. 一种命令

（5）为了防止网络窃听，（　　　）是最常用的方法。

A. 采用物理传输（非网络）　　　　B. 信息加密

C. 无线网　　　　　　　　　　　　D. 使用专线传输

（6）下列不属于 RFID 安全解决方案中物理方法的是（　　　）。

A. 杀死标签　　　B. 法拉第网罩　　　C. 重加密　　　D. 主动干扰

（7）WSN 根据网络层攻击的目标不同，可以分为两类，第一类攻击主要是试图获取或直接操纵用户数据。下列属于第一类的是（　　　）。

A. Sinkhole 攻击　　　　　　　　B. Wormhole 攻击

C. HELLO 洪泛攻击　　　　　　　D. Sybil 攻击

2. 填空题

（1）解决 DoS 攻击的最基本方式就是实现_____。

（2）_____是物联网信息机密性的直接体现。

（3）RFID 安全解决方案中物理方法包括_____、_____、_____、_____等。

（4）依据传感器网络的节点特性和结构，以及各种协议的具体实现方式，可以将 WSN 路由协议分为_____、_____、_____、_____。

（5）入侵检测技术分为：_____、_____、_____。

3. 简答题

（1）简述物联网在感知层、核心网络层、业务支撑处理层、应用层面临的安全问题。

（2）EPC Global 系统中，安全与隐私威胁存在哪些安全域？请简述。

（3）简述 WSN 中安全路由协议的攻防策略。

参考文献

［1］沈国平. 物联网应用的安全与隐私问题探究［J］. 现代信息科技, 2019, 3（14）: 161-163.

［2］蒲誉文. 物联网安全与隐私保护关键技术研究［D］. 重庆: 重庆大学, 2021.

［3］孙殿生. 物联网应用的安全与隐私问题研究［J］. 教育教学论坛, 2018（48）: 76-77.

［4］李宗辉, 许旭江. 物联网信息安全与隐私保护研究［J］. 无线互联科技, 2021, 18（20）: 11-12.

［5］黄东军. 物联网技术导论［M］. 北京: 电子工业出版社, 2012, 1-5.

［6］吴可嘉. 移动 RFID 系统安全与隐私保护问题研究［D］. 上海: 东华大学, 2010.

［7］郭虎. 无线射频识别安全与隐私研究［D］. 西安: 西安理工大学, 2008.

第 8 章

物联网计算技术

本章导读

物联网是一个基于互联网、传统电信网等信息承载体，让所有能够被独立寻址的普通物理对象实现互联互通的网络。物联网实质包含两个元素，一是物，二是网。那么把二者通过一个"联"字整合起来而产生了奇妙的效应。这个"联"字的背后，是传感器收集来的信息传送到网络上进行传输与处理。要将海量的信息在互联网上进行分析处理，并能准时反馈，从而对物体实施智能化掌握，需要一个全国性甚至全球性的功能强大的管理平台，其中，大数据、云计算、Web 技术必不可少。而为了使用更加灵活，则需要嵌入式系统、移动计算等技术的加入。

学习要点

1）掌握云计算的概念及服务模型。

2）掌握嵌入式系统的组成结构。

3）了解移动计算在物联网中的应用。

4）了解 Web 的三个要素和支撑技术。

5）掌握大数据的概念及特性。

6）了解人工智能的几种核心技术。

8.1　云计算

云计算（Cloud Computing）是分布式计算的一种，是指通过网络"云"将巨大的数据计算处理程序分解成无数个小程序，然后通过多部服务器组成的系统处理和分析这些小程序得到结果并返回给用户。云计算早期，简单地说，就是简单的分布式计算，解决任务分发，并进行计算结果的合并，因而，云计算又称为网格计算。通过这项技术，可以在很短的时间内（几秒钟）完成对数以万计的数据的处理，从而达到强大的网络服务[1]。

8.1.1　云计算的概念

2006 年 8 月 9 日，Google 首席执行官埃里克·施密特（Eric Schmidt）在搜索引擎大会（SESSanJose 2006）首次提出"云计算"的概念。

对于一家企业来说，一台计算机的运算能力是远远无法满足数据运算需求的，那么公司就要购置一台运算能力更强的计算机，也就是服务器。而对于规模比较大的企业来说，一台服务器的运算能力显然还是不够的，那就需要企业购置多台服务器，甚至演变成为一个具有多台服务器的数据中心，而且服务器的数量会直接影响这个数据中心的业务处理能力。除了高额的初期建设成本，计算机的运营支出中电费要比投资成本高得多，再加上计算机和网络的维护支出，这些总的费用是中小型企业难以承担的，于是云计算的概念便应运而生了。云计算提供的服务，能够非常完美地解决所需要的数据处理、存储、分析等问题，关键还更加高效、安全、省时省钱省力。

"云"实质上就是一个网络，狭义上讲，云计算就是一种提供资源的网络，使用者可以随时获取"云"上的资源，按需求量使用，并且可以看成是无限扩展的。从广义上说，云计算是与信息技术、软件、互联网相关的一种服务，这种计算资源共享池叫作"云"，云计算把许多计算资源集合起来，通过软件实现自动化管理，让资源被快速提供。也就是说，云计算能力作为一种商品，可以在互联网上流通，就像水、电、煤气一样，可以方便地取用，且价格较为低廉。

总之，云计算不是一种全新的网络技术，而是一种全新的网络应用概念。云计算的核心概念就是以互联网为中心，在网站上提供快速且安全的云计算服务与数据存储，让每一个使用互联网的人都可以使用网络上的庞大计算资源与数据中心。云计算是信息时代的一个大飞跃，虽然目前有关云计算的定义有很多，但概括来说，云计算的基本含义是一致的，即云计算具有很强的扩展性和需要性，可以为用户提供一种全新的体验。云计算的核心是将很多的计算机资源协调在一起，因此，用户通过网络就可以获取无限的资源，同时获取的资源不受时间和空间的限制。

各种类型、规模和行业组织都将"云"用于各种应用案例，如数据备份、灾难恢复、电子邮件、虚拟桌面、软件开发和测试、大数据分析及面向客户的 Web 应用程序。医疗保健公司正在使用"云"为患者开发更多个性化治疗方法；金融服务公司正在使用"云"为实时欺诈检测和预防提供支持；视频游戏制作商使用"云"为全球数百万玩家提供在线游戏。

8.1.2 云计算的服务模型

云计算的三种主要服务模型包括软件即服务（Software as a Service，SaaS）、平台即服务（Platform as a Service，PaaS）和基础设施即服务（Infrastructure as a Service，IaaS），如图 8-1 所示。每种模型都满足一组独特的业务需求，提供不同级别的控制管理。

1. 软件即服务（Software as a Service，SaaS）

软件即服务提供的应用程序可以通过 Web 访问，由软件提供商管理，而不是由公司管理，这使公司摆脱了软件维护、基础架构管理、网络安全、数据可用性，以及与保持应用程序正常运行有关的所有其他运营问题的持续压力。SaaS 计费通常基于诸如用户数量、使用时间、存储的数据量及处理的事务数据等因素。该服务模型在云计算中拥有最大的市场份额；根据 Gartner 的统计，到 2021 年，其销售额达到了 1170 亿美元。SaaS 当前的应用程序包括现场服务解决方案、系统监视解决方案、调度程序等。

图 8-1 云计算的服务模型

2. 平台即服务（Platform as a Service，PaaS）

平台即服务位于软件即服务（SaaS）和基础架构即服务（IaaS）之间，它提供对基于云环境的访问。在该环境中，用户无须管理底层基础设施（一般是硬件和操作系统），从而可以将更多精力放在应用程序的部署和管理上面。此外，用户通常可以自定义他们想要包含在自己功能中的功能。根据 Gartner 的调查，PaaS 在这三种服务模式中的市场份额最小。PaaS 提供商提供诸如 Microsoft Azure（也包括 IaaS）之类的应用程序、Google App Engine 和 Apache Stratos。

3. 基础设施即服务（Infrastructure as a Service，IaaS）

基础设施即服务包含云 IT 的基本构建块，它提供了一种按需和通过网络获取计算资源的标准化方法，这些资源包括数据存储设备、网络连接、计算机（虚拟或专用硬件）。在这种服务模型中，客户不需要管理基础架构，提供商可以保证合同规定的资源量和可用性。当前的 IaaS 服务包括 Google Cloud Platform 和 Amazon EC2。

云计算已经存在了很长一段时间，随着更快更可靠的网络为服务提供商和消费者带来更多利益，它将继续发展。在日益联系紧密的经济中，云计算发展业务模型的机会越来越多。

8.1.3 云计算的基础设施

云计算的基础设施是内部系统和公共云之间的软件和硬件层，融合了许多不同的工具和解决方案，是成功实现云计算部署的重要系统。随着公共云改变了数据中心及其硬件的结构，这一层次的云计算基础设施不断发展。到目前为止，IT 设备和数据中心系统采用了更加谨慎的方法，一切设施都在防火墙后面。

　　云计算在某种程度上是移动的，主要的公共云提供商，如 Amazon Web Services（AWS）或谷歌云平台，提供基于共享的多租户服务器的服务。该模型需要大量的计算能力来处理用户需求的不可预测的变化，并通过更少的服务器最佳地平衡需求。企业需要在其防火墙中创建安全的数据流，以安全地连接到公共云并防止入侵者的进入和攻击，同时保持可接受的性能水平。

　　在云计算基础架构中（图 8-2），包括一个虚拟化资源池的抽象层，并通过应用程序界面和启用 API 的命令行或图形界面将资源逻辑地呈现给用户。在云计算中，这些虚拟化资源由服务提供商或 IT 部门托管，并通过网络或互联网传递给用户。这些资源包括虚拟机和组件，如服务器、内存、网络交换机、防火墙、负载平衡器和存储。

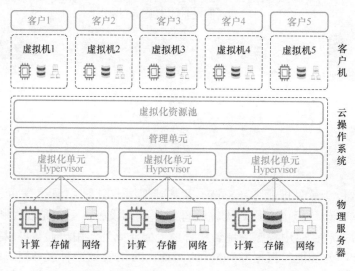

图 8-2　云计算基础架构

　　此外，与大多数传统的数据中心基础设施不同，云计算基础架构通常使用本地连接的存储、固态硬盘（Solid State Drives，SSD）和机械硬盘（Hard Disk Drives，HDD），而不是存储区域网络上的共享磁盘阵列，使用为特定存储方案设计的分布式文件系统（如对象、大数据或块）来聚合每个系统中的磁盘。通过分布式文件系统将存储控制和管理从物理实现中解耦，简化了扩展过程。它通过逐步增加具有必要数量和类型的本地磁盘的计算节点，而不是大量通过大型存储机箱，来帮助云提供商将容量与用户工作负载相匹配[2]。

8.1.4　融合云计算的物联网

　　物联网具备三个特征：全面感知，即利用传感设备和物体识别设备在更广范围内猎取环境信息和物体信息；可靠传递，即利用 WSN 和电信广域网络将上述信息快速可靠地传送出去；智能处理，即利用各种智能计算技术对海量信息进行分析处理，挖掘各种信息之间的关联关系，形成对所观测对象的深入认知，并进一步开放共享。

　　物联网的规模达到一定程度后，和云计算结合起来是一种必然趋势。首先，云计算是实现物联网的核心。物联网需要三大支撑，一是用于感知的传感器设备；二是物联网设备相互联动时，用于彼此之间传输信息的传输设施；三是计算资源处理中心，这个资源处理中心，利用云计算模式，可以处理海量数据，并能实时动态管理和即时智能分析。通过无线或有线的通信技术，传输动态信息送达计算资源处理中心，进行数据的汇总、分析、管理、处理，将各种物体连接。其次，云计算成为互联网和物联网融合的纽带。云计算与物联网各自具备优势，可以把云计算与物联网结合起来构造成物联网云。可以看出，云计算其实就相当于一个人的大脑，而物联网就是其眼睛、鼻子、耳朵和四肢等。

云计算与物联网的融合方式可以分为以下几种：

（1）单中心，多终端　此类模式分布的范围较小，各物联网终端（传感器、摄像头或 4G/5G 手机等）把云中心或部分云中心作为数据／处理中心，终端获得信息或数据统一由云中心处理及存储，云中心供应统一界面给使用者操作或者查看。

（2）多中心，大量终端　这种模式较适合区域跨度大的企业、单位。有些数据或者信息需要准时甚至实时共享给各个终端使用者。这个模式的前提是云中心必需包括公共云和私有云，并且之间的互联没有障碍。

（3）信息、应用分层处理，海量终端　这种模式可以针对用户的范围广、信息及数据种类多、安全性要求高等特征来打造。对需要大量数据传送，但是安全性要求不高的，可以实行本地云中心处理或存储。对于计算要求高，数据量不大的，可以放在负责高端运算的云中心里。而对于数据安全要求特别高的信息和数据，可以放在具有灾备中心的云中心里。

任何技术的应用与推广，都会经受从萌芽到成熟的过程。云计算和物联网技术，作为信息技术界新兴的技术，也尚处于完善与成熟阶段，目前仍然会有一些问题。首先是安全问题。随着互联网的发展，计算机病毒层出不穷，从损害个人信息与数据，到影响国家重要信息的安全，致使每个使用计算机的人达到提毒色变的程度。其次是标准化问题。目前云计算的架构和云平台要达到的目的都是一样的，但技术细节和某些处理环节，对许多云计算服务平台而言，还是有很大的不同之处。再次是数据版权问题。云计算中心是个数据存储与处理的仓库，为用户供应服务，收取一定的经济回报，从而导致利益纷争。所以这也是一个需要考虑的重要因素。随着物联网产业界对云计算技术的关注与需求，相信不久的将来，云计算技术会在物联网中广泛铺开，形成一个全球性的信息共享共同体。

8.1.5　云计算的应用

1. 云计算机

云计算机是云计算技术中最火热的应用场景之一。云计算机无须任何硬件或主机，仅需在终端下载 APP 进行登录，随时随地随意使用。终端也能变成个人计算机，内存占用小，简易便携，移动办公。随着云计算技术的发展，在未来可实现人人使用云计算机。

2. 云物流

云物流是遍布全国的开放式、社会化物流基础设施。"菜鸟网络"就是云物流的实践品，主要目的是为了缓解日益增长的物流需求、紧张的物流资源和物流资源的浪费。如图 8-3 所示，云计算平台可以对海量的运单信息进行处理，将运单按地域、时间、类别、紧急程度等进行分类；然后指定运输公司发送给快递公司，送达收件人手中。小快递公司只需要一台计算机就可以访问"云物流"平台，获得客户，并通过这个平台取货、送货。

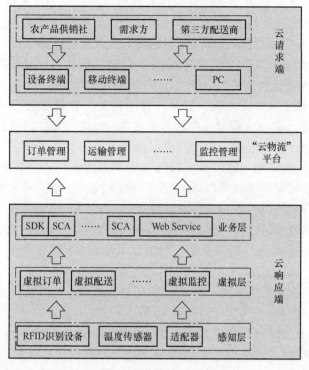

图 8-3 "云物流"平台构架

延伸阅读

　　云计算基础设施是数字基础设施的重要组成部分，在我国产业数字化转型和公共服务数字化水平提升中发挥着重要作用。受益于政策推动企业上云，以及政府机构和企业自身数字化转型需求，云计算行业近年来保持高速增长。云计算厂商也在不断地增强自身竞争力，争取在行业内脱颖而出。

　　华云数据作为中国领先的综合云计算厂商，深耕云计算领域十余年，以推动中国企业上云为愿景，在技术层面更能够充分满足用户需求，为用户提供安全、可靠、稳定的云平台和云服务，推动云计算产业稳步、可持续发展。华云数据拥有 500 多项知识产权，同时通过了在私有云、混合云、公有云和超融合领域的可信云评估，可以为企业用户提供私有云、公有云、混合云、超融合一体机、云操作系统等产品服务。目前，华云数据在政府金融、国防军工、教育医疗、能源电力、交通运输等十几个行业中拥有行业标杆案例，客户总量超过 30 万。

　　云计算行业将直接受益于我国数字经济的建设，受益于政策推动企业上云，以及政府机构和企业自身数字化转型需求。但我国云计算渗透率相比全球水平仍有差距，预计未来渗透率将进一步提升。

8.2　嵌入式系统

8.2.1　嵌入式系统的概念

嵌入式系统是以应用为中心，以现代计算机技术为基础，能够根据用户需求（功能、可靠性、成本、体积、功耗、环境等）灵活裁剪软硬件模块的专用计算机系统。嵌入式系统由硬件和软件组成，是能够独立进行运作的器件。其软件部分包括软件运行环境及操作系统，硬件部分包括信号处理器、存储器、通信模块等在内的多方面内容。相比于一般的计算机处理系统而言，嵌入式系统不能实现大容量的存储功能，因为没有与之相匹配的大容量介质，其采用的存储介质有 E-PROM、EEPROM 等；软件部分以 API 编程接口作为开发平台的核心[3]。

（1）以应用为中心　强调嵌入式系统的目标是满足用户的特定需求。就绝大多数完整的嵌入式系统而言，用户打开电源即可直接享用其功能，无须二次开发或仅需少量配置操作。

（2）专用性　嵌入式系统的应用场合大多对可靠性、实时性有较高要求，这就决定了服务于特定应用的专用系统是嵌入式系统的主流模式，它并不强调系统的通用性和可扩展。这种专用性通常也导致嵌入式系统是一个软硬件紧密集成的最终系统，因为这样才能更有效地提高整个系统的可靠性并降低成本，并使之具有更好的用户体验。

（3）以现代计算机技术为核心　嵌入式系统的最基本支撑技术，大致上包括集成电路设计技术、系统结构技术、传感与检测技术、嵌入式操作系统和实时操作系统技术、资源受限系统的高可靠软件开发技术、系统形式化规范与验证技术、通信技术、低功耗技术、特定应用领域的数据分析、信号处理和控制优化技术等。它们围绕计算机的基本原理，集成到特定的专用设备。

（4）软硬件可裁剪　嵌入式系统针对的应用场景如此之多，带来了差异性极大的设计指标要求（功能性能、可靠性、成本、功耗），以至于现实上很难有一套方案满足所有的系统要求。因此要根据需求的不同，灵活裁剪软硬件，组建符合要求的最终系统。

嵌入式系统是计算机系统一个一个组合的计算机处理器、计算机存储器和输入/输出外围设备，它具有更大的机械或电气系统内的专用功能。它作为完整设备的一部分嵌入，通常包括电气或电子硬件及机械零件。因为嵌入式系统通常控制嵌入式计算机的物理操作，所以它通常具有实时计算约束。嵌入式系统控制着当今许多常用的设备，所有微处理器中有 98% 用于嵌入式系统。

现代嵌入式系统通常基于微控制器（具有集成存储器和外围接口的微处理器），但是普通微处理器（将外部芯片用于存储器和外围接口电路）也很常见，尤其是在更复杂的系统中。在任何一种情况下，所使用的处理器可以是从通用型到专门用于某一类计算的处理器的类型，甚至可以是针对手头应用定制设计的类型。

8.2.2　嵌入式系统的体系结构

嵌入式系统的组成包含硬件层、中间层、软件层和功能层（图 8-4）。

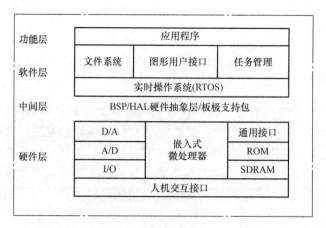

图 8-4　嵌入式系统的组成结构

1. 硬件层

由嵌入式微处理器、存储器（SDRAM、ROM、Flash 等）、通用设备接口和 I/O 接口（A/D、D/A、I/O 等）组成。嵌入式核心模块 = 嵌入式微处理器 + 电源电路 + 时钟电路 + 存储器。

（1）嵌入式微处理器　嵌入式系统硬件层的核心是嵌入式微处理器，嵌入式微处理器与通用 CPU 的不同在于它大多工作在为特定用户群专门设计的系统中，它将通用 CPU 许多由板卡完成的任务集成在芯片内部，从而有利于嵌入式系统在设计时趋于小型化，同时具有很高的效率和可靠性[4]。

嵌入式微处理器直接关系到整个嵌入式系统的性能。通常情况下，嵌入式微处理器被认为是对嵌入式系统中运算和控制核心器件的总称。嵌入式微处理器有各种不同的体系，即使在同一体系中也可能具有不同的时钟频率和数据总线宽度，或集成了不同的外设和接口。据不完全统计，目前全世界嵌入式微处理器已经超过 1000 多种，体系结构有 30 多个，其中，主流的体系有 ARM、MIPS（Microprocessor without Interlocked Piped Stages，无互锁流水级的微处理器）/Power PC、X86、SH 等。

鉴于嵌入式系统广阔的发展前景，很多半导体制造商都大规模生产嵌入式微处理器。从单片机、DSP 到 FPGA，有着各式各样的品种，速度越来越快，性能越来越强，价格也越来越低。嵌入式处理器的寻址空间可以从 64kB 到 16MB，处理速度最快可以达到 2000MIPS，封装从 8 个引脚到 144 个引脚不等。

在一片嵌入式微处理器基础上添加电源电路、时钟电路和存储器电路，就构成了一个嵌入式核心控制模块。其中，操作系统和应用程序都可以固化在 ROM 中。

（2）存储器　嵌入式系统需要存储器来存放和执行代码。嵌入式系统的存储器包含 Cache、主存和辅助存储器等。

Cache 是一种容量小、速度快的存储器阵列，位于主存和嵌入式微处理器内核之间，存放的是最近一段时间微处理器使用最多的程序代码和数据。在需要进行数据读取操作时，微处理器尽可能从 Cache 中读取数据，而不是从主存中读取，这样就大大改善了系统的性能，提高了微处理器和主存之间的数据传输速率。它的主要目标是减小存储器给微处理器内核造成的存储器访问瓶颈，使处理速度更快。

主存是嵌入式微处理器能直接访问的寄存器，用来存放系统和用户的程序及数据。它可以位于微处理器的内部或外部，容量为 256KB ～ 1GB，根据具体的应用而定。一般内存储器容量小，速度快；外存储器容量大。常用作主存的存储器有 ROM 类（NOR Flash、EPROM 和 PROM 等），以及 RAM 类（SRAM、DRAM 和 SDRAM 等）。

辅助存储器用来存放大数据量的程序代码或信息，它的容量大，但读取速度与主存相比就慢很多，用来长期保存用户的信息。嵌入式系统中常用的辅助存储器有硬盘、NAND Flash、CF 卡、MMC 和 SD 卡等。

（3）通用设备接口和 I/O 接口　嵌入式系统和外界交互需要一定形式的通用设备接口，如 A/D、D/A、I/O 等。外设通过和片外其他设备或传感器的连接来实现微处理器的输入 / 输出功能。每个外设通常都只有单一的功能，它可以在芯片外也可以内置在芯片中。外设的种类很多，可从一个简单的串行通信设备到非常复杂的 IEEE 802.11 无线设备。

嵌入式系统中常用的通用设备接口有 A/D（模 / 数转换接口）、D/A（数 / 模转换接口），I/O 接口有 RS-232 接口（串行通信接口）、Ethernet（以太网接口）、USB（通用串行总线接口）、音频接口、VGA 视频输出接口、I2C（现场总线）、SPI（串行外围设备接口）和 IrDA（红外线接口）等。

2. 中间层

中间层位于硬件层与软件层之间，也称为硬件抽象层（Hardware Abstract Layer，HAL）或者板级支持包（Board Support Package，BSP）。它将系统上层软件和底层硬件分离开来，使系统上层软件开发人员无须考虑底层硬件的具体情况，根据 BSP 层提供的接口开发即可。BSP 既与硬件相关，又与操作系统相关，该层一般包含相关底层硬件的初始化、数据的输入 / 输出操作和硬件设备的配置功能。

嵌入式实时系统的硬件环境具有应用相关性，而作为上层软件与硬件平台之间的接口，BSP 需要为操作系统提供操作和控制具体硬件的方法。另外，不同的操作系统具有各自的软件层次结构，因此，不同的操作系统具有特定的硬件接口形式。

实际上，BSP 是一个介于操作系统和底层硬件之间的软件层，设计一个完整的 BSP 需要完成两部分工作，包括嵌入式系统的硬件初始化和 BSP 功能，以及设计硬件相关的设备驱动。

3. 软件层

软件层由嵌入式操作系统 EOS、文件系统、图形用户接口（Graphical User Interface，GUI）、网络系统及通用组件模块组成。

（1）嵌入式操作系统　嵌入式操作系统（Embedded Operation System，EOS）是一种用途广泛的系统软件。通常包括与硬件相关的底层驱动软件、系统内核、设备驱动接口、通信协议、图形界面、标准化浏览器等。嵌入式操作系统负责嵌入式系统的全部软、硬件资源的分配、任务调度，控制、协调并发活动，需体现其所在系统的特征，能够通过装卸某些模块来达到系统所要求的功能。目前在嵌入式领域广泛使用的操作系统有嵌入式实时操作系统（Embedded Real-time Operation System，RTOS），嵌入式 Linux、Windows Embedded、VxWorks 等，以及应用在智能手机和平板计算机上的 Android、iOS 等。

随着 Internet 技术的发展、信息家电的普及应用及 EOS 的微型化和专业化，EOS 开

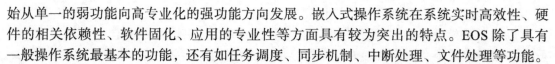

始从单一的弱功能向高专业化的强功能方向发展。嵌入式操作系统在系统实时高效性、硬件的相关依赖性、软件固化、应用的专业性等方面具有较为突出的特点。EOS 除了具有一般操作系统最基本的功能，还有如任务调度、同步机制、中断处理、文件处理等功能。

不同功能的嵌入式系统的复杂程度有很大不同。简单的嵌入式系统仅具有单一的功能，存储器中的程序就是为了这一功能设计的，其系统处理核心也是单一任务处理器。复杂的嵌入式系统不仅功能强大，往往还配有嵌入式操作系统，如功能强大的智能手机等，几乎具有与微型计算机一样的功能。

（2）文件系统　嵌入式文件系统比较简单，主要提供文件的存储、检索、更新等功能，一般不提供保护、加密等安全机制。它以系统调用和命令方式提供文件的各种操作，主要有设置、修改对文件和目录的存取权限，提供建立、修改和删除目录等服务，提供创建、打开、读写、关闭和撤销文件等服务。

（3）图形用户接口　图形用户接口的广泛应用是当今计算机发展的重大成就之一，它极大地方便了非专业用户的使用，人们从此不再需要死记硬背大量的命令，取而代之的是通过窗口、菜单、按键等方式进行操作。嵌入式 GUI 具有下面几个基本要求：轻型、占用资源少、高性能、高可靠性、便于移植、可配置等。

4. 功能层

功能层也称为应用软件层，应用软件是由基于实时系统开发的应用程序组成，运行在嵌入式操作系统之上，一般情况下与操作系统是分开的，应用软件是用来实现对被控对象的控制功能。功能层要面对被控对象和用户，为方便用户操作，往往需要提供一个友好的人机界面[5]。

8.2.3　嵌入式系统在智能制造中的应用

智能制造涉及生产、装备、产品、管理、服务等方面的智能化，传统的工业控制技术已经逐渐地被智能控制技术所取代，如许多机床、电子、服装、日用品生产等数字化车间和智能工厂已应用嵌入式工业智能终端。其中，信息收集、处理、传输、交流、互动等功能依靠物联网完成。物联网上部署了海量的多种类型的传感器，每个传感器都是一个信息源，不同类别的传感器捕获的信息内容和信息格式不同。传感器获得的数据具有实时性，按一定的频率，周期性地采集环境信息，不断更新数据；然后通过各种有线和无线网络与互联网融合，将物体的信息实时准确地传递出去；进而从传感器获得的海量信息中分析、加工和整理出有意义的数据。而监视、控制设备运行的功能则是通过嵌入式系统实现的。

嵌入式工业智能终端，集成了联网通信、交互触摸、数据采集、数据传输等功能为一体，运行嵌入式操作系统，支持多种标准通信协议，实现工业物联网所要求的全面感知、数据的可靠传递和智能运算。用户可通过触摸屏手动控制、读取或设置参数，能够监控设备实时运行数据、状态、生产状况和报警信息，具备报表、曲线、柱图等统计功能，借助相关软件完成数据分析，帮助用户更好地进行生产计划安排和相关决策。嵌入式工业智能终端可广泛应用于智慧消防、智慧水务、智慧工业、智慧农业、智能供暖和交通物流等多个领域。

延伸阅读

　　嵌入式计算机的真正发展是在微处理器问世之后。1971 年 11 月,算术运算器和控制器电路被成功地集成在一起,推出了第一款微处理器,其后各厂家陆续推出了 8 位、16 位微处理器。以这些微处理器为核心构成的系统广泛地应用于仪器仪表、医疗设备、机器人、家用电器等领域。微处理器的广泛应用形成了一个广阔的嵌入式应用市场,计算机厂家开始大量地以插件方式向用户提供 OEM(Original Equipment Manufacturer,原始设备制造商)产品,再由用户根据自己的需要选择一套适合的 CPU 板、存储器板及各式 I/O 插件板,从而构成专用的嵌入式计算机系统,并将其嵌入自己的系统设备中。

　　20 世纪 80 年代,随着微电子工艺水平的提高,集成电路制造商开始把嵌入式计算机应用中所需的微处理器、I/O 接口、A/D 转换器、D/A 转换器、串行接口,以及 RAM、ROM 等部件全部集成到一个 VLSI(Very Large Scale Implementation,超大规模集成电路)中,从而制造出面向 I/O 设计的微控制器,即俗称的单片机。单片机成为嵌入式计算机中异军突起的一支新秀。20 世纪 90 年代,在分布控制、柔性制造、数字化通信和信息家电等巨大需求的牵引下,嵌入式系统进一步快速发展。面向实时信号处理算法的 DSP 产品向着高速、高精度、低功耗的方向发展。21 世纪是一个网络盛行的时代,将嵌入式系统应用到各类网络中是其发展的重要方向。

8.3　移动计算

8.3.1　移动计算的发展

　　随着 4G/5G、大数据、云计算、互联网 + 等技术的兴起,在无线环境中实现数据资源共享成了新的需求。传统的分布式计算环境中,各个节点的通信是通过传统的固定网络连接的,而移动计算(Mobile Computing)是将计算机或其他智能终端设备在无线环境或固定网络下实现数据资源共享,将信息传递给远程服务器的一种分布式计算技术[6]。移动计算能将感知到的信息及时提供给任何时间、任何地点的用户,为用户提供一个泛在移动计算环境,用户不必局限在固定位置,而是可以携带终端自由移动,该技术被认为是对未来具有深远影响的四大技术方向之一。移动计算主要通过各种无线电射频技术或移动蜂窝通信技术,使用户的智能终端和其他电信设备进行自由通信。移动计算让计算机服务于人,让更多的人感知不到计算机的存在。

　　移动计算模型通常分为集中式计算、分布式计算、移动计算、普适计算四个阶段,是一种复杂的异构型网络[7]。移动计算系统由移动终端、无线网络单元(Mobile Unit,MU)、移动基站(Mobile Support Station,MSS)、固定节点和固定网络连接组成。固定网络构成连接固定节点的主干网;固定节点通常包含文件服务器和数据库服务器;MSS 是一类特殊的固定节点,它带有支持无线通信的接口,负责建立一个 MU,MU 内的移动终端通过 MU 与 MSS 连接,进而通过 MSS 和固定网络与固定节点(固定主机和服务器)以及其他移动计算机（或移动终端）通信[8]。

移动计算的应用较为广泛，如环境感知计算、移动车辆数据通信系统、大型电子化工业设备系统、物联网、手持数据读写设备等。在移动计算下，由于移动设备的资源有限，网络的带宽、时延、寿命等参数很难保证分布式交互的服务质量，而自适应策略是一种折中的策略。针对移动 IP 环境，利用代理服务器来分隔有线网络和无线网络，并在有线网络的服务质量和无线网络的服务质量间进行适配，代理服务器可以根据当前网络状态对代理行为实施动态控制，以适应网络状态的变化。

近年来，移动计算在软硬件上都取得了不错的成绩。通过缓冲协议改造技术来解决频繁的断连接和弱连接；通过使用压缩、请求合并、数据预取、缓存回写、通信调度算法等技术提高带宽利用率；通过屏蔽网络的异构性、移动计算中间件、硬件技术解决网络异构的问题；通过使用调频、加密、访问控制、法律保护等策略解决网络安全问题；通过软硬件节能设计、电池改进、无线充电、工作模式（工作、待命、空闲、睡眠）的设置方式增强电源的供电能力；通过有效的算法设计、代码的空间效率、硬件芯片等技术提高硬件的计算和存储能力。

移动计算的原理比固定网络原理复杂，特别是在移动过程中，需要更高的连接和切换。由于带宽和时延在移动过程中可能有巨大的变化，导致连接的不及时和通信的不确定性。如何管理移动数据、移动节点如何感知自己的位置、移动节点如何发现可用的服务、移动网络如何与传统网络进行可靠的连接等是需要进一步研究的关键技术。

8.3.2　移动计算在物联网中的应用

物联网是"信息化"时代的重要发展阶段，按照不同的协议，将设备连接起来，进行信息的交换和通信，实现智能化的管理网络。物联网把"时间、地点、主体、内容"联系一起，为人们的生活提供了便捷。这些技术在从移动设备到智能汽车、工业设备、移动教育、医疗保健等领域的运用已经开始迅猛发展。如环境保护自动监测系统实现了前端各类现场污染源数据的采集设备、监控设备、监控人员与监控中心平台之间的数据信息传输；同时利用数字视频技术、计算机网络技术、通信技术等，为用户提供数据采集、视频监控、远程控制、统计分析于一体的先进的环保监测管理手段[9]。

在一些地理分布范围广、地处偏僻、设备分散的系统中，移动计算可以有效地提高信息交互速度，信息采集效率。如在电力系统中，建立电力企业基础数据与移动设备的连接通道，工作人员通过安全身份认证方式接入服务器，交互信息。在此基础上，利用智能化的移动手持设备完成线路、设备的巡检与抄表、应急处理等任务。最后，利用移动网络接入到后台应用系统，后台系统对采集和记录的信息进行有效的整合与分类，便于巡检人员随时随地的查询、维修，高效完成后续的管理工作。另外，通过在发、输、变、配电站的关键位置装配无线传感器、无线监控设备，再结合相应的信息传输与处理技术，可以对电力系统的运行状态进行实时监控和分析[10]。

在建筑工程中，可以使用移动计算在施工现场收集数据，并通过无线网络将数据实时传输到服务器，进行数据分析及处理。另外，通过无线计算技术，施工管理人员可以与施工现场或其他地方的设计人员或专家进行实时交流，解决施工现场的问题。因此，使用移动计算，可以降低工程项目的施工时间，提高施工质量[11]。

8.3.3 移动计算的应用

1. 移动医疗

当今社会，人们对提高健康水平的要求日益迫切，传统的远程医疗已远远不能满足人们的需要，移动医疗（Mobile Medical）提供了一种通过对远地移动对象生理参数的检测来研究其生理功能的方法，并提供向监控中心发送数据的功能，为监控中心的医护人员有效地赢得了急救时间。移动医疗系统由移动单元、数字蜂窝网和监护中心组成，如图 8-5 所示。

1）移动单元由数据采集模块、移动模块组成，由用户随身携带，随时检测用户生理数据并在必要时"告知"监控台。

2）监护中心由监控台（包括监控计算机、移动模块）、信息管理系统及联系两者之间的局域网组成，用于接收移动单元发来的信号，为医护人员的救援工作提供信息。

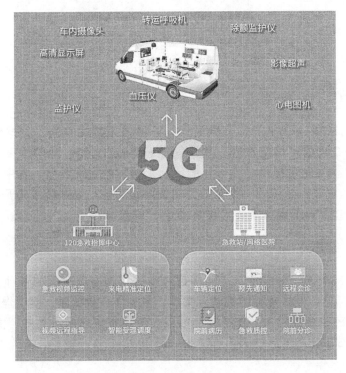

图 8-5 移动医疗系统

2. 移动仓储

传统的仓库管理系统，一般以纸张为基础来记录、跟踪进出货物，这种管理方式效率低，而通过对仓库物料进行科学的编码设计、采用标准条码进行标记，并在仓库管理系统的基础上使用条形码识别设备，通过移动计算将条码信息与数据中心进行连接，互相查询并核对信息，可以有效地提升企业仓库管理的效率。WMS 仓储系统解决方案如图 8-6 所示。

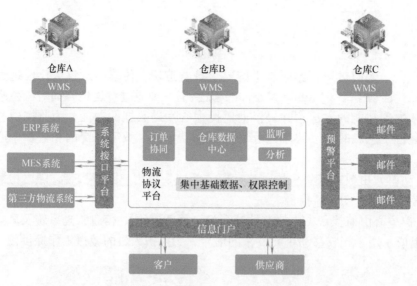

图 8-6　WMS 仓储系统解决方案

8.4　Web 技术

WWW（World Wide Web）即万维网，是一种基于超文本的、全球性的、动态交互的、跨平台的分布式图形信息系统，是建立在 Internet 上的一种网络服务，为浏览者在 Internet 上查找和浏览信息提供了图形化的、易于访问的直观界面。其中的文档及超链接将 Internet 上的信息节点组织成一个互为关联的网状结构。Web 技术是开发互联网应用的技术总称，一般包括 Web 服务端技术和 Web 客户端技术。

8.4.1　Web 基础知识

Web 是互联网上的一种服务，它使用超文本技术将遍布全球的各种信息资源连接起来，便于用户的浏览。信息资源的类型有文本、多媒体、数据库、应用程序等格式，资源可以彼此通过超链接连接起来，在逻辑上形成一个遍布全球的巨大的"信息网络"，Web 已经成为人们日常工作和生活中必不可少的一部分。

1. Web 的发展

1989 年，在欧洲粒子物理研究所（CERN）中，由 Tim Berners-Lee 领导的小组提交了一个针对 Internet 的新协议和一个使用该协议的文档系统。该小组将这个新系统命名为 World Wide Web，目的在于使全球的科学家能够利用 Internet 方便地交流、检索资料。这个新系统被设计为允许 Internet 上任意一个用户都可以从许多文档服务计算机的数据库中搜索和获取文档。Tim Berners-Lee 创建了超文本文档描述语言及在客户和服务器之间传送文档的交互协议，这些就是 HTML 和 HTTP 的雏形。1990 年末，这个新系统的基本框架在 CERN 中的一台计算机中开发出来并实现。1991 年，该系统移植到了其他计算机平台，并正式发布。

1993 年，伊利诺斯大学的国家超级计算机中心 NCSA（National Center for Supercomputing Applications）开发了一个带有 GUI 的 Web 客户端浏览器软件 Mosaic，受到了人们的普遍欢迎。从此，Web 开始迅猛发展。

Web 提供了全新的信息发布和浏览模式，实际上，Web 是运行在 Internet 之上的所有 Web 服务器和所管理对象的集合，对象主要包括网页和程序。无论从用户数目还是从网络流量来看，Web 是 Internet 上使用最普遍的服务。Web 已经成为信息发布 / 获取的基础平台，人们可以用它来快速、有效地获取各种信息。随着 Internet 技术的发展，Web 也逐渐成为互联网应用的基础平台。

2. Web 体系结构

Web 是基于浏览器 / 服务器（Browser/Server，B/S）的一种体系结构，客户在计算机上使用浏览器向 Web 服务器发送请求，服务器响应客户请求，向客户回送所请求的网页，客户在浏览器窗口上显示网页的内容。

Web 体系结构主要由三部分组成：Web 服务器、客户端和通信协议（图 8-7）。Web 服务器也称为网站，主要功能是提供 Web 页面等网上信息浏览服务。客户端是用以运行用户访问 Web 资源所用的浏览器等软件的。而通信协议是客户浏览器和 Web 服务器通信的基础，客户端和服务器之间是采用超文本传输协议进行通信的。

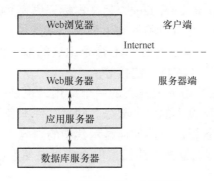

图 8-7　典型的 Web 应用结构

8.4.2　Web 关键技术

Web 的三个要素和支撑技术分别为 URI、HTML 和 HTTP。

1. URI

URI（Unified Resource Identifier，统一资源标识符）是对全球范围内的资源进行命名的一种标准机制。在 Internet 上，信息资源可能分布在任何地方，为了让用户能够知道并访问该资源，必须要采用一种统一的方法为每个资源赋予一个唯一的标识符。标识符包含了一些信息，如资源所在的服务器名称、资源在服务器上的路径等。URI 包括两个子集：URL 和 URN。

（1）URL　URL（Uniform Resource Locator，统一资源定位系统）描述资源在特定服务器上的特定位置，准确地告知如何从精确的固定位置获取资源。URL 包含以下几个部分：

1）方案。描述访问该资源所使用的方法，如协议等。

2）用户名。可选用户名。一些方案（如 FTP）允许指定用户名。

3）密码。可选密码。如果存在的话，跟在用户名后面，并用冒号分隔。

4）主机。网络主机的完全限定域名，它的 IP 地址是一组用"."分隔的四个十进制数字组。

5）端口。要连接的端口号，大多数方案给协议指定一个默认的端口号。

6）URL 路径。定位符的其他部分由方案的特殊数据组成，这些特殊数据被称为"URL 路径"，它提供了如何对特定资源进行访问的详细信息。注意，主机（或端口）与 URL 路径间的"/"不是 URL 路径的一部分。

（2）URN　URN（Uniform Resource Name，统一资源名）作为特定内容的唯一名称，与资源当前所在的位置无关。URN 是基于某名字空间通过名称指定资源的 URI，人们可以通过 URN 来指出某个资源，而无须指出其位置和获得方式，资源无须基于互联网。

2. HTML

为了能够在全球范围内发布信息，需要一种能够为所有的计算机理解的信息资源描述语言，如哪些是正文，哪些是标题、图片等。

HTML（Hypertext Markup Language，超文本标记语言）就是这样一种标记语言，它包括一系列标签，通过这些标签可以将网络上的文档格式统一，使分散的 Internet 资源链接成一个逻辑整体。HTML 文本是由 HTML 命令组成的描述性文本，HTML 命令可以是说明文字、图形、动画、声音、表格、链接等。

超文本标记语言是标准通用标记语言的一个应用，也是一种规范，一种标准，它通过标记符号来标记要显示的网页中的各个部分。网页文件本身是一种文本文件，通过在文本文件中添加标记符，可以告诉浏览器如何显示其中的内容（如文字如何处理、画面如何安排、图片如何显示等）。浏览器按顺序阅读网页文件，然后根据标记符解释和显示其标记的内容。

超文本是一种组织信息的方式，它通过超级链接方法将文本中的文字、图表与其他信息媒体相关联。这些相互关联的信息媒体可能在同一文本中，也可能是其他文件，或是地理位置相距遥远的某台计算机上的文件。这种组织信息方式将分布在不同位置的信息资源用随机方式进行连接，为人们查找、检索信息提供方便。

3. HTTP

HTTP（Hyper Text Transfer Protocol，超文本传输协议）是 Web 技术的核心，是在客户和服务器之间传输信息和资源的一种协议。HTTP 设计了一套相当简单的规则，用来支持客户端主机和服务器之间的通信。

HTTP 是一种能够为服务器与客户端所理解的交互协议，包括客户发送请求信息的格式及服务器给出响应消息的格式等，能够将远程计算机上的文件传输到本地计算机。如在获取一个文件时，客户首先要向服务器提出下载请求，并指定待下载资源的 URL；服务器则要向客户报告下载是否成功，并返回对应的资源。

HTTP 是基于客户/服务器（Client/Server，C/S）模式，且面向连接的。HTTP 协议的一个完整会话过程主要包括建立 TCP 连接、发送请求、接收应答和关闭 TCP 连接四个步骤。HTTP 是一种无状态协议，即服务器不保留与客户交易时的任何状态，这就大大减轻了服务器的记忆负担，从而保持较快的响应速度。HTTP 也是一种面向对象的协议，允许传送任意类型的数据对象，它通过数据类型和长度来标识所传送的数据内容和大小，并允许对数据进行压缩传送。

8.4.3　Web 技术的应用

HTML5 是一项具有改革性质的技术，这个技术最大的好处在于它是一个公开的技术。HTML5 的开发存在很多优势，如绘制图形、多媒体、页面结构优化、处理方式优化等。HTML5 的快速加载、本地 / 离线存储和地理位置获取能很好地运行在移动设备上。

HTML5 在移动端游戏方面能够起到非常重要的作用。通过 HTML5 绘图，再辅助一些其他的软件，便能够有效地开发 HTML5 游戏。HTML5 的游戏市场主要是手机、平板计算机小游戏，由于手机携带方便，并不像一些大型网络游戏需要坐在计算机前才能够进行，所以 HTML5 在游戏市场拥有非常广阔的前景。HTML5 网络游戏最大的优势就是平台的兼容性，能够同时支持 Android、iPhone 和 Windows Phone。

基于 HTML5 的跨平台应用商店，也是 HTML5 非常重要的一个应用。通过利用 HTML5 的开源性，构建一个支持台式计算机、手机和平板计算机的平台，用户只需购买一次应用，不管使用什么设备或操作系统平台，都可以下载和安装自己喜欢的应用，从而让用户不再局限于一个特定的操作系统，可在任何能启用 HTML5 的设备上使用。

延伸阅读

Web 3.0 打通了数字世界与现实世界连接，需要大量的新技术支撑，如人工智能、区块链、数字隐私保护、虚拟现实等技术。上述技术对算力的要求都非常高，需要计算、网络、存储等 IT 基础支撑能力有飞跃式的提升。

Web 3.0 中，随着数字孪生相关技术的发展，人们有机会以更加宏观、全局、透明的全新视角重新理解现实，加快改革进程。在 BIM、智能制造技术帮助下，对建设、制造等传统工序工艺进行调整优化；数字货币成为重要的金融交易媒介后，全球金融秩序即将面临重新洗牌的新格局。在数字虚拟世界规则创新方面，线上的数字文化作品的产权规则将更新，数字产权与新的信任关系建立，虚拟世界的规则和现实世界的秩序也将做出相应调整。

随着 Web 3.0 新技术、新硬件和软件的应用，过去在数字经济基础上快速发展的通信、社交、游戏、电商等数字经济产业将以虚实世界"通道"的方式继续发展，实体经济数字化程度提升，个人、组织的现实身份和虚拟身份一体化，不断融合，将更深影响科技、金融、市场、政策乃至文化艺术、法律规则的发展，产业体系和社会生活将呈现出全新的面貌。在这一背景下，标准、规则的影响力将进一步扩大。

8.5 大数据

大数据是指无法在一定时间内用常规软件工具对其内容进行抓取、管理和处理的数据集合，需要新的处理模式才能具有更强的决策力、洞察力和流程优化力来适应海量、高增长率和多样化的信息资产。大数据示意如图 8-8 所示。

图 8-8　大数据示意

8.5.1　大数据的概念与特性

麦肯锡全球研究所给出的大数据定义是：一种规模大到在获取、存储、管理、分析方面大大超出了传统数据库软件工具能力范围的数据集合，具有海量的数据规模、快速的数据流转、多样的数据类型和价值密度低四大特征。

大数据的数据体量巨大，百度资料表明，其新首页导航每天需要提供的数据超过1.5PB（1PB=1024 TB），这些数据如果打印出来，将超过 5000 亿张 A4 纸。有资料证实，到目前为止，人类生产的所有印刷材料的数据量仅为 200PB。其次，其数据处理遵循"1秒定律"，可从各种类型的数据中快速获得高价值的信息。另外，其数据类型多样，现在的数据类型不仅是文本形式，更多的是图片、视频、音频、地理位置信息等多类型的数据，个性化数据占绝大多数。最后，大数据的价值密度低，以视频为例，在不间断的监控过程中，一小时的视频，可能有用的数据仅仅只有一两秒。

大数据技术是指从各种各样类型的数据中，快速获得有价值的信息的能力。大数据技术包括：大规模并行处理（Massively Parallel Processor，MPP）数据库、数据挖掘电网、分布式文件系统、分布式数据库、云计算平台、互联网和可扩展的存储系统。大数据技术的战略意义不在于掌握庞大的数据信息，而在于对这些含有意义的数据进行专业化处理。换而言之，如果把大数据比作一种产业，那么这种产业实现盈利的关键，在于提高对数据的"加工"能力，通过"加工"实现数据的"增值"。

从技术上看，大数据与云计算的关系就像一枚硬币的正反面一样密不可分。大数据必然无法用单台计算机进行处理，必须采用分布式架构，它的特色在于对海量数据进行分布式数据挖掘。大数据必须依托云计算的分布式处理、分布式数据库和云存储、虚拟化技术。实时的大型数据集分析，需要像 MapReduce 一样的框架来向数十、数百甚至数千的计算机分配工作。

8.5.2　物联网数据的采集

与因特网和传统的电信网一样，物联网是一种数据载体，它能让所有具有独立功能的设备相互连接，物联网的关键技术基础是大数据技术。

1990 年，施乐公司创造发明了第一台网上可乐自动贩卖机，这被视为物联网的初次试验。物联网技术伴随着计算机技术和互联网发展而快速发展。我国物联网的发展趋势已展现出一种别具特色的现象，并慢慢变成我国经济的一大突破点。据资料表明，现阶段我国物联网技术创造的经济收益已达千亿元以上，成为我国经济社会发展中不可忽视的一部分。

物联网大数据信息的特点与其他行业相比，在某些层面独树一帜。一是物联网的信息量。物联网中的信息量远远高过互联网，伴随着时间的变化，所积累的信息量可能越来越大。二是物联网中传输数据的效率。海量数据在物联网中的散播，对数据信息传输速度的需求越来越高，促使物联网技术不断创新。三是物联网针对数据信息真实有效的要求。

IIoT 是一种以"物"为数据库的互联网，是工业物联网（Industrial IoT）的简称。该项技术能够将物联网大数据储存及管理新技术、设备等的资源相互连接起来，实现物联网大数据存储及管理信息技术的广泛应用，并与相应的信息传递渠道相匹配，将感应器获得的数据信息传输至大数据中心。物联网大数据存储和监管技术已广泛用于气候分析、智慧城市建设、环保监测等各行各业。伴随着信息量的提升，目前的数据储存和数据库管理技术越来越无法达到大数据的实际需要，在信息资源管理中显现出很多问题。

物联网数据的采集方式一般包含两种。一种是报文方式，所谓报文就是根据设置的采集频率，如 1 分钟一次或 1 秒钟一次进行数据传输。另一种采集是以文件的方式采集。在做数据分析的时候，工业设备的数据希望是连续不断的，可以理解为毫秒级采集，就是设备不停地发送数据，然后形成一个文件或者多个文件。

物联网数据采集的策略主要包含采集时间和采集参数两个方面。采集时间即需要采集数据的时长，而每个设备有上千个参数，需要下发策略，告诉设备需要采集哪些参数；设备采集之后，以文件的方式保存，通过网络传送到云存储。由于数据量大，这里通常要做系列化及压缩处理，避免给磁盘带来巨大开销。

8.5.3　基于物联网的大数据应用

时至今日，将物联网和大数据相结合形成的"物联网 + 大数据"，已经在诸多领域得到了应用。

在智能家居领域，"物联网＋大数据"为人们带来便捷、舒适的生活体验，如图 8-9 所示。智能门锁、智能照明、智能监控和智能家电就是其中最为典型的例子。智能门锁是家庭安防的重要防线，只要打开门锁，开锁信息便会同步到手机终端，以便用户实时掌握情况。智能门锁与其他智能家居相互联动，可以实现在打开门锁时，其他智能设备自动开启，为用户的日常生活提供便利。如用户下班回家时，通过智能门锁信号触发热水器的加热和照明灯的开启。智能照明系统是将普通发光灯源更换为自带联网模块的智能灯。实现网络控制后，用户就能自行设定照明系统的开关、亮度及照明灯的冷暖参数设置。相对于传统照明系统，智能照明系统能更好地服务于用户需求的同时，还具有趣味性。智能监控可以让用户在任何时间、任何地点都能通过监控查看家庭情况。若有人独自在家，可以通过终端远程对讲。若出现非法入侵情况，智能监控会记录入侵者面部信息。智能家电则可以通过手机终端远程控制，让用户在回家后即可享受智能家电带来的便利。其中，智能燃气灶打破了传统燃气灶只能开关火、调火的局限，协助用户进行自动调火、自动关火，甚至可以实现让食物更具备营养价值的智能烹饪，让用户无须为中途调火而担心。

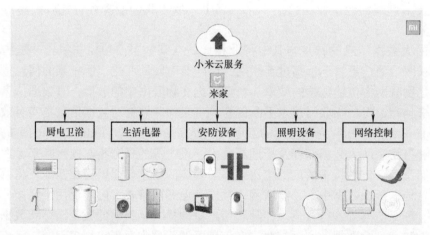

图 8-9　智能家居应用实例

在案件侦破领域，"物联网＋大数据"为公安机关提供了便捷，有效提升了破案率，尤其是食品、药品领域。食品、药品领域的犯罪涉及种类多、范围广、跨地域性强、犯罪链条长、犯罪量大，社会危害极为严重。这对公安机关对于食品、药品犯罪的专项打击能力提出了更高的要求。"物联网＋大数据"可以通过技术手段解决案件发现难的问题，获取外部数据以补充案件来源，通过多种渠道发现违法线索。此外，还可以提高数据的利用率，辅助民警分析办案的基础数据，加强数据关联分析，帮助民警快速研判可能出现的问题。大数据可以提供海量的信息来源，办案人员可以利用大数据系统整合群众举报数据、市场监管、药品监管、公共卫生、交通运输等部门移交的数据，以及政府网站、新闻、论坛、社交平台、自媒体等舆情数据，检验检测、笔录等其他业务数据，从而实现食品、药品案件情报线索的系统化产出。物联网设备可以提升食品、药品检测能力。办案人员通过便携式检测仪，完成对食品理化、非法添加、药物残留等现场快速鉴定，发现假冒伪劣、有毒有害、不符合安全标准等商品。通过高速热敏打印机，现场打印检测报告，同时通过 WiFi、5G、4G 等传输方式，将检查结果上传至案件办理系统，提高了案件侦办效率。此外，通过 RFID 读取设备，可对信息进行读写，方便检测机构与实验室快速读取样品信息，也便于民警对样品检测过程进行跟踪与监控，实时掌握样品检测状态，并对结果进行查询。

在环境监测领域，"物联网 + 大数据"可以提高环境监测的精确度，便于数据的上传和处理。国务院办公厅印发的《生态环境监测网络建设方案》中明确指出，利用大数据实现监测与监管的有效联动，通过监测数据的有效管理而实现环境监管的精准化。具体而言，需要进行数据采集与预处理、数据储存、数据分析和结果可视化。通过传感器、条形码、移动终端等数据采集技术，从多种渠道获取大量的丰富的环境数据，并进行整合与提取；再通过数据清洗工具对复杂结构和质量各异的数据进行清洗，滤去错误和冗余的数据；预处理操作后实现对大量关联数据的存储；最后利用机器学习、数据挖掘等算法对已存储的数据进行分析，实现数据的可视化。目前，生态环境监测大数据应用（一期）建设项目通过验收完成，环境质量监测数据实现了互联互通、全国联网、通存通取。如三峡库区水环境风险评估与预警示范系统的成功部署。该系统自业务化运行以来，每日采用自动作业方法，自动获取气象、水文监测信息，进行模拟预测，开展水污染风险评估与预警。又如，广西通过"五个一"工程打破信息孤岛，建成环境监管与预警信息系统平台，所有环境在线数据使用唯一平台进行管理。环境监测管理平台如图 8-10 所示。可以说，"物联网 + 大数据"已成为生态文明建设的重要工具。

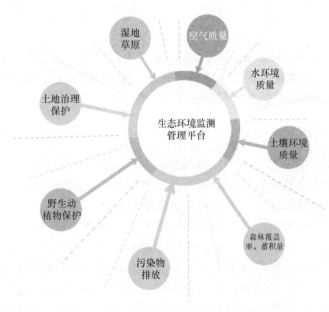

图 8-10　环境监测管理平台

综上，基于物联网的大数据应用已经在社会诸多领域中得到了普及，给人们的生活带来了极大的便捷。

延伸阅读

当前，大数据作为社会中最为活跃的技术创新要素，正在全面重构全球生产、流通、分配、消费等领域，对全球竞争、国家治理、经济发展、产业转型、社会生活等方面产生全面深刻影响。发展数字经济是实现经济高质量发展、构建现代化经济体系的必由之路。推进经济社会数字化转型实际上就是从工业经济时代向数字经济时代的转变。在这一转变过程中，数据发挥着至关重要的作用。

大数据应用能够揭示传统技术方式难以展现的关联关系，推动政府数据开放共享，促进社会事业数据融合和资源整合，将极大提升政府整体数据分析能力，为有效处理复杂社会问题提供新的手段。建立"用数据说话、用数据决策、用数据管理、用数据创新"的管理机制，实现基于数据的科学决策，将推动政府管理理念和社会治理模式进步，加快建设与社会主义市场经济体制和中国特色社会主义事业发展相适应的法治政府、创新政府、廉洁政府和服务型政府，逐步实现政府治理能力现代化。

加快数字中国建设是以信息化培育新动能、用新动能推动新发展的重要举措。数字中国涉及内容十分广泛，面临的主要障碍就是各行业领域普遍存在的信息孤岛和数据烟囱。无论是发展数字经济，还是建设数字政府、智慧城市、智慧社会，最为关键的一环就是实现数据资源的跨部门、跨地区、跨行业、跨系统、跨层级的有序汇聚和共享，数字城乡等数字化转型场景都需要发挥大数据的赋能、创新和带动作用。

8.6 人工智能

人工智能（Artificial Intelligence，AI），是一个以计算机科学为基础，由计算机、心理学、哲学等多学科交叉融合的交叉学科，研究、开发用于模拟、延伸和扩展人的智能的理论、方法、技术及应用系统的一门新的技术科学。

8.6.1 人工智能的定义

人工智能使得计算机能够自主分析数据，并具有自主决策能力，能够对人类真实生活中的具体场景做出预测和判断。根据人工智能能否正式地实现推理、思考和解决问题，可以将人工智能分为弱人工智能和强人工智能两类。弱人工智能是指不能真正实现推理和解决问题的智能机器。强人工智能是指真正能思维的智能机器，并且认为这样的机器是有自觉的和自我意识的，具备快速学习新知识的能力，并能充分掌握已有知识来解决新问题的应用。这类机器可分为类人和非类人两类，暂时还停留在理论阶段。目前主流研究仍然集中于弱人工智能，如语音识别、图像处理和物体分割、机器翻译等。另外，根据应用场景，还存在可以在某特定专业领域实现应用的人工智能，如会下围棋的AlphaGo等。

人工智能发展伊始是对用户数据贴标签，挖掘其中的规律，训练算法，为用户推荐可能感兴趣的内容。随着感知人工智能的出现，机器不再是简单地存储信息和执行命令，而是使用各种传感器收集信息，把现实世界数据化，实现生产、工作的自动化和智能化。

人工智能的快速发展和广泛应用给社会带来了翻天覆地的变化,改变了人类以往的劳动、生活、交往和思考等方式,使生活更加便捷,沟通更加方便,可以认识和感受以前接触不到的世界,能够从根本上改变人类的生活。

8.6.2 人工智能的产业框架

人工智能是新一轮产业变革的核心驱动力,将进一步释放历次科技革命和产业变革积蓄的巨大能量,并创造新的强大引擎,重构生产、分配、交换、消费等经济活动环节,形成从宏观到微观领域的智能化新需求,催生新技术、新产品、新产业、新业态、新模式。

人工智能产业链可以分为上游(基础层)、中游(技术层)和下游(应用层),涉及金融、工业等多个领域。人工智能在集中自身产业规模扩大的同时,以提供行业智慧解决方案支持,为相关产业注入活力,提高产能效率,带动相关产业发展。人工智能产业链的构成如图 8-11 所示。

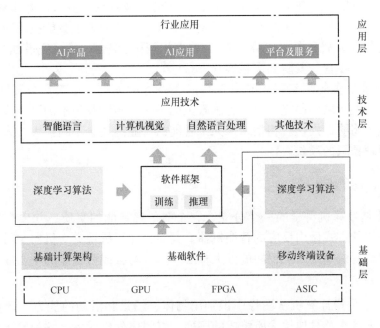

图 8-11 人工智能产业链构成

人工智能产业链的上游是基础层,基础层注重基础支撑平台的建设,技术研发投入高,主要有各类基础设备,包含传感器、AI 芯片、数据服务和云计算服务,承担着信息数据的采集与输入,及提供基础算力、算法等职能。上游的芯片、传感器及各类计算能力平台得到广泛的运用,为人工智能技术的实现和人工智能应用的落地提供基础的后台保障,是一切人工智能应用得以实现的大前提。AI 芯片是驱动智能产品的大脑,目前 AI 芯片的主要类型有 CPU、GPU(图形处理器)、FPGA(现场可编程门阵列)、DSP、ASIC(针对神经网络算法的专用芯片)和类人脑芯片。ASIC 有望在今后数年内取代当前的通用芯片,成为人工智能芯片的主力。

人工智能产业链的中游是技术层,是人工智能产业发展的核心,技术层强调核心技术的研究，主要研究各类感知技术与深度学习技术，包括深度学习框架、算法模型开发和人工智能平台，并基于研究成果实现人工智能的商业化构建。其主要包括计算机视觉（Computer Vision）、语音识别（Speech Recognition）、自然语言处理（Natural Language Processing）、机器学习（Machine Learning）等方面。目前，科大讯飞、百度、微软等公司在语音识别领域取得了较大的进展；惠普、苹果、亚马逊等公司则是自然语言处理领域的排头兵；机器学习基本上是各大互联网企业都会涉及的领域，国内的清华大学、浙江大学、中国科学院大学和中国科学技术大学等高校也在此领域攻坚克难，取得了一定的成绩。技术层逐步从科研、国防、医疗等专用领域走入人们的工作与生活中的消费级应用场景。

人工智能产业链的下游是应用层，为客户提供智能终端设备，以及结合应用场景为企业提供垂直行业解决方案，并提供实时分析、生产监测等增值服务。应用层负责实体产业应用，提供行业解决方案、硬件产品和软件产品。应用层产品包含无人机、智能驾驶、智能机器人、智能穿戴、智能儿童玩具、智能家居、智能音频等。下游应用层以谷歌、亚马逊、苹果、Facebook、IBM 和微软为国外代表的科技巨头，投入巨资布局以抢占先机。国内科技企业纷纷布局人工智能产业，百度已形成较完整的人工智能技术布局；阿里巴巴凭借电商、支付和云服务资源优势与人工智能技术深度融合；腾讯凭借社交优势在 AI 领域布局覆盖医疗、零售、安防和金融等众多行业。

世界上越来越多的国家意识到人工智能在经济、文化、国家安全等领域的重要性，纷纷投入人工智能领域的研究。随着各国政策的进一步推动及技术的进一步成熟，人工智能产业落地速度将明显提速。相信未来人工智能的产业链还会不断扩大，人工智能的产业规模也会经历现象级的增长。

8.6.3 人工智能的核心技术

人工智能是计算机科学的一个分支，它企图了解智能的实质，并生产出一种新的能以人类智能相似的方式做出反应的智能机器。其中，计算机视觉、机器学习、自然语言处理、机器人和语音识别是人工智能的五大核心技术，均会成为独立的子产业。

1. 计算机视觉

计算机视觉是指计算机从图像中识别出物体、场景和活动的能力。计算机视觉技术运用由图像处理操作及其他技术所组成的序列，将图像分析任务分解为便于管理的小块任务。如能够从图像中检测到物体的边缘及纹理，分类技术可被用作确定识别到的特征能否代表系统已知的一类物体。

计算机视觉有着广泛的应用，包括：医疗成像分析被用来提高疾病预测、诊断和治疗；人脸识别被用来自动识别照片里的人物，在安防及监控领域被用来指认嫌疑人；在购物方面，消费者现在可以用智能手机拍摄下产品以获得更多的购买选择。

机器视觉作为相关学科，泛指在工业自动化领域的视觉应用。计算机在高度受限的工厂环境里识别诸如生产零件一类的物体。因此，相对于寻求在非受限环境单操作的计算机视觉来说，目标更为简单。计算机视觉是一个正在进行中的研究，而机器视觉则是已经解决的问题，是系统工程方面的课题，而非研究层面的课题。

2. 机器学习

机器学习是指计算机系统无须遵照程序指令，而只依靠数据来提升自身性能的能力。其核心在于，机器学习是从数据中自动发现模式，模式一旦被发现便可用于预测。如给予机器学习系统一个关于交易时间、商家、地点、价格及交易是否正当等信用卡交易信息的数据库，系统就会学习到可用来预测信用卡欺诈的模式，处理的交易数据越多，预测就会越准确。

机器学习的应用范围非常广泛，针对那些产生庞大数据的活动，它几乎拥有改进一切性能的潜力。除了甄别欺诈，这些活动还包括销售预测、库存管理、石油和天然气勘探，以及公共卫生等。机器学习在其他的认知技术领域也扮演着重要角色，如计算机视觉，它能在海量图像中通过不断训练和改进视觉模型来提高其识别对象的能力。如今机器学习已经成为认知技术中最热的研究领域之一。

3. 自然语言处理

自然语言处理是指计算机拥有人类般的文本处理能力。如从文本中提取意义，甚至从那些可读的、风格自然、语法正确的文本中自主解读出含义。一个自然语言处理系统并不了解人类处理文本的方式，但是它可以用非常复杂与成熟的手段巧妙处理文本。如自动识别一份文档中所有被提及的人物与地点，识别文档的核心议题，在一堆合同中将各种条款与条件提取出来等。这些任务通过传统的文本处理软件根本不可能完成。

自然语言处理像计算机视觉技术一样，将多种有助于实现目标的技术进行了融合，建立语言模型来预测语言表达的概率分布，就是计算出某一串给定字符或单词表达某一特定语义的最大可能性。选定的特征可以和文中的某些元素结合来识别一段文字，通过识别这些元素可以把某类文字同其他文字区别开来。如在处理邮件时，以机器学习为驱动的分类方法将成为筛选的标准，用来决定一封邮件是否属于垃圾邮件。

语境对于理解"time flies"（时光飞逝）和"fruit flies"（果蝇）的区别非常重要，所以，自然语言处理技术的实际应用领域相对较窄。这些领域包括分析顾客对某项特定产品和服务的反馈，自动发现民事诉讼或政府调查中的某些含义，自动书写诸如企业营收和体育运动的公式化范文等。

4. 机器人

将机器视觉、自动规划等认知技术整合至极小却高性能的传感器、制动器及设计巧妙的硬件中，这就催生了新一代的机器人，它有能力与人类一起工作，能在各种未知环境中灵活处理不同的任务。如无人机、扫地机器人等，只要是能代替人类进行某项工作的，都统称为机器人。

机器人从应用层面可以粗略地分为以下三类：

1）工业级机器人。因为劳工成本越来越高，用工风险越来越高，工业机器人可以解决这些问题。

2）监护级机器人。可以在家里和医院里作为病人、老人或孩子的护理，帮助他们做一定复杂程度的事情。我国对监护级机器人的需求更加迫切，因为我国人口红利在下降，老龄化又不断地上升，这两个矛盾机器人都可以帮助解决。因此，这个领域的需求在民用市场占比很大。

3）探险级机器人。用来采矿或者探险等，大大避免了人类所要经历的危险。此外，还有用于军事的机器人等。

5. 语音识别

语音识别是自动且准确地转录人类语音的技术。该技术必须面对一些与自然语言处理类似的问题，在不同口音的处理、背景噪声、区分同音异形／异义词（"buy"和"by"听起来是一样的）方面存在一些困难；同时，还需要具有跟上正常语速的工作速度。语音识别的主要应用包括医疗听写、语音书写、计算机系统声控、电话客服等，如允许用户通过语音下单的外卖软件等。

上述五项技术的产业化是人工智能产业化的要素。人工智能从诞生以来，其理论和技术日益成熟，应用领域也在不断扩大。未来，人工智能带来的科技产品，将会是人类智慧的"容器"。人工智能可以对人的意识、思维的过程进行模拟。

8.6.4 物联网发展新趋势——AIoT

"AIoT"即"AI+IoT"，是指人工智能技术与物联网在实际应用中的落地融合。当前，已经有越来越多的人将 AI 与 IoT 结合到一起来看。AIoT 作为各大传统行业智能化升级的最佳通道，已经成为物联网发展的必然趋势。

在基于 IoT 技术的市场里，与人发生联系的场景（如智能家居、自动驾驶、智慧医疗，智慧办公）正在变得越来越多。而只要是与人发生联系的地方，势必都会涉及人机交互的需求。人机交互是指人与计算机之间使用某种对话语言，以一定的交互方式，为完成确定任务的人与计算机之间的信息交互过程。人机交互的范围很广，小到电灯开关，大到飞机上的仪表板或是发电厂的控制室等。而随着智能终端设备的爆发，用户对于人与机器间的交互方式也提出了全新要求，使得 AIoT 人机交互市场逐渐被激发起来。

人类生活的数字化进程已持续约三十年，经历了从模拟时代到 PC 互联时代，再到移动互联时代的演进，目前正处在向物联网时代的演进过程中。从交互方式上来讲，从 PC 时代的键盘和鼠标到移动时代的触屏、NFC 及各种 MEMS 传感器，再到物联网时代正在蓬勃发展的语音／图像等交互方式，使用门槛正变得越来越低。同时，由于交互方式的演进，大量的新维度的数据也在不断地被创造出来。

在物联网时代，交互方式正在往本体交互的方向发展。本体交互是指从人的本体出发，人与人之间交互的基本方式，如语音、视觉、动作、触觉，甚至味觉等。如通过声音控制家电或者空调，通过红外来决定如何调节温度，通过语音和红外结合来进行温度的控制。新的数据是 AI 的养料，而大量的新维度的数据正在为 AIoT 创造出无限可能。

1. AIoT 的发展

从 AIoT 的发展路径来看，经历了单机智能、互联智能到主动智能的三大阶段。

单机智能是指智能设备等待用户发起交互需求，而在这个过程中，设备与设备之间是不发生相互联系的。在这种情境下，单机系统需要精确感知、识别、理解用户的各类指令，如语音、手势等，并正确决策、执行和反馈，AIoT 行业正处于这一阶段。以家电行业为例，过去的家电就是一个功能机，就像以前的手机是按键式的，根据按键指令执行相应的操作；现在的家电实现了单机智能，可以通过语音遥控实现打开电器、调节温度等功能。

为了将多种服务联系起来，取得智能化场景体验的升级、优化，首先需要打破的是单品智能的孤岛效应。而互联智能场景本质上是指一个互联互通的产品矩阵，因此，"一个大脑（云或者中控），多个终端（感知器）"的模式将成为必然。如用户在卧室里对空调说"关闭客厅的窗帘"，而空调和客厅的智能音箱进行中控连接，进而做出由音箱关闭客厅窗帘的动作；又如用户晚上在卧室对着空调说出"睡眠模式"时，不仅仅空调自动调节到适宜睡眠的温度，客厅的电视、音箱及窗帘、灯等设备都自动进入关闭状态。这就是一个典型的通过云端大脑，配合多个感知器的互联智能场景。

解决碎片化是 AIoT 行业的核心痛点。AIoT 的核心价值在于万物互联带来的降本增效，市场前景广阔，但目前落地的痛点是下游应用场景与需求的高度碎片化，进而导致物联网终端异构、网络通信方式与平台多样化，对互联互通的实现造成较大挑战。未来 AIoT 行业大发展，需要平台型企业支撑，向更底层来看，新的操作系统软件有望打破碎片化的信息孤岛。

"分布式＋微内核操作系统"是 AIoT 行业发展的重要支撑。未来 AIoT 的应用场景不会是泛性化的，而必然是场景化的（如人脸识别、语音识别等），其硬件特点是包含大量不同规格、品牌的电子设备的互联互通。因此，当前操作系统与硬件绑定、生态无法共享的特征无法满足 AIoT 时代的需求，造成了用户体验差、开发效率低下、成本高等诸多问题。未来的操作系统必然迎来与硬件解绑，且能在包含诸多不同资源场景、碎片化设备的大系统中实现一次开发、多次部署等功能。"微内核"即对应极简的操作系统核心代码库，使得操作系统可以高效适配不同终端，而"分布式"即通过分布式软总线、分布式数据管理技术赋能无感互联，使应用无缝地在不同设备中运行。

AIoT 的核心价值在于提升效率及便利性。作为各大传统行业智能化升级的通道，已经成为物联网发展的必然趋势。IoT 在新型工业化、城镇化、信息化、农业现代化建设、传统产业的转型与升级、智慧城市建设等方面取得了明显成果。随着人工智能技术的成熟，在 AI 的加持下，IoT 有望进入更广阔的市场应用，进入全新的 AIoT 时代（图 8-12）。

2. AIoT 在智能建造中的应用

智能建造是新一代信息技术与建筑业的深度融合。智能建造应以数字建造来补足工程建造机械化、自动化不足的短板，促进建筑业信息化和工业化的深度融合。通过数字化变革逐步提升工程建造整体效率，改变生产模式。借助人工智能、物联网等新一代信息技术积累数字资源，才能实现以智能建造来解决目前建筑业生产中存在的环境污染、资源浪费及人口红利等问题。发挥智能建造的优势，逐步建立新设计、新建造、新运维的建筑产业新业态。

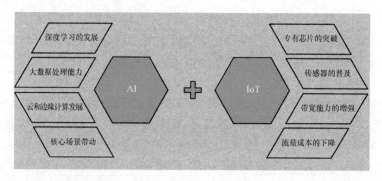

图 8-12　AIoT 时代

在大规模工业生产过程中，工业物联网作为工业领域推动自动化与信息化建设的重要突破口，可以通过物联网感知终端实时采集大量复杂的机器数据，并基于数据提升对设备的监控管理及后续服务，提高设备的主动智能和自适应能力。目前，AIoT 在工业场景中多以单点式应用的形式出现，从而实现某几项与机器预测、数据处理相关的功能。另外，还有智能工业机器人、工业视觉检测、感知识别与定位等应用。

AIoT 的应用是场景化的，其硬件特点是包含大量电子设备的互联互通。具体来看，AIoT 在智能建造中的落地有以下五个方面。

1）数字建筑平台构筑数字大脑。将智能设计、智能生产、数字施工、数字交互及智慧运维等融合到数字建筑平台，融合建筑各个参与方，通过互联网平台和数字生产线，形成基于"数据＋算法"的项目大脑。在数字工厂中，AIoT 系统可以监测、收集工厂生产中的物料数据、生产时间数据等；借助数字孪生技术，可以对工厂的生产流程进行建模、仿真与分析。

2）供应链优化。AIoT 可以使原材料采购、销售更加具有可预测性，能够优化供应链选品、库存管理、调拨、补货的决策。

3）基于 AIoT 等物联网技术，实现以项目为核心的多边网络协同。通过工程物联网与智能建造管理平台融合，控制工程项目的管理，感知工程项目的需求，达到全要素的实时在线，全参与方的泛在连接及全过程的虚实互联，从而形成一体化协同应用。

4）在生产和施工环节进行模拟建造，包括工序级排程、生产模拟、配送模拟、施工模拟、安全模拟等，以及运维阶段的功能模拟、健康模拟、性能模拟等。

5）工业视觉功能。AIoT 可以基于机器视觉和 AI 技术，对关键设备运行参数进行建模，从而实现工业视觉的检测、识别、定位功能。

AIoT 在工业领域的应用明显提升了生产效率、生产质量，为定制化、柔性生产、产线数字化转型奠定了基础。

延伸阅读

智能物联网 AIoT 是一个蓬勃发展的领域，许多大型科技公司都在该领域取得了显著的成就。全球知名的科技巨头都投入了大量资源和精力来推动物联网的实现和商业化应用。在 AIoT 领域中具有领导地位的大公司：

1）谷歌（Google）：谷歌是全球领先的科技巨头，其智能物联网平台 GoogleNest 是智能家居领域的重要产品。GoogleNest 提供智能温控器、智能摄像头、智能音响等智能设备，并通过 GoogleAssistant 语音助手实现设备的智能化控制。

2）苹果（Apple）：苹果公司通过其智能家居生态系统 HomeKit 在智能家居领域中发挥着重要作用。HomeKit 允许用户通过 iPhone、iPad 或 AppleWatch 控制智能家居设备，如智能灯泡、智能插座等。

3）亚马逊（Amazon）：亚马逊的智能助手 Alexa 及智能音箱 Echo 系列成为智能家居领域的领先产品。Alexa 能够控制智能家居设备，为用户提供智能化的生活体验。

4）微软（Microsoft）：微软在 AIoT 领域通过 AzureIoTSuite 提供物联网云平台解决方案。AzureIoTSuite 帮助企业连接、监控和管理物联网设备，实现设备的远程控制和数据分析。

5）三星（Samsung）：三星是一家综合性科技公司，在 AIoT 领域涉足智能家居、智能电子和物联网解决方案。其智能家电产品（如智能冰箱、智能洗衣机等）及物联网平台 SmartThings 在市场上取得了一定成功。

6）华为（Huawei）：华为在物联网领域有着强大的布局，通过华为云 IoT 平台为企业和开发者提供物联网解决方案。华为还推出了一系列物联网模块和芯片，支持各种物联网应用场景。

7）英特尔（Intel）：英特尔作为全球领先的半导体制造商，在 AIoT 领域发挥着关键作用。它提供各种物联网芯片、模块和解决方案，为物联网设备的连接和智能化提供技术支持。

本章习题

1. 选择题

（1）企业建立自己的私有云，同时使用公有云的资源，是（　　）。

A. 公有云　　　　B. 私有云　　　　C. 混合云　　　　D. 专有云

（2）下面更侧重于数据的处理、分析、挖掘，结合人工智能将数据的价值呈现出来的是（　　）。

A. 云计算　　　　B. 大数据　　　　C. 人工智能　　　　D. 物联网

（3）以下不属于路由协议的是（　　）。

A. 静态路由　　　　B. 动态路由　　　　C. 默认路由　　　　D. 混合路由

（4）由一些外部地址（全球唯一的 IP 地址）组合而成的一个地址集合称为（　　）。

A. 地址池　　　　B. IP 集　　　　C. 地址集　　　　D. IP 中心

（5）云计算的一大特征是（　　），没有高效的网络，云计算就什么都不是。

A. 按需自助服务　　　　　　　B. 无处不在的网络接入

C. 资源池化　　　　　　　　　D. 快速弹性伸缩

（6）以下不属于硬盘的是（　　）。

A. 固态硬盘　　　B. 移动硬盘　　　C. 光盘　　　　D. 机械硬盘

（7）云计算是一种按使用量付费的模式，这种模式提供可用的、便捷的、按需的网络访问，进入可配置的（　　　　）。

A. 计算资源共享池　　　　　　　　B. 工作群组

C. 用户端共享资源　　　　　　　　D. 服务提供商共享资源

（8）嵌入式系统中的CPU具有一些与通用计算机所使用的CPU不同的特点，下列选项不属于其特点的是（　　　　）。

A. 支持实时处理　B. 低功耗　　　C. 高主频　　　　D. 集成了测试电路

（9）下列选项不属于人工智能研究基本内容的是（　　　　）。

A. 机器感知　　　B. 机器学习　　C. 自动化　　　　D. 机器思维

2. 填空题

（1）云计算是一种按使用量付费的模型，可以随时随地、快捷地、按需地从可配置的计算机资源共享池中获取所需的计算资源，包括_____、_____、_____、_____。

（2）云计算带来的解决方案，其核心思想就是要走向_____、_____、_____。

（3）物联网是一种非常复杂、形式多样的系统技术。根据信息生成、传输、处理和应用的原则，可以把物联网分为4层：_____、_____、_____、_____。

（4）_____是物联网数据的来源，其主要功能是识别物体、采集信息。

（5）无线收发器件工作时有_____、_____、_____三种状态。

（6）传感器网络应用对节点提出了严格的限制，分别是_____、_____、_____。

（7）移动终端可以通过多种方式获得需要的信息，主要的输入方式有_____、_____、_____、_____。

（8）根据嵌入式系统使用的微处理器，可以将嵌入式系统分为嵌入式微控制器，_____，_____以及片上系统。

（9）大数据有_____、_____、_____、_____等特点。

3. 简答题

（1）简述云计算的概念。

（2）云计算的服务模型有哪些？

（3）嵌入式系统的体系结构如何划分？

（4）什么是移动计算？

（5）Web有哪些关键技术？

（6）物联网大数据具有哪些特点？

（7）简述人工智能的产业框架。

（8）人工智能有哪些核心技术？

参考文献

[1] 许子明，田杨锋. 云计算的发展历史及其应用［J］. 信息记录材料，2018，19（8）：66-67.

[2] 何小朝. 纵横大数据：云计算数据基础设施［M］. 北京：电子工业出版社，2014.

［3］　熊晓倩.嵌入式系统传感器的设计与应用研究［J］.科技创新导报，2020，17（20）：1-2.

［4］　沈华.嵌入式系统的中嵌入式处理器的分类与选型［J］.数字技术与应用，2013（6）：78.

［5］　凌志浩，张文超，俞金寿.嵌入式系统结构及其发展概况［J］.自动化仪表，2003，24（4）：1-5.

［6］　刘翔.面向移动计算的 WEB 中间件关键技术研究［D］.成都：电子科技大学，2013.

［7］　博法尔.移动计算原理［M］.北京：电子工业出版社，2006.

［8］　樊丽杰，杨会丽，张代立.移动计算技术及其应用［J］.河北省科学院学报，2010，27（4）：21-25.

［9］　吴三斌.移动计算应用的发展［J］.价值工程，2016，35（25）：102-104.

［10］　韦新运，赵连斌，侯宇宁，等.移动计算技术在电力系统的应用［J］.电子技术与软件工程，2017（2）：142.

［11］　陈远，张玲.移动计算（Mobile Computing）在建筑工程领域的应用及发展趋势［C］//第十四届全国工程设计计算机应用学术会议论文集.2008，324-328.

［12］　郝行军.物联网大数据存储与管理技术研究［D］.合肥：中国科学技术大学，2017.

［13］　庄锡钊，洪雪芳.物联网技术的统计数据采集方法研究［J］.电脑与信息技术，2021，29（3）：61-64.

第9章

物联网在智能建造中的应用案例

本章导读

数字技术的蓬勃发展给建筑业数字化转型带来广阔的创新空间，在日前举行的中国数字建筑峰会2022上，可以看到物联网、大数据、云计算、人工智能等技术在建造全过程的集成与创新，看到建筑企业正在加快基于数字技术的智能建造和建筑工业化协同发展，数字化正渐渐融入越来越多企业的发展基因中。

智能建造是以人工智能为代表的新一代信息技术与先进工业化建造技术深度融合形成的工程建造创新模式，通过系统融合大数据分析、智能算法、知识自动化等技术，实现知识驱动的工程全生命周期建造活动。其本质是通过人与智能化工具设备高效地合作共事，不断扩大、延伸和部分地取代人类专家在工程建造过程中的脑力劳动，将工程建造推进到高度集成化、柔性化和智能化阶段。智能建造是实现建筑产业数字化转型升级的未来方向。重点研究领域包括数字化设计、智能工厂、智能施工、智慧工地等，将先进技术贯穿建造全过程，实现设计阶段数字化设计技术、生产阶段智能化技术、施工阶段智慧化技术，全面提高工程建造的整体质量、效率和效益。

学习要点

了解物联网在智能建造中的几种常见的应用案例。

9.1 智能施工

9.1.1 智能施工简介

1. 在政府工作报告中提出大力发展智能施工

智能施工在国家层面受到大力支持，习近平总书记指出：世界正在进入以信息产业为主导的经济发展时期。我们要把握数字化、网络化、智能化融合发展的契机，以信息化、智能化为杠杆培育新动能。要推进互联网、大数据、人工智能同实体经济深度融合，做大做强数字经济。智能建造是数智化转型在建造行业的应用，是推动建筑业转型升级、促进建筑业高质量发展的重要举措。

2020年政府工作报告中指出重点支持"两新一重"建设——加强新型基础设施建设，

加强新型城镇化建设，加强交通、水利等重大工程建设；2021 年政府工作报告中提出加大 5G 网络和千兆光网建设力度，丰富应用场景，统筹新兴产业布局。智能建造正是新基建和新型城镇化建设，交通、水运等传统基建的结合点，未来必将具有极强的增长潜力。

2020 年 7 月 28 日，住房和城乡建设部等十三部门联合印发的《关于推动智能建造与建筑工业化协同发展的指导意见》指出，要以大力发展建筑工业化为载体，以数字化、智能化升级为动力，创新突破相关核心技术，加大智能建造在工程建设各环节的应用[1]。

2021 年初，国务院国资委正式印发《关于加快推进国有企业数字化转型工作的通知》，推动新一代信息技术与制造业深度融合，打造数字经济新优势，文中明确指出打造建筑类企业数字化转型示范。

2021 年政府工作报告中提出，加大 5G 网络和千兆光网建设力度，丰富应用场景，统筹新兴产业布局。智能建造正是新基建和新型城镇化建设、交通、水运等传统基建的结合点，未来必将具有极强的增长潜力。

2. 智能施工发展现状

当前国外在智能施工方面的应用是传统数字化手段结合建筑信息模型（Building Information Modeling，BIM），在欧美发达国家智能施工广泛应用在各种工程项目中，并且收益良多。

BIM（Building Information Modeling）技术是一种应用于工程设计、建造、管理的数据化工具，通过对建筑的数据化、信息化模型整合，在项目策划、运行和维护的全生命周期过程中进行共享和传递，使工程技术人员对各种建筑信息做出正确理解和高效应对，为设计团队以及包括建筑、运营单位在内的各方建设主体提供协同工作的基础，在提高生产效率、节约成本和缩短工期方面发挥重要作用[4]。

这里引用美国国家 BIM 标准（NBIMS）对 BIM 的定义，定义由三部分组成：

1）BIM 是一个设施（建设项目）物理和功能特性的数字表达。

2）BIM 是一个共享的知识资源，是一个分享有关这个设施的信息，为该设施从概念到拆除的全生命周期中的所有决策提供可靠依据的过程；

3）在设施的不同阶段，不同利益相关方通过在 BIM 中插入、提取、更新和修改信息，以支持和反映其各自职责的协同作业。

收集与整理建筑施工与管理中的各种信息，并将信息关联到 BIM 模型中，在模型中融入时间维度与成本维度，将 BIM 模型扩展到 5 维。在整体的控制与管理过程中，利用 5 维 BIM 模型，能够大幅度提高施工水平与管理水平。经过统计分析，应用智能施工的工程项目比传统施工方式可大幅度提升资源利用率，并且工程进度也较传统方式提升明显。国外专家、学者认为 BIM 可与施工管理过程的信息数据兼容。BIM 可以实时对施工管理的全过程进行三维可视化分析，特别是对施工管理过程进行模拟研究很有优势；再根据这些反馈的信息，通过后台的数据处理和分析可以用来不断优化施工现场的管理流程，并大幅提高施工管理的科学性和合理性。可视模型对项目进度计划进行控制和管理，并通过使用可视模型过程的信息反馈，及时提出 BIM 的使用建议和注意事项。

3. 智能施工的概念

智能施工是指将传统的设计、施工等进行数字化的基础上，引入高速低时延的通信网络 5G、BIM、地理信息系统（Geographic Information System，GIS）、人工智能（Artificial Intelligence，AI）、物联网（Internet of Things，IoT）、云（Cloud Platform）、大数据（Big Data）和边缘计算（Edge Computing）等新技术。

9.1.2 智能施工系统与技术

智能施工系统是通过多种技术融合，实现建筑行业施工现场的综合管控。系统通过标准化的手段实现施工过程中针对人、机、料、法、环进行全方位管控，综合提升工程质量、降低施工过程中的风险，避免工程后期审计带来的问题。

智能施工技术主要包括 5G、BIM、GIS、人工智能、物联网、云计算、大数据、边缘计算等。

1. 5G

5G，即第五代通信技术，是在 2G、3G、4G 的基础上发展起来的。与前几代通信技术相比，5G 在频道频率资源利用方面更具有优势。随着 5G 技术的普及，运营商可以根据行业的不同，对资源进行合理的赋能，极大地提高了资源利用效率。

5G 技术具有以下特点：

1）能够承载更大的数据流量，在网络繁忙的状况下仍然具有较高的运行速度。

2）海量通信。随着时代的不断发展，智能设备越来越多，5G 技术能够支持大规模终端接入。

3）更高的峰值速率，5G 的峰值速度较 4G 提升显著。

图 9-1 所示为智能施工技术组成。

图 9-1 智能施工技术组成

中国移动在 5G 网络方案上提供"优享模式""专享模式""尊享模式"，见表 9-1。

2. BIM

BIM（Building Information Modeling）是指建筑信息模型，通过在工程项目几何与非几何的所有信息基础上建立的模型。在 BIM 模型中每一个构建都含有独特的信息，如包含材料、价格、种类、保修期、厂家、负责人等。在建筑施工过程中使用 BIM 模型，能够大幅度提高施工效率，并且针对模型的维护与管理，能够提升施工过程精细化管控，达到智能施工的效果。

表 9-1　5G 网络方案

技术与功能	模式		
	优享	专享	尊享
关键技术	切片、QoS、DNN	边缘计算、无线增强、超低时延	专用基站、专用频率、专属传输、专属核心网
网络类功能	业务加速、业务隔离	本地业务保障、数据不出场、边缘节点、网络数字孪生	本地业务保障、数据不出场、边缘节点、网络数字孪生、超级上行
服务类功能	网络运维服务、网络安全服务	网络设计服务、网络优化服务、网络运维服务、重保服务、网络安全服务	网络设计服务、网络优化服务、网络运维服务、重保服务、网络安全服务

3. GIS

GIS（Geographic Information System）即地理信息系统，主要针对地理空间数据处理的信息系统，它具备地理空间数据的存储、检索、显示、分析等功能。随着 GIS 技术的不断延伸与拓展，"GIS+ 其他新型"技术成为当今发展的主流趋势，多技术融合使得 GIS 可以在各个领域发挥独特的能力。"GIS+ 物联网"技术在智能施工方面优势明显，GIS 通过强大的空间分析与呈现，显示在施工过程中人员分布与人员流动，提升施工过程中的监管效率。

4. 人工智能

人工智能技术作为一门先进的技术，在众多领域中均发挥重要作用。人工智能是通过计算机对人类大脑的数字化模拟，将人们的思维方式转移到计算机上，最终达到让计算机辅助人们生产的作用。人工智能技术基于计算机技术，是人类智慧的一种输出方式。虽然人工智能技术依赖多学科的共同发展，但是对于计算机的依赖是必然的。在智能施工领域，人工智能技术发挥优势明显。以神经网络算法为例，通过学习各类应用场景，实现对施工现场的智慧分析，辅助人们对施工现场进行综合管理。

5. 物联网

物联网技术现如今已经被应用到各行各业，并且这项技术在各大领域中扮演这举足轻重的角色。物联网是互联网与传感器共同组成的一门技术，物体可以通过传感器获取当前物体信息，通过互联网将数据传递给用户，还能够实现对物体的控制。随着 5G 技术的不断深入，物联网数据发送的实时性体现得更加明显，通过高可靠、低延迟、大带宽的 5G 实现对物体的整体监控。物联网技术在智能施工领域优势明显，能够最大限度地提升施工中设备的反馈信息，并且及时将信息反馈给终端用户，终端用户通过现场数据对施工状况进行整体的分析与指导，以促使施工达到数智化、智能化。

6. 大数据

大数据技术作为各行各业数智化转型的一项重要技术。随着社会科技的提升，人工智能、物联网、5G 等新型技术不断提升与发展，大数据技术也在不断进步与完善，并更好地应用在智能施工的过程中。它可以带动智能施工不断朝着新高度发展，为工程质量提升带来诸多影响。正如人们所熟知，大数据技术综合程度高，能够快速适应施工中不断变化的外部因素，在整体施工过程中，辅助人们针对重点、难点问题进行快速决策。

7. 边缘计算

边缘计算的概念最早始于 2013 年，这一概念的产生将传统网络与互联网业务进行深度融合[5]，减少了移动端业务交付端到端的延迟，最大程度提升了无线网络的内在能力，丰富了用户体验，促进了电信运营商产生全新的运作模式，并实现新型产业的网络生态圈。智能施工应用边缘计算技术，能够大幅度降低端到端延迟，提升现场设备操作性，提升整体工作效率。

9.1.3 智能施工实践案例

当前，智能施工解决方案发展迅速，已形成面向千行百业的智能施工解决方案，方案已从短、平、快的提升效率方案转变到深入行业的高质量的生态产业解决方案。在多技术融合发展智能施工领域的大背景下，智能施工赋予千行百业巨大变革。本节以山西某智能矿山工程为例，全面阐述 5G、人工智能、物联网等技术的飞速发展，为传统产业变革带来颠覆性的变革。将新一代技术与传统技术装备、管理创新深度融合，实现产业转型升级，为更多产业数字化赋能提供案例依据。

矿山资源开采是人类在地下进行的施工生产活动，矿山地质条件复杂多变，为创建安全生产、适合设备运行的安全可靠开采环境，井下需要同时运行探测、通风、排水、防火、供电、工作面开采装备、运输等近百个子系统，这些系统相互关联，共同形成了一个大规模且复杂的运行体系，这一体系先后经历了机械化、半自动化、自动化、综合自动化、数字化等阶段。目前，矿山系统的机械化程度达到了 90% 以上，自动化也日益完善，建成了一批千万吨级矿井群，并开发了许多智能矿山自动化系统。然而，当前矿山总体的数字化程度还需进一步提高，在生产、施工过程中各类多源异构数据还无法实现多级联动，缺乏"数智大脑"的协调和联动，这导致生产过程中的安全管控、设备生成周期管理、嵌入式风险防控、环保生态等都没有实现最优化管理。智慧矿山建设思路如图 9-2 所示。

物联网、大数据及人工智能、云计算技术等关键技术解决系统架构和互通、数据处理决策及高级计算问题，其研究及应用程度决定智慧矿山的发展水平。

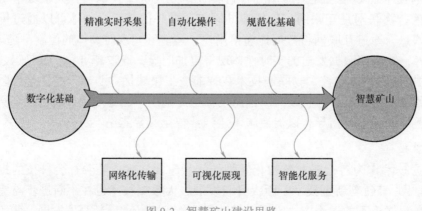

图 9-2 智慧矿山建设思路

以山西某矿山项目为例，在项目实际开展过程中，发现矿山采掘工作的危险性高，采空区易引发塌方、滑坡等安全事故，灰尘、有毒有害气体等易危害员工身体健康，矿山无人化需求强；矿山大部分工程机械设备处于移动状态，经过不断的爆破开采，地形变化快，难以铺设有线网络；5G、工业 WiFi 等无线覆盖方式均存在网络盲点，且无法满足工程机械远程控制带宽时延的要求。矿企招工困难，普遍年龄在 35 岁以上，主要为男性，"用工荒"成为矿业的共性问题。

针对以上痛点，企业分别从终端、网络、平台三个方面建设智慧矿山系统，解决企业的重难点问题，助力企业数智化转型。

1. 终端实施

挖掘机在实际作业过程中，需要行走、挖掘、回转、装车等工序。为了满足挖掘机远程控制的操作需求，需要实现对挖掘机周围环境的精确感知，挖掘机实时位置的精确定位，对各机构的位置、角度、姿态进行精确感知，控制指令的无延时下发。因此，需要进行终端改造或重新部署，包括网络接入终端、设备感知终端（即传感器设备）及控制终端等。

1）电控模块改装：在挖掘机内部进行改装，加装继电器、控制模块，在远程操控挖掘机的行走装置、回转装置、工作装置、润滑系统、供气系统；添加控制信号电路（并联式改装，不破坏原车控制系统）。

2）摄像头：在远程操控挖掘机大臂下方、机体前部加装高清摄像头，用于监控远程操控挖掘机工作画面；机体后部加装高清摄像头，用于监控后方状况；在远程操控挖掘机附近安装立球形摄像头，用于监控挖掘机机械状态与装载画面。

3）控制器：增加一块控制器并结合开发软件，实现远程操控挖掘机的各项功能。

4）位置监控：加装位置天线，监控远程操控挖掘机的实时位置。

5）姿态监控与急停：加装车体倾角传感器，当检测到车辆侧倾或坡度角超过告警值后，控制器控制远程操控挖掘机停止行走，并向驾驶员发送告警信号。

6）载荷监控与急停：加装载荷传感器，当检测到铲斗打齿或遇到硬物时，控制器控制远程操控挖掘机停止挖掘动作。

7）电缆绞盘：加装电缆绞盘，实现供电电缆收放。

2. 网络实施

CPE(Customer Premise Equipment，移动路由) 安装在挖掘机上（图 9-3），并进行固定，保证运行作业过程中没有抖动。摄像头采集施工现场实时画面、设备运行数据和设备控制信号等通过 CPE 发射无线信号，将数据信息传送至网络。矿区监控系统如图 9-4 所示。

通常，采矿地偏远，露天矿区无人化作业对传输网络的带宽、时延、可靠性要求很高，且对数据安全有着强烈的需求，因此可以采用 5G+SA 的组网方式（图 9-5）。部署边缘计算服务器，实现数据的本地分流和处理，保障控制类业务的低时延。

3. 平台实施

在挖掘机远程控制的过程中，需要时刻对挖掘机的运行状态和工作情况进行监控。矿山工业互联网平台为露天矿提供作业可视化监控，具体功能包含智能决策、生产管理、安全管理三方面，助力矿山实现挖掘机远程作业的可视化监管。平台部署采用本地入驻式，需配置相应的硬件资源。

图 9-3　CPE 安装位置

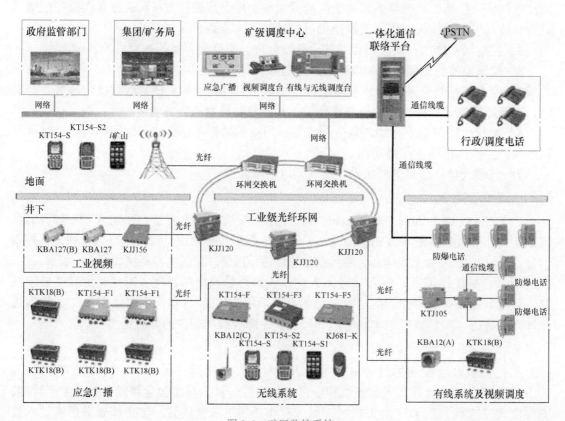

图 9-4　矿区监控系统

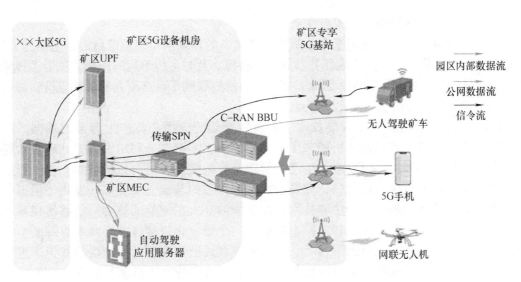

图 9-5 网络设计示意

　　平台主要包括 IaaS 层基础资源、PaaS 层通用服务及 SaaS 层行业应用。IaaS 层作为基础设施层，提供计算资源、存储资源、网络资源，采用虚拟化技术，提供灵活、弹性、按需扩展的基础设施，为 PaaS 层和 SaaS 层各功能模块和服务组件提供运行环境支撑。PaaS 层融合业务数据，构建矿山行业模型并向上层开放数据服务，提供矿山数据集成与存储、矿山行业模型与知识库以及矿山行业数据服务。SaaS 层涵盖智能决策、生产管理、安全管理三类典型业务应用，提供矿山业务配置、三维信息综合管理、矿山数据分析、智能联动、生产监视与控制、生产调度、安全监控、安全巡检、桌面及移动应用等功能，提升矿山生产效率、降低安全风险，支撑矿山智能化发展。智慧矿山平台架构如图 9-6 所示。

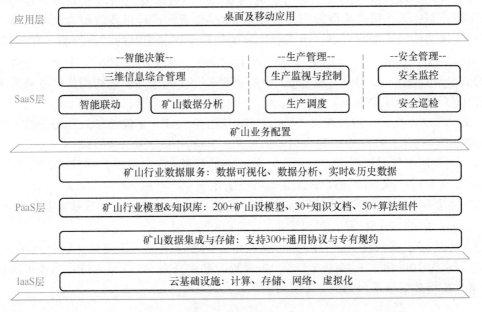

图 9-6 智慧矿山平台架构

智慧矿山系统建设的五大核心技术：

（1）基于互联网＋物联网平台　基于互联网＋的物联网是智慧矿山的信息高速公路，将承担大数据的稳定、可靠传输任务，起到了精确、及时上传下达的作用，决定了智慧矿山系统整体的稳定性和可靠性。因此，智慧矿山的物联网平台必须具有精确定位、协同管控、综合管控与地理信息一体化的特点。

（2）大数据处理及人工智能技术　大量传感器的应用必将产生海量的数据，数据的规模效应给存储、管理及分析带来了极大的挑战。需要充分利用大数据处理技术挖掘数据背后的规律和知识，为安全、生产、管理及决策提供及时有效的依据。人工智能是近年来迅速发展的科技领域之一，它是在大数据处理的基础上研究、开发用于模拟、延伸和扩展人的智能的理论、方法和技术。深度学习是人工智能的核心；能够实现系统自主更新和升级是其显著特征。智慧矿山要成为一个数字化智慧体就必须要有深度学习能力。未来，在云平台和大数据平台上，融合多源在线监测数据、专家决策知识库进行数据挖掘与知识发现，采用人工智能技术进行计算、模拟仿真及自学习决策，基于 GIS 的空间分析技术实现设备、环境、人员及资源的协调优化，实现开采模式的自动生成和动态更新。

（3）云计算技术　智慧矿山物联网使得物和物之间建立起连接，伴随着互联网覆盖范围的增大，整个信息网络中的信源和信宿也越来越多；信源和信宿数目的增长，必然使网络中的信息越来越多，即在网络中产生大数据；大数据处理技术广泛而深入的应用将数据所隐含的内在关系揭示得也越清晰、越及时。而这些大数据内在价值的提取、利用则需要用超大规模、高可扩展的云计算技术来支撑。高维的智慧矿山模型需要计算能力高且具有弹性的云计算技术。

（4）5G 技术　随着矿山生产智能化程度的提高，井下无人机、智能 VR/AR 等设备必将大量采用，以便能够对现场进行及时巡查，对设备故障进行远程会诊，而无论是无人机飞行控制、无人机巡检视频回传，还是 VR/AR 智能远程设备故障诊断与维修，不仅需要极大地消耗网络带宽资源，更需要快速的信息反馈和实时的状态控制。5G 网络的时延（典型）约为 10ms，上行稳定带宽约为 150Mb/s，连接数为 106 个 /km²，网络服务质量（Quality of Service，QoS）最高可达 99.9999%。5G 网络为矿山智能生产各业务场景的实现提供了强有力的支撑。

（5）VR/AR 技术　虚拟现实（VR）与增强现实（AR）是能够彻底颠覆传统人机交互内容的变革性技术，在矿山中的应用未来可期。其应用可分为三个阶段：

1）主要用于三维建模和虚拟展示，如现在的裸眼 3D 等技术，其基本需求为 20Mb/s 带宽 +50ms 延时，现有的 4G+WiFi 基本可以满足。

2）主要用于互动模拟和可视化设计等，如多人井下培训系统，其基本需求为 40Mb/s 带宽 +20ms 延时，Pre5G 基本可以满足。

3）主要用于混合现实、云端实时渲染和虚实融合操控，如虚拟开采、协同运维等，其基本需求为 100Mb/s ～ 10Gb/s 带宽 +2ms 延时要求，需 5G 或更先进技术才可满足。

某采矿指挥信息平台如图 9-7 所示。

图 9-7 某采矿指挥信息平台

9.1.4 发展前景展望

智能施工是以人工智能为代表的新一代信息技术与先进工业化技术深度融合形成的工程建造创新模式，融入了多种先进技术，并且随着时代的不断发展，在未来，智能施工将是解决建筑工程领域的痛点、难点问题的主要手段。随着新型技术的不断发展，多技术融合趋势明显，利用先进的技术手段对传统施工进行数智化升级，提升施工效率，缩短建设周期，降低资源浪费是社会、企业发展的必然趋势。未来，中国建筑施工行业需求量会不断增加，建设规模也会逐渐增大，合理、科学地利用先进手段是工程建设领域从业者肩负的使命与责任。

9.2 智能运维

9.2.1 智能运维简介

传统意义上的运维具有两层含义，是指系统的运行与维护。对于一个大型的复杂系统来讲，一旦发生了无法预知的错误，就会导致系统崩溃，用户无法正常访问系统。正常来讲，越复杂的系统维护难度越大。所以，为了无法预知的情况发生，最大限度地降低损失，运维管理人员尽可能地去预防和维护各类错误，对于突发情况尽可能地去修复。

在信息技术不断发展的今天，传统的运维方式很难满足人们日益增长的需求。通过将传统运维方式与新一代技术相结合，并引入开发、集成、交付等概念，做到开发、运维一体化，持续集成、持续交付，通过这种端到端的解决方案，满足千行百业的需求。智能运维能够极大地缩短系统的交付时间，快速反映市场变化，为企业数智化转型提供了强有力的工具。

9.2.2 智能运维系统与技术

多年来，计算机软件经历了数次重大变革，从 C/S、B/S 架构到面向服务架构，从互联网到移动互联网，从软件本地化到云端部署，每一次的变革都会带来大量机会。技术的进步带来了很多衍生产品，衍生品的增加也带来了行业的洗牌与重构。云原生技术作为智能运维的底座技术，实现了容器化、微服务、开发运维一体化、持续集成、持续交付。云原生技术底座重构了软件开发和运维模式，用户能够自主构建容错性良好、易于运维管理的上层应用系统。图 9-8 所示为云原生架构图[2]。

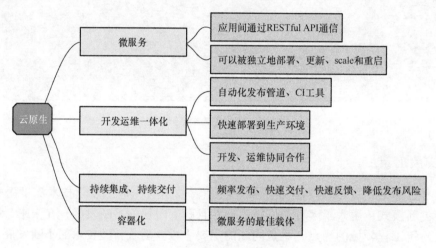

图 9-8 云原生架构

1. 微服务

微服务作为一种技术架构，将系统拆解为多个服务。每个服务能够独立运行，单个服务不受其他因素影响，每个服务对应的一个功能，可以单独构建、部署、发布。在应用系统中，某个服务出现问题时，其他服务不会受其影响。面向服务的开发模式能够更好地将服务解耦，内聚性更强，变更容易。每个服务是根据行业业务进行划分，扩展性极强。

2. 容器化

容器的诞生为每个服务提供了载体，并且为系统管理员提供了极大的灵活特性，但是容器也同样面临着性能不佳、资源利用率低等问题。容器突破了传统虚拟化技术的瓶颈，Docker 是应用最广泛的容器引擎，在国外大型公司的基础设施中均有应用，如谷歌、思科等公司。其特点是基于 lxc 技术，为每个服务做好隔离保障。Kubernetes 是容器的编排系统，其特点是极大程度地简化容器的管理工作，在各个容器之间做到负载均衡。

3. 开发运维一体化

开发运维一体化作为智能运维的核心要素，是一个经过验证的方法论。在大型应用系统中，系统的运维工具由开发人员开发，这使得运维工作变得更加简洁、更加智能，提升了整体运维效率。开发运维一体化促进了工作思维方式的改变，并且它重视系统应用业务与系统维护人员的多样性，能够快速提升系统业务的价值。智能运维强调开发者与运维人员具有共同目标，以用户核心价值作为评判依据，这样十分有利于开发与运维技术的升级。在多部门质量保障、沟通协调方面开发运维一体化优势明显，能保证产品功能的及时实现，确保成功部署和稳定使用。

4. 持续集成、持续交付

持续集成（Continuous Integration，CI）、持续交付（Continuous Delivery，CD）是指在软件开发过程中，提供原始需求到最终产品开发过程端到端的服务。在较短的时间内完成最小需求的评审，并且按照需求的最小颗粒度频繁提交。其核心内容是在集成后的环境中及时测试，并将测试结果反馈。持续交付是保障软件稳定、持续的发布，让用户体验无感知发布。通过持续集成、持续交付，可以降低开发时间，减小开发成本与开发过程中的风险。

9.2.3　智能运维实践案例

智能运维是企业提高生产力的一种有效手段，运用"监、管、控"的一体化平台为企业提供高效的数字化工具。下面以某公司云数据中心运维为例，介绍数智化手段在提升公司整体运维效率，促进企业数字化转型方面的应用。

1. 全生命周期自动化管理

云数据中心的资源规模和业务规模都远远超过传统数据中心。运用传统方式实现资源的上线、监控、升级、变更、扩容、限流、降级与下线的生命周期管理时，效率低下，人员操作难度大，因此，实现数字化运维已是势在必行。人工运维方式已经逐渐被时代抛弃，半自动化、自动化已成为主流发展趋势。

图 9-9 所示为自动化作业平台业务流程，平台将标准化的工具与经验转化为数字化运维平台，使复杂的操作简单化。通过事先配置好使用频繁的操作，如故障修复操作、云资源池扩容、漏洞修复、补丁安装、健康检查、风险审计、软件安装、数据备份等，实现即点即用，将原本十分复杂的操作模块化，从而大幅度提升运维效率，降低人为因素导致的误操作。平台通过用户权限、操作日志等内容满足日常安全检查与审计，实现运维操作可控、可视、可溯源。

此外，智能化运维平台提供了通用的框架能力，运维人员根据自己负责的业务完成个性化自动作业。运维人员在原子脚本开发后进行脚本可视化编排，平台可以自动调度和分发执行，完成各种场景复杂作业的在线管理和自动执行。

传统数据中心里的软硬件标准多、内容复杂，导致运维系统需要进行许多兼容性配置，这使得整体运维复杂度增加。随着云时代的到来，通过使用标准化计算、存储和网络硬件，以及标准化软件的安装包、配置、权限、发布策略、脚本和健康状态等，运维人员可以通过可视化、可预期的方式管理整个云环境。另外，平台还能够按照预设状态自行修正，解决传统数据中心内因为环境状态不一致所导致的频繁变更和人为失误等风险。实现硬件即插即用，定期下线。随着数据中心规模的增长，以手工为主的硬件识别与安装方案将无法支撑资源的快速上线、扩容与下线。通过即插即用技术，只需要使用低技能人员将设备上架、上网和上电，运维系统就会根据该硬件的预期状态自动化完成端到端硬件系统的部署和上线。

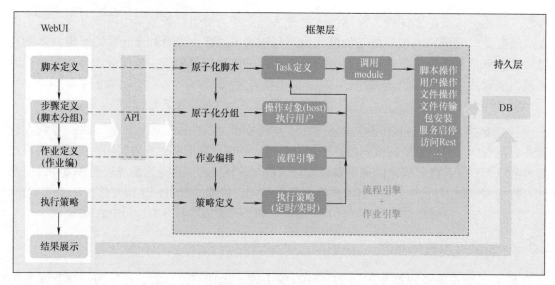

图 9-9　自动化作业平台业务流程

2. 智能化的故障预防、发现与自愈

传统模式下，运维人员的工作模式是被动等待问题发生，然后进行故障处理。根据有关数据统计，运维人员平均每天计划内的工作只占 50% 左右，剩下的时间都是在到处"救火"。随着云数据中心规模快速增长，运维人员需要处理的事件量越来越多，人工"救火"将力不从心。这就需要一个智能的运维平台，利用大数据关联分析与机器学习技术为运维系统赋予人工智能，提供从故障预防到故障定位、再到故障闭环的智能保障能力。

（1）减少人工操作引入故障　根据某公司 IT 部门的统计，变更操作是故障的导火索，超过 50% 的故障是由变更中的人工操作引发的。大多数的一级事故都由变更引起，主要原因是变更操作复杂，人工处理容易产生误操作。因此，通过变更自动化可避免人工处理引发的故障，是降低故障发生率的一个非常重要的举措。

（2）系统亚健康智能分析，提前发现故障隐患　利用大数据技术，结合故障特征库进行跨数据领域关联分析，提前发现隐患，预测故障。与自动化策略执行系统集成联动，在用户发觉问题前将问题解决，避免对业务造成影响。云数据中心由于技术堆栈层次多、技术架构复杂，如何识别故障是个很大的难点。构建一个从资源到用户体验端到端的监控体系，全面掌握系统运行状态数据，有助于准确识别出业务系统响应慢、查询速度慢、产品质量差（问题多、交易失败率高）和用户数量少、资源利用率低等问题的根源，推动技术不断改进，达到持续优化的运维管理目的。

（3）构建全链路的，主动、智能全方位的，多手段和多指标的监控体系　运维系统需要支持从机房设施、物理基础设施、跨数据中心骨干网络、虚拟化资源池到云服务和应用的统一管理，实现多数据中心和多维度的集中监控。当数据中心出现故障时，通过系统运行状态可视化，可以快速获取每个数据中心中资源和云服务的当前和历史运行状态，可以查看的信息包括性能容量、关联对象与告警，以及拓扑与各类日志信息。

（4）系统运行状态可视化　在重点业务的服务运营保障中，通过可视化展示应用拓扑及其健康状态，可以使云基础架构与业务应用的各项运行指标和变化趋势一览无余。通过提供各类运维对象的性能容量、告警统计与分析、资源利用率的报表，以及健康度和容量预测报告，IT 运维人员与管理人员可以利用这些信息来支撑月度 / 季度的运维质量分析和年度 IT 架构规划。

（5）利用业务流跟踪系统快速故障定界　针对云服务微服务化后调用关系复杂和故障定位难的问题，需要有辅助定位工具来提高故障定位效率。通过对服务调用各环节的监控来快速定位故障点，可以将故障定位的时间从小时级缩短到分钟级。

运维比较成功的云数据中心，通过自动化和智能化的运维体系，面对百万级的服务器规模，在保障用户级 99.95% 甚至更高服务质量的前提下，实现了云数据中心运维效率的结构性提升，人均维护效率从传统的人均 50 ～ 100 台提升至 5000 ～ 10000 台，效率提升 100 倍以上。而总体资源利用率从传统的小于 20% 提升至 60% ～ 70%，效率提升 3 倍以上。

华为云，是华为旗下研发和运营的机构。通过基于浏览器的云管理平台，以互联网线上自助服务的方式，为用户提供云计算 IT 基础设施运维服务（图 9-10）。通过互联网，轻松实现远程对华为云产品或服务的体验、下单、购买、账户充值、账户管理、资源维护管理、系统监控、系统镜像安装、数据备份、故障查询与处理等功能。华为的研发采用云服务，通过标准化、自动化与智能化运维，目前已做到了 11 人维护 10 万台设备，资源使用率从 10% 以下提升至 40% ～ 50%。

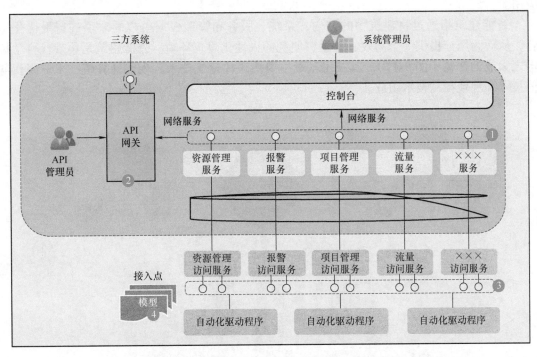

图 9-10　开放的云运维平台（以华为云平台为例）

9.2.4　发展前景展望

随着开发运维一体化解决方案的不断发展与完善，云原生作为智能运维的技术底座，也会随着信息技术不断发展而完善。在未来，全面掌握云原生技术是智能运维技术发展的关键。智能运维技术的发展势必会打破运维行业的传统格局，促使运维行业迈向一个新领域。在不断发展的智能运维体系中，也需要不断审视云原生技术架构，根据其发展规律与方向设计出更加符合大众需求的智能运维工具。

9.3　智能建筑

9.3.1　智能建筑简介

世界上首幢智能建筑是 1984 年在美国哈特福德市建成的 City Place 大厦。而智能建筑在我国的起步时间大概是 20 世纪 90 年代，它是指通过新一代信息技术与传统建筑工艺相结合，形成建筑行业全生命周期闭环管理的数智化产物[3]。它能提高建筑水平和建筑质量，全面推进建筑行业的数智化转型，提升建筑行业的科技影响力。目前，在国家层面大力支持建筑行业进行数字化升级，强调要以大力发展建筑工业化为载体，以数字化、智能化升级为动力，创新突破相关核心技术，加大智能建造在工程建设各环节中的应用。在转型升级中，建筑行业秉承绿色发展和高质量建设的共同目标，加快数智化转型创新应用。

智能建筑指通过将建筑物的结构、系统、服务和管理根据用户的需求进行最优化组合，从而为用户提供一个高效、舒适、便利的人性化建筑环境。智能建筑是集现代科学技术之大成的产物（图 9-11）。其技术基础主要由现代建筑技术、现代计算机技术、现代通信技术和现代控制技术组成。

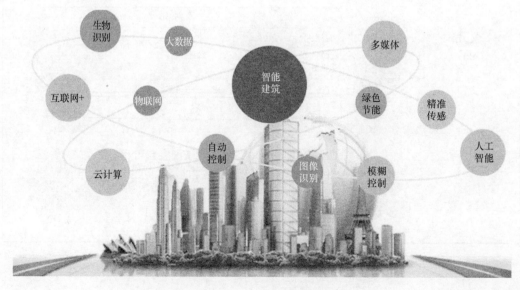

图 9-11　智能建筑的技术组成

建筑智能化工程又称弱电系统工程，主要指通信自动化（CA）、楼宇自动化（BA）、办公自动化（OA），消防自动化（FA）和保安自动化（SA），简称 5A。包括的系统有计算机管理系统，楼宇设备自控系统，通信系统，安保监控及防盗报警系统，卫星及共用电视系统，车库管理系统，综合布线系统，计算机网络系统，广播系统，会议系统，视频点播系统，智能化小区物业管理系统，可视会议系统，大屏幕显示系统，智能灯光、音响控制系统，火灾报警系统，一卡通系统等。

9.3.2　智能建筑系统与技术

智能建筑系统是指通过"BIM+ 新一代信息技术"对建筑行业的规、设、建、维进行全控，实现建筑行业全生命周期管理，保障各个阶段数据闭环管理。

（1）规　在规划阶段采用"BIM+GIS"技术实现图形和数据双向关联，展示建筑物所处地理位置、地形地貌等相关数据。通过 GIS 分析建设改造建筑物所需技术，并将技术、经济等多重指标进行融合分析，形成建筑物三维模型展示、建筑热能声光分析、室内外风环境分析等内容，为后期设计决策提供可靠依据。

（2）设　在设计阶段充分利用规划阶段的模型数据，统筹考虑全局，最大限度地减少后期设计变更的风险。在设计过程中，提供建筑外观、结构、暖通、给排水、电气等基础环境设计，并且具备楼宇、工厂、园区等多种场景的标准化设计模板库，满足不同场景的设计需求。

（3）建　实现对建设过程中的人、机、物、法、环的全方位管理。基于 BIM 设计模型，引入时间和成本维度，直接进行施工场地布置分析、施工进度模拟、施工工艺模拟等施工阶段的 BIM 应用，有效地保证了 BIM 模型和相关技术应用的延续性。围绕人、机、物、法、环等各方面关键因素，做到各要素全面感知和实时互联。依据 5G 技术下的多源异构传感器实现数据泛在感知，重点应用场景包括全方位安防、一体化人员车辆监管、实时环保监管、工程进度管理、工程安全管理、工程质量管理、工程物料管理等。

（4）维　数字孪生技术的运维服务。通过三维数字孪生技术对建筑内、外部结构及相应的物理实体进行三维可视化展示，在虚拟场景中对配套资源、能耗利用、告警信息进行精细管控，让管理者直观地了解当前整体建筑资源状况和运行情况。充分利用规划、设计、建设环节的基础资料（包括设计图、传感器位置等信息），为三维数字孪生模型提供数据，顺利对接到施工验收完成后的建筑运维中。为满足资源重复利用的需求，将建造环节的传感器预埋运维环节中，最大化地提升资源利用效率，并解决建筑运营时对建筑质量监测能力不足的问题，大幅度提高建筑运维管理的效率和能力。

9.3.3　智能建筑实践案例

随着当今社会信息技术的不断发展，未来楼宇、仓库、机场、家庭住宅或工厂等多元建筑将走向智能化和物联化，真正地实现高效的资源利用及动态的自我感知，这些改变将会彻底改变人们的生活及工作方式。下面以北京某企业在建筑楼群中应用的智能化中控系统为例，介绍该系统在提高设施安全性，降低日常水电运营成本的应用。

企业在智能建筑的平台中引入数字孪生技术，通过三维可视化呈现，将现实世界中的建筑物映射到虚拟世界中，在虚拟环境中对建筑进行整体管理（图9-12），降低了建筑的日常维护成本，提高了建筑整体的维护效率。

图 9-12　智能建筑数字孪生

　　大型建筑物中存在大量基础设施，这些在传统的建筑中很难掌握，需要大量人工巡查、线下手动记录各类设施情况。传统方式工作效率低下，无法第一时间掌控设施现状。企业构建了大量孪生体，并实现了孪生体与物理世界的关联，通过物联网技术与网络连接能力提供大型基础设施实时数据查看，第一时间掌控设备的安全运行状态（图9-13）。智能建筑系统采用智能化硬件和全自动软件，几乎不需要进行人工干预就能全面掌控基础设施数据，还支持构建功能丰富的上层应用，包括临时访客、智能照明、智慧车辆、智能门锁等，极大地提高了建筑内在基础设施服务能力。

图 9-13　智能建筑基础设施孪生体

　　在智能建筑应用系统中，企业也充分考虑供暖、通风和空调等系统的运营费用，建筑中的水电费通常占运营成本的较大份额。智能建筑设计能通过监控、自动化和控制HVAC系统来帮助企业降低这些成本，智能系统考虑当前的气温、湿度水平、一天中的时间、假期时间表来计算最佳设置，同时确保业主的舒适度。智能建筑对楼内的空调、照明等一系列的设备能够有效控制，既为业主提供了舒适环境，还有显著的节能效果（节能一般达 15% ～ 20%）。

智能建筑系统应用不仅对基础设施、能耗等问题进行总体管控，也加强了安全隐患排查与预防。企业通过智能化监控、烟感等设备对建筑中的危险源进行整体监控，当危险事故发生时，系统第一时间启动应急响应机制，联动建筑内的其他设施完成安全危险源消除工作。如图 9-14 所示，企业在安全演练过程中模拟建筑物内发生火灾，系统第一时间监控到火灾发生位置，通过与广播系统联动告知建筑物内人员有序撤离现场，并通过消防喷淋设备完成所在位置的灭火工作。

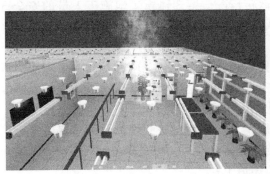

图 9-14　智能建筑安全监管与联动

系统在运行过程中动态存储建筑物运行数据，并根据企业关注的重点内容进行可视化呈现，为企业下一步资源投入及运营决策提供可靠抓手。

本案例中，企业建设了大量数字孪生体，通过铺设大量的智能化物联网设备，实现了建筑物内的各类系统监管，并通过大数据分析的方式进行总结。系统的应用没有局限在灯光、消防、安防等内容，在能源控制与污染源排放等方面也进行了统筹管理。此外，智能建筑在维修成本方面也得到了很大的提升，通过对日常设备的耗电量、运行状况等数据的分析，可以很轻松得到建筑内设备的实时情况。这既节省了人力检查成本，又增加了维修人员的目的性，达到降本增效的效果。

9.3.4　发展前景展望

相对于智能家居在中国的发展，智能建筑的历史更长。就基础功能而言，大型公共建筑的智能化已经进入普及阶段。在我国，各大中城市的新建办公楼宇和商业楼宇等基本都已是智能建筑，这也就意味着公共建筑的智能化已经成为现代建筑的标准配置。然而，智能建筑在国内的发展状况也并不让人满意，系统稳定性差、功能实现率低、智能化水平参差不齐，一直是智能建筑屡遭诟病的问题。近些年，智能一体化设计逐渐在智能建筑行业兴起。简单来说，智能建筑一体化，就是将庞杂的智能控制系统集成在了一起，做到了标准统一、施工方统一，从而使系统的稳定性、可靠性都大大增加。

目前，我国智能建筑发展呈上升趋势，但关键技术仍需要不断研究与探索，针对多技术融合方面还需要不断扩展广度，并加强智能建筑生态圈的建立，实现数智化技术推广、人才培育等多方面内容，最终支撑智能建筑不断发展与完善。

9.4 智慧工地

9.4.1 智慧工地简介

智慧工地是通过数智化手段对传统工地进行升级，帮助企业实现安全、高效的管理模式。智慧工地的核心内容是"智慧"，通过信息技术的方式帮助行业解决目前所面临的痛点问题。

按照目前智能化技术的发展，智慧工地可以分为感知、替代与智慧三个阶段。

（1）感知阶段　通过借助人工智能技术，起到扩大人类视野的作用。如借助各种传感器（温控、光控传感器）监测机械设备的运转情况，感知建筑工地施工人员的安全行为；使用人工智能技术来增强建筑工地施工人员的技术水平等。当下智慧工地的发展水平主要处在感知阶段。

（2）替代阶段　替代阶段是利用人工智能制造出机械设备，用来替代人工无法完成的与危险系数很高的建设任务，从而降低施工人员的安全风险，提高建筑企业的经济效益。如现在正在研究的施工现场高危地区作业的人工智能机器人。

（3）智慧阶段　随着科学技术的不断发展，人工智能发展的终极目标是要研究出能够像人类一样具有思维学习能力且受人类控制的智能机器人。研究成功后只需要对其输入指令，人工智能机器便能够替代人类完成整个建筑工程。

智慧工地微服务部署如图 9-15 所示。

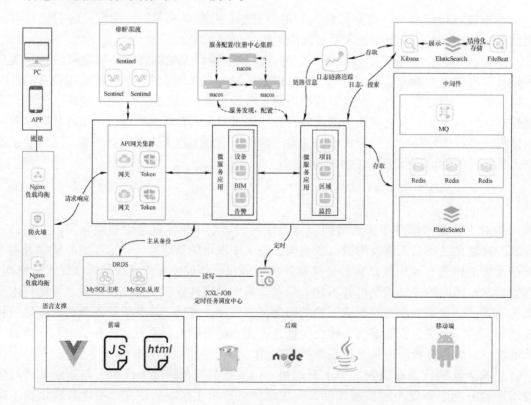

图 9-15　智慧工地微服务部署

9.4.2　智慧工地系统与技术

"智慧工地"从字面上是说工地上加了智慧，也就是工地上利用现代的信息模型、互联网、物联网、大数据等软硬件信息技术对工地进行人、机、料、法、环进行全方位监控[6]。智慧工地功能架构如图 9-16 所示。

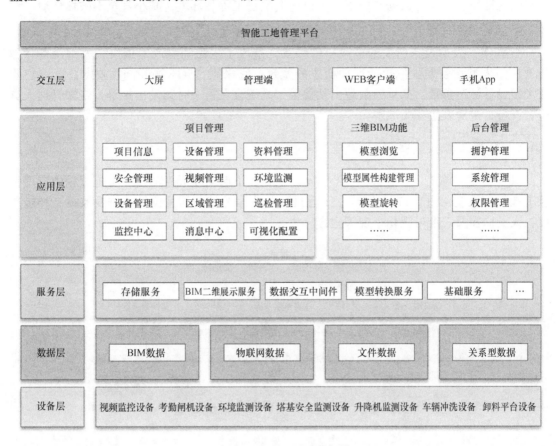

图 9-16　智慧工地功能架构

1.人员和劳务的管理

人员和劳务的管理是通过现代技术对人员进行考勤和工作安排监督管理。传统施工现场管理可划分为规划、实施、统筹分析三个阶段。在规划阶段以 BIM 技术为核心，通过 BIM 完善建筑的相关方案。在施工阶段才用人工智能、物联网等技术实现对施工现场的全方位监管。统筹分析阶段采用大数据分析技术，针对施工现场数据、历史数据进行全面的分析，给管理者的决策提供依据。

2.物料管理

物料管理是指针对工地现场的施工耗材进行全方位动态管控。物料管理分为进货验收、物料领用、物料预警。进货验收是指通过人工智能技术辅助管理人员对进入施工现场的货物进行验收，验收完毕录入相关信息。物料领用为管理人员记录工地现场的每一笔物料的使用情况，并记录领取人信息、领取时间等内容，为后期工程整体分析提供数据依据。物料预警是指当物料消耗到临界值时，系统自动发出预警，提醒管理人员准备进货，避免出现因货物短缺导致施工进度延缓等情况。

3. 环境管理

项目施工时重心往往在工程建设上，而忽略了对环境的保护，在项目完成时才注意到周围的环境。在实时数据监控下，可以协调项目工程和环境，减小甚至不破坏环境。

4. 大型设备管理

近些年，大型设备引发的危险事件频发，造成了生命和财产的损失。大型设备管理是为预防大型设备发生危险状况而研发的系统，它采用"5G+物联网"技术，全方位监控大型设备运行参数。如果参数超出预警值，系统会在第一时间发出报警，告知管理人员检查设备，避免发生相关风险。

9.4.3 智慧工地实践案例

某大型楼宇施工项目总金额1.1亿元，工程总工期430天。项目在实施过程中应用智慧工地管控系统（图9-17），完成了工程现场的安全监控、质量监控、进度监控、环境监控、人员监控及三维可视化呈现等内容。

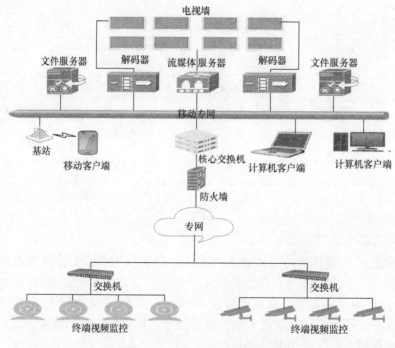

图9-17 智慧工地安全监控系统

1. 安全监控系统

项目在建设过程中发现工程现场进度可视化监控与工程建设现场安全管理不足，项目通过智慧工地中的安全监控系统，通过智能摄像机对工程现场进行全景监控（图9-18），并运用人工智能技术+边缘计算完成对施工现场的安全隐患识别。项目中的安全监控系统采用智能码流技术，即主码流完成高清视频存储，子码流完成网络视频传输、辅码流完成手机 App 与应用后台在线观看，运用智能码流技术极大地节约了带宽，降低了运营成本，提升了用户监管体验。

图 9-18　智慧工地全景监控

2. 质量、进度监控系统

结合 BIM 技术，利用工程 BIM 模型完成精准的智慧工地可视化建设，使得工程建设从传统的等待问题到及时发现问题。本案例中进度、质量结合 BIM 技术的应用如下：

（1）施工现场智能巡检　在工程现场的管理过程中需要定期对工程现场进行管理，对可能存在安全隐患的点位进行定期排查并形成可视化记录。定期巡检有助于提升工程整体建设质量，并减少建设过程中的违规行为。

（2）工程量统计　在 BIM 模型创建完成后，通过对模型的解读，能够分析出各施工流水段的材料工程量，如混凝土的工程量。在钢结构中，通过对模型的分解，直接根据模型对钢结构构件进行加工。

（3）施工模拟　在制定完施工进度计划后，通过系统把施工进度计划与 BIM 模型相关联，对施工过程进行模拟（图 9-19）。将实际工程进度与模拟进度进行对比，可以直观地看出工程是否滞后，分析滞后的原因，以确保工程按计划完工。

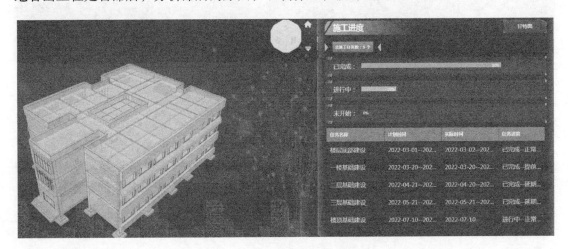

图 9-19　基于 BIM 的工程进度管理

（4）可视化交底　通过 BIM 的可视化呈现特点，对施工方案进行模拟，对施工人员进行 3D 动画交底，提高了交底的可行性。

（5）管线碰撞监测　在施工过程中，往往会出现预留孔洞未预留，机电、设备管线安装时发生碰撞。面对这些情况，传统的施工过程中采取的措施是在墙体、楼板上再次开凿，安装管线时相互交叉而减少楼层实际使用空间。而"智慧工地"建设中，在设计图下发后，根据设计图对建筑物进行综合建模，把预留孔洞在三维模型中显示，直观地显示出各个位置的预留孔洞，防止遗忘。在结构、建筑、机电、设备模型创建完成后进行合模，分析出各碰撞点，与设计单位进行沟通，对设计图进行修改。在工程前期解决了管线碰撞问题，节约了工期，确保了施工的顺利进行。

3. 环境监测系统

环境监测系统集颗粒物、噪声、大气压、风速、风向、温湿度等在线监测于一体，支持远程实时动态 24 小时全天监测（图 9-20）。通过智能联动降尘喷淋系统，控制喷淋降尘设备，对工地粉尘或温度超标时自动喷淋，高效率地实现工地现场抑尘降尘功能，避免扬尘颗粒污染环境，提升绿色施工水平。

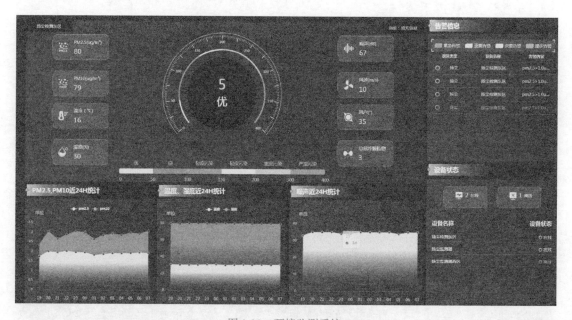

图 9-20　环境监测系统

4. 人员管理系统

人员管理系统（图 9-21）具备人脸录入、人脸比对、考勤记录、合同管理、劳务人员管理、工资管理、诚信管理等功能模块，实现了动态管控施工现场劳务人员的用工情况，改善了建筑工地施工人员的管理层次，防止了劳务人员工资纠纷，保护了劳务人员合法权益，建立了有利于建筑业工人形成的长效机制。

图 9-21　智慧工地人员管理系统

9.4.4　发展前景展望

目前，我国的智慧工地还处于发展阶段，大部分工地仍采用投入大量人员的工作模式，无法做到数字化、智能化的模式，距离以物换人的高效生产模式还有差距。但是随着新型信息技术的不断发展，以及大量科研人员的投入，我国智慧工地整体应用效果将不断提升，在未来，"智慧"＋"工地"这种以物换人的高效生产模式一定能够实现。

9.5　智慧管网

9.5.1　智慧管网简介

智慧管网属于智慧城市建设中的一部分，是综合性的应用，它结合地理信息系统（GIS）、BIM、物联网等多种技术，实现城市地下管网可视化管理，并提供数字化、智能化等多项建设、运维功能，符合我国城市发展理念[7]。

智慧管网综合多种技术，以数据驱动为核心，通过云、网将数据进行转发与存储，实现管线运行信息随时随地的查看，为用户提供多种便捷的服务。根据智慧管网的发展理念来看，智慧管网是一项十分复杂的系统，具有较大的建设和维护难度，需要综合考虑规划、设计、现状数据。同时，也需要多专业协同，这样才能充分地保障智慧管网的建设质量，并降低后期运行维护成本。智慧管网解决方案如图 9-22 所示。

9.5.2　智慧管网系统与技术

智慧管网系统在新一代信息技术的驱动下不断升级、不断完善。它具备多元异构数据的采集与处理，通过 5G、数字孪生技术、传感技术、人工智能技术、大数据技术等构建精准的智能化模型。模型支持智能决策、信息共享、数据挖掘等多元化能力。

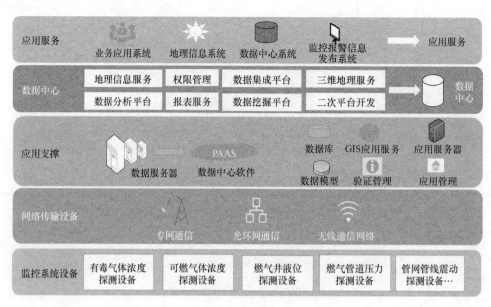

图 9-22 智慧管网解决方案

智慧管网系统可以划分为五层架构，即应用层、数据层、平台能力层、网络层、感知层。感知层通过物联网技术实现对城市管线资源的收集、数字孪生建模、管线资源监测与预警，为智慧管网系统顶层应用打下基础。网络层负责管网系统上层应用与数据层交互，实现数据互通、互联。平台能力层提供大数据分析、GIS、人工智能等相关服务，实现数据智能分析、智能预警。数据层作为架构中的核心内容负责城市数据的综合管理，提供向上、向下的服务，综合管理管网的静态、动态数据，构建基础的地理信息，为地下管网可视化呈现提供数据能力。应用层面向管线规划监管、数据共享应用等业务需求，提供应用分析、数据管理、运维配置等应用系统，实现各权属单位管线管理的综合应用。

9.5.3 智慧管网实践案例

某城市智慧管网系统架构如图 9-23 所示。

该系统在建设过程中采用了高精度传感器。高精度传感器利用声波在流体中传播的多普勒效应，通过测定流体中运动粒子散射声波的多普勒频移（Doppler Shift），即可得到流体的速度，结合内置压力式水位计，利用速度面积法，即可测量液体的流量，适合于明渠、河道及难以建造标准断面的流速流量测量，以及各种满管、非满管明渠流速流量测量。同时，该系统也采用了先进的智能化设备，设备具有缓存功能，支持大量数据存储。它以高性能低功耗微控制器为核心，具有多个传感器接口和多个通信接口，是集数据采集、显示、存储、通信和远程管理等功能于一体的智能化终端，并且终端结合城市管网现状，定制化研发数据发送标准，支持同时向多个站点发送数据。

项目在建设过程中采用了 5G 通信技术，通过 5G 网络将智能化设备数据发送至云平台，并实时监控排水管网各项数据，提供数据查询、数据统计、数据分析功能。当监测数据达到设定的阈值时，则会自动向监测中心产生报警信息，并提示水位、水压等关键数据。

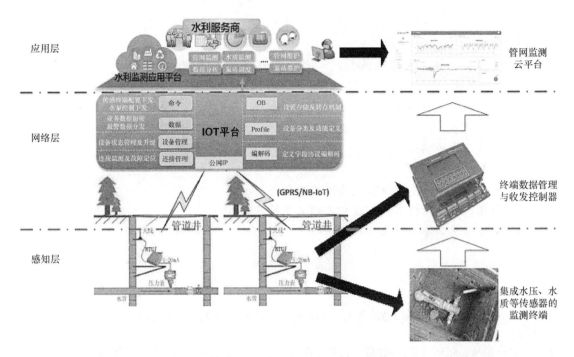

图 9-23　某城市智慧管网系统架构

项目在应用过程中极大地提升了监管效率，降低紧急时间响应时间。根据统计发现，智慧管网系统提升了工作人员 20% 的工作效率，应急启动时间缩短了 10%。智慧管网的应用不仅在效率与效能方面有所提升，也推进了城市地下管线动态更新机制和有效机制的运行，推进面向政府决策层、管线建设及权属单位、相关职能部门和社会公众提供数据共享与交换、管控和决策支持服务，实现城市地下管线信息的即时交换、共建共享、智能分析和动态更新，使城市地下管线在城市的规划建设和管理中真正起到基础性的保障和服务作用，最终实现城市地下管线的高效监管、有序建设和规范管理。

9.5.4　发展前景展望

我国的智慧管网发展迅猛，但是相比于国外先进的系统仍存在很多不足，缺少科学性和系统性的管网模型。在未来，智慧管网系统也会朝着全生命周期管控的方向发展，实现智慧管网一体化解决方案，最终形成多源异构数据融合的一体化智能平台。

本章习题

1. 单选题

（1）下列选项不属于智能施工新技术的是（　　）。

A. 嵌入式系统　　B. 地理信息系统　C. 物联网　　　　　D. 边缘计算

（2）下列选项属于智能运维底座技术的是（　　）。

A. 人工智能技术　B. 云计算技术　　C. 云原生技术　　D. 大数据技术

（3）下列选项不属于智慧管网系统架构的是（　　）。

A. 数据层　　　　B. 媒体接入层　　C. 感知层　　　　D. 网络层

2. 填空题

（1）智能施工技术主要包括5G、＿＿＿＿＿、GIS、人工智能、＿＿＿＿＿、云计算、大数据、边缘计算等。

（2）智能建筑其技术基础主要由现代建筑技术、＿＿＿＿＿、现代通信技术和现代控制技术组成。

（3）智慧工地可以分为＿＿＿＿＿、＿＿＿＿＿与智慧三个阶段。

3. 简答题

（1）简述物联网技术在智能建造中的应用。

（2）简述人工智能技术在智能施工领域中的应用。

（3）简述智慧工地系统应具备的功能。

参考文献

［1］马羚，张昊，郭红领，等.智能施工平台作业安全规范研究［J］.土木工程与管理学报，2021，38（6）：137-142.

［2］刘虹，滕滨，张琳，等.智能运维在中国移动IT云中的应用与实践［J］.电子技术应用，2021，47（11）：20-24.

［3］张敏.智能建筑浅说［J］.铁道工程学报，2000，1（1）：107.

［4］何清华，钱丽丽，段运峰，等.BIM在国内外应用的现状及障碍研究［J］.工程管理学报，2012，26（1）：12-16.

［5］施巍松，张星洲，王一帆，等.边缘计算：现状与展望［J］.计算机研究与发展.2019，56（1）：69-89.

［6］曾凝霜，刘琰，徐波.基于BIM的智慧工地管理体系框架研究［J］.施工技术，2015，44（10）：96-100.

［7］聂中文，黄晶，于永志，等.智慧管网建设进展及存在问题［J］.油气储运，2020，39（1）：16-24.

第10章

物联网开发实战

本章导读

通过前面章节的学习，掌握了物联网的基本原理及应用技术。本章介绍在 Win10 64 位操作系统下物联网实验的搭建及工程应用开发。

学习要点

掌握物联网的基础实验原理及操作流程。

10.1 实验开发用具

10.1.1 基础实验板

STM32F103ZET6 芯片，如图 10-1 所示，其内部资源如下：

1）内核：32 位高性能 ARM Cortex–M3 处理器。

2）时钟：高达 72M，可以超频一点。单周期乘法和硬件除法。

3）I/O 口：STM32F103ZET6，144 个引脚，112 个 I/O，大部分 I/O 口都耐 5V（模拟通道除外）。支持调试，SWD 和 JTAG，SWD 只要 2 根数据线。

4）存储器容量：512K FLASH，64K SRAM。FLASH 存放程序使用的常量，作用类似计算机的硬盘。SRAM 存放程序运行时产生的变量和一些中间变量，作用类似计算机的内存。

5）时钟、复位和电源管理：2.0 ～ 3.6V 电源和 I/O 电压；上电复位、掉电复位和可编程的电压监控强大的时钟系统；4 ～ 16M 的外部高速晶振；内部 8MHz 的高速 RC 振荡器；内部 40KHz 低速 RC 振荡器，看门狗时钟；外部低速 32.768K 的晶振，主要做 RTC 时钟源。

6）低功耗：分睡眠、停止和待机三种低功耗模式；可用电池为 RTC 和备份寄存器供电。

7）AD：3 个 12 位 AD（多达 21 个外部测量通道）；转换范围为 0 ～ 3.6V（参考电源电压）；内部通道可以用于内部温度测量；内置参考电压。

8）DA：2 个 12 位 DA。

9）DMA：12 个 DMA 通道（7 通道 DMA1，5 通道 DMA2）。

10）定时器：多达 11 个定时器，包括 4 个通用定时器、2 个基本定时器、2 个高级定时器、1 个系统定时器、2 个看门狗定时器。

11）通信接口：多达 13 个通信接口，包括 2 个 I2C 接口、5 个串口、3 个 SPI 接口、1 个 CAN2.0 接口、1 个 USB FS 接口、1 个 SDIO 接口。

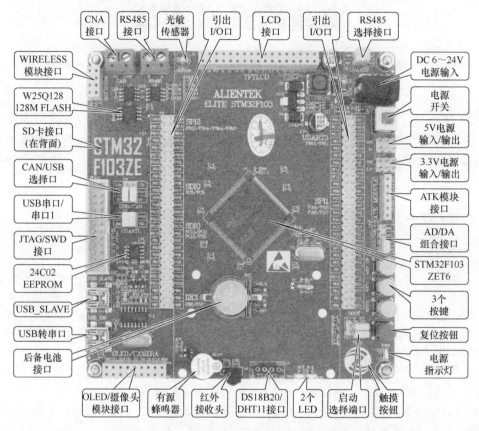

图 10-1　STM32F103ZET6 实物

10.1.2　相关软件

1. Keil MDK

Keil MDK 是德国知名软件公司 Keil（现已并入 ARM 公司）开发的微控制器软件开发平台，是目前 ARM 内核单片机开发的主流工具。Keil MDK 提供了包括 C 编译器、宏汇编、连接器、库管理和一个功能强大的仿真调试器在内的完整开发方案，通过一个集成开发环境（μVision）将这些功能组合在一起，如图 10-2 所示。

从官方网站下载最新版本：MDK Version 5（keil.com），单击 Download MDK（图 10-3）。具体安装教程请参考官方实验手册：MDK Getting Started: MDK Getting Started（keil.com）。

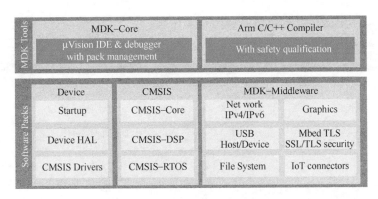

图 10-2　Keil MDK 组件

图 10-3　Keil MDK 下载

单击 Getting Started with MDK，如图 10-4 所示。

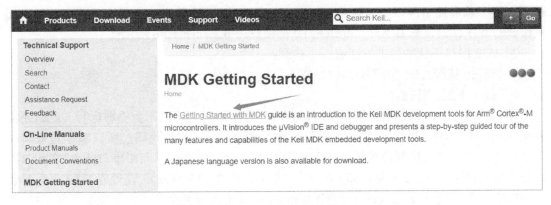

图 10-4　Keil MDK 启动

2. FlyMcu

FlyMcu 是串口下载软件，该软件是 mcuisp 的升级版本，由 ALIENTEK 提供部分赞助，mcuisp 作者开发，该软件可在 www.mcuisp.com 单片机在线编程网免费下载最新版本。进入官网点击软件下载后，下载第一个产品，如图 10-5 所示。

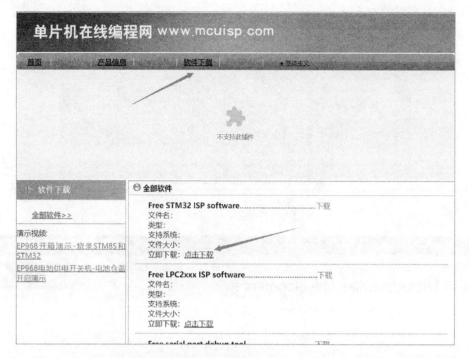

图 10-5　FlyMcu 下载

STM32 的串口下载一般是通过串口 1 下载的，本书实验采用 STM32 开发板，不是通过 RS232 串口下载的，而是通过自带的 USB 串口下载。看起来像是 USB 下载（只需一根 USB 线，并不需要串口线），实际上是通过 USB 转成串口，然后下载的。

首先要在板子上把 RXD 和 PA9（STM32 的 TXD）、TXD 和 PA10（STM32 的 RXD）通过跳线帽连接起来，这样就把 CH340G 和 MCU 的串口 1 连接上了。由于这款开发板自带了一键下载电路，所以不需要关心 BOOT0 和 BOOT1 的状态。为了让下载完后可以按复位执行程序，建议把 BOOT1 和 BOOT0 都设置为 0，如图 10-6 所示。

STM32 串口下载的标准方法有两个步骤：

1）把 B0 接 V3.3（保持 B1 接 GND）。

2）按一下复位按键。

下载完成后，如果没有设置从 0X08000000 开始运行，代码不会立即运行，此时还需要把 B0 接回 GND，再按一次复位按键，才会运行刚刚下载的代码。所以整个过程得跳动 2 次跳线帽，按 2 次复位按键，比较烦琐。而一键下载电路，利用串口的 DTR 和 RTS 信号，分别控制 STM32 的复位和 B0，配合上位机软件（FlyMcu），设置成 DTR 低电平复位、RTS 高电平进 BootLoader，这样 B0 和 STM32 的复位完全可以由下载软件自动控制，从而实现一键下载。

接着在 USB_232 处插入 USB 线，并接上计算机。如果之前没有安装 CH340 的驱动（如果已经安装过驱动，则应该能在设备管理器里面看到 USB 串口；如果不能，则要先卸载已安装的驱动，然后重启计算机，再重新安装驱动）。找到相关文件夹下的 CH340 驱动，并安装，如图 10-7 所示。

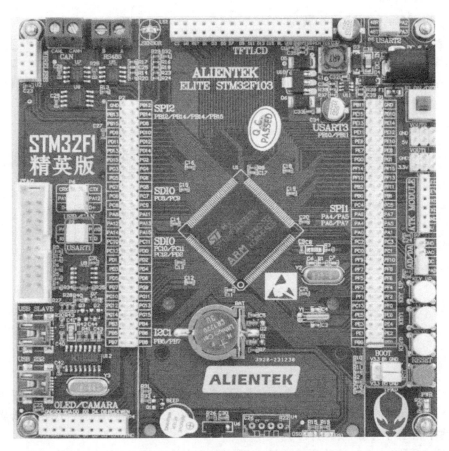

图 10-6 BOOT1 和 BOOT0 设置

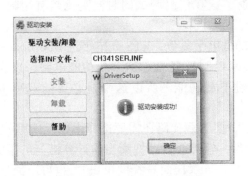

图 10-7 CH340 驱动安装

安装完成后，可以在计算机的设备管理器里面找到 USB 串口
（如果找不到，重启计算机即可），如图 10-8 所示。

图 10-8 设备管理器

在图 10-8 中可以看到，USB 串口被识别为 COM3，注意：不
同的计算机可能不一样，也可能是 COM4、COM5 等，但是 USB-
SERIAL CH340 一定是一样的。如果没找到 USB 串口，则可能是
安装有误，或者是系统不兼容。在安装了 USB 串口驱动后，就可以使用 FlyMcu 下载代
码了。

打开 FlyMcu，如图 10-9 所示。

选择要下载的 hex 文件，如果前面已经新建了工程，则编译的时候已经生成了 hex 文件，只需要找到这个 hex 文件下载即可。

用 FlyMcu 软件打开 OBJ 文件夹，找到对应的 hex 文件 Template.hex，打开并进行相应设置，如图 10-10 所示。

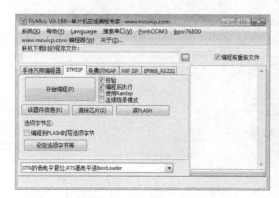

图 10-9　FlyMcu 软件界面

图 10-10　FlyMcu 设置

图 10-10 中，圈中的设置是建议的设置。"编程后执行"这个选项在无一键下载功能的条件下是很有用的。当选中该选项后，可以在下载完程序后自动运行代码；否则还需要按复位键才能运行刚刚下载的代码。

"编程前重装文件"该选项也比较有用。当选中该选项后，FlyMcu 会在每次编程之前将 Hex 文件重新装载一遍，这在代码调试的时候是比较有用的。不要选择使用 RamIsp，否则可能没法正常下载。

最后，选择"DTR 的低电平复位，RTS 高电平进 BootLoader"这个选择项，FlyMcu 会通过 DTR 和 RTS 信号来控制板载的一键下载功能电路，以实现一键下载功能。如果不选择，则无法实现一键下载功能。所以这个是必要的选项（在 BOOT0 接 GND 的条件下）。

在装载了 hex 文件后，要下载代码还需要选择串口，这里 FlyMcu 有智能串口搜索功能。每次打开 FlyMcu 软件，软件会自动搜索当前计算机上可用的串口，然后选中一个作为默认的串口（一般是最后一次关闭时选择的串口）。也可以通过单击菜单栏的搜索串口，自动搜索当前可用串口。串口比特率可以通过 bps 来设置，对于 STM32F103，可以设置为最高 460800b/s，而如果是 F4，则建议最高设置为 76800b/s。然后，找到 CH340 虚拟的串口，如图 10-11 所示。

从前述 USB 串口的安装可知，开发板的 USB 串口被识别为 COM3 了，所以，此处选择 COM3，比特率设置为 460800b/s。设置好之后，就可以单击"开始编程（P）"按钮，一键下载代码到 STM32 上，下载成功后如图 10-12 所示。

图 10-11　FlyMcu 参数设置图　　　　　图 10-12　下载代码到 STM32

FlyMcu 对一键下载电路的控制过程，其实就是控制 DTR 和 RTS 电平的变化，控制 BOOT0 和 RESET，从而实现自动下载。另外，因为 STM32F1 的每次下载都需要整片擦除，而整片擦除是非常慢的，得等待数十秒，才可以执行完成。

3. 串口调试助手 XCOM

XCOM 是一种使用方便、广泛的正点原子开发串口调试的工具，具体可从 OpenEdv——开源电子网下载最新版本和相关使用指南。

功能具体如下：

1）支持多个常用比特率，支持自定义比特率。

2）支持 5/6/7/8 位数据，支持 1/1.5/2 个停止位。

3）支持奇 / 偶 / 无校验。

4）支持 16 禁止发送 / 接收显示，支持 DTR/RTS 控制。

5）支持窗口保存，并可以设置编码格式。

6）支持延时设置，支持时间戳功能。

7）支持定时发送，支持文件发送，支持发送新行。

8）支持多条发送，并关联数字键盘，支持循环发送。

9）支持无限制扩展条数，可自行增删。

10）支持发送条目导出 / 导入（excel 格式）。

11）支持协议传输（类 modbus）。

12）支持发送 / 接收区字体大小、颜色和背景色设置。

13）支持简体中文、繁体中文、英文三种语言。

14）支持原子软件仓库。

4. NetAssist 网络调试助手

NetAssist 网络调试助手是 Windows 平台下开发的 TCP/IP 网络调试工具，集 TCP/UDP 服务端及客户端于一体，是网络应用开发及调试工作必备的专业工具之一，可以帮助网络应用设计、开发、测试人员检查所开发的网络应用软 / 硬件的数据收发状况，提高开发速度，简化开发复杂度，成为 TCP/UDP 应用开发调试的得力助手。具体可从 NetAssist 网络调试助手 V5.0.3 →软件工具→野人家园（cmsoft.cn）下载最新版本。

通过网络调试助手与自行开发的网络程序或者网络设备进行通信联调。软件支持 UDP、TCP，集成服务端与客户端，作为服务端时可以管理多个客户端连接；支持单播 / 广播；支持 ASCII/Hex 两种模式的数据收发，发送和接收的数据可以在十六进制和 ASCII 码之间任意转换；可以自动发送校验位，支持多种校验格式；支持发送的数据中嵌入脚本代码以实现动态数据发送；支持建立自动应答规则，实现指令自动应答 / 回复功能；支持间隔发送，循环发送，批处理发送，输入数据可以从外部文件导入；可以保存预定义指令 / 数据序列，任何时候都可以通过工具面板发送预定义的指令或数据，便于通信联调。软件界面支持中 / 英文，默认自适应操作系统的语言环境。

10.2 实验一：流水灯

10.2.1 实验目的

学习 GPIO 作为输出的使用。

10.2.2 实验软硬件

1. 硬件资源

1）DS0（连接在 PB5）。
2）DS1（连接在 PE5）。

2. 软件资源

1）Keil MDK5。使用 µVision5 IDE 集成开发环境，是目前针对 ARM 处理器，尤其是 Cortex M 内核处理器的最佳开发工具，用它来编写代码。

2）FlyMcu。串口调试工具，该软件是 mcuisp 的升级版本，实验用其将代码编译到开发板中。

10.2.3 基础实验

1）在源码中找到 Template 工程，在该文件夹下面新建一个 HARDWARE 的文件夹，用来存储以后与硬件相关的代码，然后在 HARDWARE 文件夹下新建一个 LED 文件夹，用来存放与 LED 相关的代码，如图 10-13 所示。

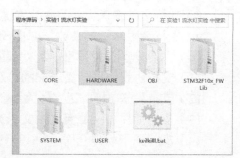

图 10-13　新建 HARDWARE 文件夹

2）打开 USER 文件夹下的 LED.uvprojx 工程（如果使用的是新建工程模板，可以将 Template.uvprojx 重命名为 LED.uvprojx），新建一个文件，然后保存在 HARDWARE–>LED 文件夹下面，命名为 led.c。在该文件中输入代码：

```
#include "led.h"
// 初始化 PB5 和 PE5 为输出口，并使能这两个口的时钟
//LED IO 初始化
void LED_Init（void）
```

```
{
GPIO_InitTypeDef GPIO_InitStructure;
RCC_APB2PeriphClockCmd（RCC_APB2Periph_GPIOB| RCC_APB2Periph_GPIOE,
ENABLE);                                          // 使能 PB，PE 端口时钟
GPIO_InitStructure.GPIO_Pin = GPIO_Pin_5;         //LED0-->PB.5 推挽输出
GPIO_InitStructure.GPIO_Mode = GPIO_Mode_Out_PP;  // 推挽输出
GPIO_InitStructure.GPIO_Speed = GPIO_Speed_50MHz;
GPIO_Init（GPIOB，&GPIO_InitStructure);
GPIO_SetBits（GPIOB，GPIO_Pin_5);                 //PB.5 输出高
GPIO_InitStructure.GPIO_Pin = GPIO_Pin_5;         //LED1-->PE.5 推挽输出
GPIO_Init（GPIOE，&GPIO_InitStructure);
GPIO_SetBits（GPIOE，GPIO_Pin_5);                 //PE.5 输出高
}
```

3）保存 led.c 代码，然后按同样的方法，新建一个 led.h 文件，也保存在 LED 文件夹下面。在 led.h 中输入代码：

```
#ifndef __LED_H
#define __LED_H
#include "sys.h"
//LED 端口定义
#define LED0 PBout（5）                           // DS0
#define LED1 PEout（5）                           // DS1
void LED_Init（void);                            // 初始化 #endif
```

4）在 Manage Project Items 对话框中新建一个 HARDWARE 组，并把 led.c 加入到这个组里，如图 10-14 所示。

5）单击 OK 按钮，回到工程，会发现在 Project Workspace 里面多了一个 HARDWARE 组，在该组下面有一个 led.c 的文件，如图 10-15 所示。

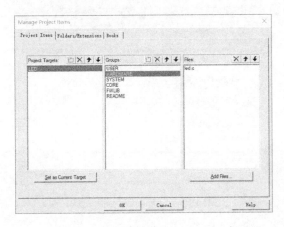

图 10-14　给工程新增 HARDWARE 组　　　　图 10-15　新增 HARDWARE 组在 Project 中的显示

6）将 led.h 头文件的路径加入到工程里面。回到主界面，在 main 函数里面编写代码：

```c
#include "led.h"
#include "delay.h"
#include "sys.h"
// 跑马灯实验
int main（void）
{
    delay_init();              // 延时函数初始化
    LED_Init();                // 初始化与 LED 连接的硬件接口
    while（1）
    {
        LED0=0;
        LED1=1;
        delay_ms（300）;        // 延时 300ms
        LED0=1;
        LED1=0;
        delay_ms（300）;        // 延时 300ms
    }
}
```

main() 函数非常简单，先调用 delay_init() 初始化延时，再调用 LED_Init() 初始化 GPIOB.5 和 GPIOE.5，作为输出；最后在死循环里面实现 LED0 和 LED1 交替闪烁，间隔为 300ms。

7）单击右上角的编译代码，得到图 10-16 所示的结果。

8）使用 FlyMcu 打开对应的 OBJ 文件夹下的 hex 文件，单击"开始编辑（P）"按钮，将代码烧写进开发板中，如图 10-17 所示。

```
Build Output
Program Size: Code=1564 RO-data=336 RW-data=32 ZI-data=1832
FromELF: creating hex file...
"..\OBJ\LED.axf" - 0 Error(s), 0 Warning(s).
Build Time Elapsed:  00:00:04
```

图 10-16　编译结果

图 10-17　烧写代码到开发板

10.2.4　验证测试

开发板上的两个 LED（DS0 和 DS1）交替闪烁。如图 10-18 所示。

图 10-18　执行显示结果

10.3　实验二：自动控制路灯

10.3.1　光敏电阻

光敏传感器是利用光敏元件将光信号转换为电信号的传感器，它的敏感波长在可见光波长附近，包括红外线波长和紫外线波长。光敏传感器不局限于对光的探测，还可以作为探测元件组成其他传感器。对许多非电量进行检测时，将这些非电量转换为光信号的变化即可。

10.3.2　实验目的

利用 ADC3 的通道 6（PF8）来读取光敏二极管电压的变化，从而得到环境光线的变化，并将得到的光线强度通过对 STM32 采集光敏电阻的编译来控制 LED 灯的闪烁；再通过 STM32 的分压值及串口数据显示。

10.3.3　实验软硬件

1. 硬件资源

1）DS0（连接在 PB5）。

2）串口 1（比特率为 115200b/s，PA9/PA10 连接在板载 USB 转串口芯片 CH340上面）。

3）ADC（STM32 内部 ADC3，通道 6，即 ADC3_CH6，连接在 PF8 上面）。

4）ALIENTEK 2.8/3.5/4.3/7 寸 TFTLCD 模块（通过 FSMC 驱动，FSMC_NE4 接LCD 片选 /A10 接 RS）。

5）光敏传感器（连接在 PF8）。

2. 软件资源

1）Keil MDK5。

2）FlyMcu。

10.3.4 基础实验

新建实验工程，同时将头文件 lsens.h 路径加入到头文件包含路径中。打开 lsens.c，代码如下：

```
// 初始化光敏传感器
void Lsens_Init（void）
{
GPIO_InitTypeDef GPIO_InitStructure;
// 使能 PORTF 时钟
RCC_APB2PeriphClockCmd（RCC_APB2Periph_GPIOF，ENABLE）; GPIO_
InitStructure.GPIO_Pin = GPIO_Pin_8;
            //PF8 anolog 输入 GPIO_InitStructure.GPIO_Mode = GPIO_Mode_AIN;
// 模拟输入引脚 GPIO_Init（GPIOF，&GPIO_InitStructure）;
Adc3_Init(); }
// 读取 Light Sens 的值
//0 ~ 100：0，最暗；100，最亮
u8 Lsens_Get_Val（void）
{
    u32 temp_val=0;
    u8 t;
    for（t=0; t<LSENS_READ_TIMES; t++）
    {
        temp_val+=Get_Adc3（LSENS_ADC_CHX）;    // 读取 ADC 值
        delay_ms（5）;
    }
    temp_val/=LSENS_READ_TIMES;                // 取得平均值
    if（temp_val>4000）temp_val=4000;
    return（u8）（100-（temp）val/40））;
}
```

这里的两个函数，Lsens_Init 用于初始化光敏传感器，其实就是初始化 PF8 为模拟输入，然后通过 Adc3_Init 函数初始化 ADC3；Lsens_Get_Val 函数用于获取当前光照强度，该函数通过 Get_Adc3 得到 ADC3_CH6 转换的电压值，经过简单量化，处理成 0 ~ 100 的光强值（0 对应最暗，100 对应最亮）。

最后，查看 main 函数内容：

```
int main（void）
{
    u8 adcx; delay_init();            // 延时函数初始化
```

```
// 设置中断优先级分组为组 2
NVIC_PriorityGroupConfig（NVIC_PriorityGroup_2）;
uart_init（115200）;               // 串口初始化为 115200
LED_Init();                        // 初始化与 LED 连接的硬件接口
LCD_Init();                        // 初始化 LCD
Lsens_Init();                      // 初始化光敏传感器
POINT_COLOR=RED;                   // 设置字体为红色
// 显示提示信息
LCD_ShowString（30，50，200，16，16，"ELITE STM32"）;
LCD_ShowString（30，70，200，16，16，"LSENS TEST"）;
LCD_ShowString（30，90，200，16，16，"ATOM@ALIENTEK"）;
LCD_ShowString（30，110，200，16，16，"2015/1/14"）; POINT_
COLOR=BLUE;
// 设置字体为蓝色
LCD_ShowString（30，130，200，16，16，"LSENS_VAL："）;
while（1）
{
    adcx=Lsens_Get_Val(); LCD_ShowxNum（30+10*8，130，adcx，3，16，0）;
    // 显示 ADC 的值 LED0=！LED0; delay_ms（250）;
}
}
```

此部分代码表示初始化各个外设之后，进入死循环，通过 Lsens_Get_Val 获取光敏传感器得到的光强值（0 ～ 100），并显示在 TFTLCD 上面。

10.3.5　验证测试

使用 Keil MDK5 打开 USER 中的 uvprojx 文件，查看代码并进行编译，发现无错误后，用 FlyMcu 打开相关实验的 OBJ 文件夹，找到对应的 hex 文件 Template.hex，进行相应设置后开始编译。在代码编译成功后，通过下载代码到 ALIENTEK 精英 STM32F103 上，可以看到 LCD 显示，如图 10-19 所示。伴随 DS0 的不停闪烁，提示程序在运行。通过给 LS1 不同的光照强度来观察 LSENS_VAL 值的变化，光照越强，该值越大，光照越弱，该值越小。

图 10-19　光敏传感器实验测试

10.4 实验三：Bluetooth 串口通信

10.4.1 ATK–HC05 蓝牙串口模块

ATK-HC05 蓝牙串口模块，是 ALIENTEK 生成的一款高性能主从一体蓝牙串口模块，可以同各种具有蓝牙功能的计算机、蓝牙主机、手机、PDA、PSP 等智能终端配对。该模块支持非常宽的波特率范围（4800 ～ 1382400），且模块兼容 5V 或 3.3V 单片机系统。

10.4.2 实验目的

学习 ATK–HC05 蓝牙串口模块的使用，实现蓝牙串口通信。

10.4.3 硬件连接

实验功能简介：开机检测 ATK–HC05 蓝牙串口模块是否存在，如果检测不成功，则报错。检测成功，显示模块的主从状态，并显示模块是否处于连接状态，DS0 闪烁，提示程序运行正常。按 KEY0 按键，可以开启 / 关闭自动发送数据（通过蓝牙模块发送）；按 KEY1 键可以切换模块的主从状态。蓝牙模块接收到的数据将直接显示在 LCD 上（仅支持 ASCII 字符显示）。同时，可以通过 USMART 对 ATK–HC05 蓝牙模块进行 AT 指令查询和设置。结合手机端蓝牙软件（蓝牙串口助手 v1.97.apk)，可以实现手机无线控制开发板（点亮和关闭 DS1）。

用到的硬件资源如下：

1）DS0、DS1（连接在 PB5、PE5）。

2）串口 1（比特率为 115200b/s，PA9 / PA10 连接在板载 CH340 上）。

3）串口 3（比特率为 9600b/s，PB10/PB11 接 ATK MODULE 接口）。

4）按键 KEY0（PE4 ）/ KEY1（PE3）。

5）ATK–BLE01 模块。

6）TFTLCD 模块（通过 FSMC 驱动，FSMC_NE4 接 LCD 片选 /A10 接 RS）。

ATK–HC05 蓝牙串口模块与 STM32F103 开发板的连接关系见表 10-1。

表 10-1 ATK–HC05 蓝牙串口模块与 STM32F103 开发板的连接关系

ATK–HC05 蓝牙串口模块	VCC	GND	GND	RXD	KEY	LED
STM32F103 开发板	5V	GND	PB11	PB10	PA4	PA15

10.4.4 基础实验

在 HARDWARE 文件夹里新建 USART3 和 HC05 两个文件夹，分别存放 usart3.c、usart3.h 和 hc05.c、hc05.h 等文件。在工程 HARDWARE 组里面添加 usart3.c 和 hc05.c 两个文件，在工程中添加 usart3.h 和 hc05.h 的头文件包含路径。

首先，编写 usart3.c 代码。

```
#include "sys.h"
#include "usart3.h"
#include "stdarg.h"
#include "stdio.h"
#include "string.h"
#include "timer.h"
// 串口接收缓存区
u8 USART3_RX_BUF［USART3_MAX_RECV_LEN］;
// 接收缓冲，最大 USART3_MAX_RECV_LEN 字节
u8 USART3_TX_BUF［USART3_MAX_SEND_LEN］;
// 发送缓冲，最大 USART3_MAX_SEND_LEN 字节
// 通过判断接收连续 2 个字符之间的时间差不大于 10ms 来决定是不是一次连续的
数据 .
// 如果 2 个字符接收间隔超过 10ms，则认为不是 1 次连续数据，也就是超过 10ms
没有
// 接收到任何数据，则表示此次接收完毕
// 接收到的数据状态
vu16 USART3_RX_STA=0;
void USART3_IRQHandler（void）
{
    u8 res;
    if（USART3->SR&（1<<5））                    // 接收到数据
    {
        res=USART3->DR;
        if（（USART3_RX_STA&（1<<15））==0）
        // 接收完的一批数据还没有被处理，则不再接收其他数据
        {
            if（USART3_RX_STA<USART3_MAX_RECV_LEN）
                                                // 还可以接收数据
            {
                TIM7->CNT=0;                    // 计数器清空
                if（USART3_RX_STA==0）          // 使能定时器 7 的中断
                {
                    TIM7->CR1|=1<<0;            // 使能定时器 7
                }
                USART3_RX_BUF［USART3_RX_STA++］=res;
                                                // 记录接收到的值
            }else
            {
```

```
                        USART3_RX_STA|=1<<15；              // 强制标记接收完成
                }
            }
        }
    }
// 初始化 IO 串口 3
//pclk1：PCLK1 时钟频率（Mhz）
//bound：比特率
void usart3_init（u32 pclk1，u32 bound）
{
    RCC->APB2ENR|=1<<3；                    // 使能 PORTB 口时钟
    GPIOB->CRH&=0XFFFF00FF；                 //IO 状态设置
    GPIOB->CRH|=0X00008B00；                 //IO 状态设置
    RCC->APB1ENR|=1<<18；                    // 使能串口时钟
    RCC->APB1RSTR|=1<<18；                   // 复位串口 3
    RCC->APB1RSTR&=~（1<<18）；              // 停止复位
    // 比特率设置
    USART3->BRR=（pclk1*1000000）/（bound）；    // 比特率设置
    USART3->CR1|=0X200C；                     //1 位停止，无校验位 .
    // 使能接收中断
    USART3->CR1|=1<<5；                        // 接收缓冲区非空中断使能
    MY_NVIC_Init（0，1，USART3_IRQn，2）；
    TIM7_Int_Init（99，7199）；
    TIM7->CR1&=~（1<<0）；                    // 关闭定时器 7
    USART3_RX_STA=0；                         // 清零
}
// 串口 3，printf 函数
// 确保一次发送数据不超过 USART3_MAX_SEND_LEN 字节
void u3_printf（char* fmt，...）
{
    u16 i，j；
    va_list ap；
    va_start（ap，fmt）；
    vsprintf（（char*）USART3_TX_BUF，fmt，ap）；
    va_end（ap）；
    i=strlen（（const char*）USART3_TX_BUF）；
    for（j=0；j<i；j++）
    {
        while（（USART3->SR&0X40）==0）；
```

```
        USART3->DR=USART3_TX_BUF [ j ];
    }
}
```

这部分代码主要实现了串口 3 的初始化、串口 3 的 printf 函数（u3_printf），以及串口 3 的接收处理。串口 3 的数据接收，采用定时判断的方法，对于一次连续接收的数据，如果出现连续 10ms 没有接收到任何数据，则表示这次连续接收数据已经结束。

再编写 hc05.c 中的代码。

```
#include "delay.h"
#include "usart.h"
#include "usart3.h"
#include "hc05.h"
#include "led.h"
#include "string.h"
#include "math.h"
// 初始化 ATK-HC05 模块
// 返回值：0，成功；1，失败
u8 HC05_Init（void）
    {
    u8 retry=10, t;
    u8 temp=1;
    RCC->APB2ENR|=1<<2;                     // 使能 PORTA 时钟
    GPIOA->CRL&=0XFFF0FFFF;                 //PA4 设置成推挽输出
    GPIOA->CRL|=0X00030000;
    GPIOA->CRH&=0X0FFFFFFF;                 //PA15 设置成上拉输入
    GPIOA->CRH|=0X80000000;
    JTAG_Set（SWD_ENABLE）;
    // 禁止 JTAG，从而 PA15 可做普通 IO 使用，否则 PA15 不能做普通 IO
    HC05_KEY=1;
    HC05_LED=1;
    usart3_init（36，9600）;              // 初始化串口 3 为：9600b/s（比特率）
    while（retry--）
    {
        HC05_KEY=1;                      //KEY 置高，进入 AT 模式
        delay_ms（10）;
        u3_printf（"AT\r\n"）;           // 发送 AT 测试指令
        HC05_KEY=0;                      //KEY 拉低，退出 AT 模式
        for（t=0; t<10; t++）
```

```
        {
            if（USART3_RX_STA&0X8000）break;
            delay_ms（5）;
        }
        if（USART3_RX_STA&0X8000）
        {
            temp=USART3_RX_STA&0X7FFF;
            USART3_RX_STA=0;
            if（temp==4&&USART3_RX_BUF［0］=='O'&&USART3_RX_BUF［1］
            =='K'）
            {
                temp=0;
                break;
            }
        }
    }
    if（retry==0）temp=1;                        // 检测失败
    return temp;
}
// 获取 ATK-HC05 模块的角色
// 返回值：0，从机；1，主机；0XFF，获取失败
u8 HC05_Get_Role（void）
{
    u8 retry=0X0F;
    u8 temp, t;
    while（retry--）
    {
        HC05_KEY=1;                        //KEY 置高，进入 AT 模式
        delay_ms（10）;
        u3_printf（"AT+ROLE？ \r\n"）;        // 查询角色
        for（t=0; t<20; t++）
        {
            delay_ms（10）;
            if（USART3_RX_STA&0X8000）break;
        }
        HC05_KEY=0;                        //KEY 拉低，退出 AT 模式
        if（USART3_RX_STA&0X8000）
        {
            temp=USART3_RX_STA&0X7FFF;
```

```
                USART3_RX_STA=0；
                if（temp==13&&USART3_RX_BUF［0］=='+'）
                {
                    temp=USART3_RX_BUF［6］-'0'；
                    break；
                }
            }
        }
        if（retry==0）temp=0XFF；                        //查询失败
        return temp；
}
//ATK-HC05 设置命令
// 此函数用于设置 ATK-HC05，适用于仅返回 OK 应答的 AT 指令
//atstr：AT 指令串。如"AT+RESET"/"AT+UART=9600，0，0"/"AT+ROLE=0"
等字符串
// 返回值：0，设置成功；其他，设置失败
u8 HC05_Set_Cmd（u8* atstr）
    {
        u8 retry=0X0F；
        u8 temp，t；
        while（retry--）
        {
            HC05_KEY=1；                            //KEY 置高，进入 AT 模式
            delay_ms（10）；
            u3_printf（"%s\r\n"，atstr）；            // 发送 AT 字符串
            HC05_KEY=0；                            //KEY 拉低，退出 AT 模式
            for（t=0；t<20；t++）
            {
                if（USART3_RX_STA&0X8000）break；
                delay_ms（5）；
            }
            if（USART3_RX_STA&0X8000）
            {
                temp=USART3_RX_STA&0X7FFF；
                USART3_RX_STA=0；
                if（temp==4&&USART3_RX_BUF［0］=='O'）
                {
                    temp=0；
                    break；
```

```
                    }
                }
            }
            if（retry==0）temp=0XFF;              //查询失败
            return temp;
    }
    //通过该函数，利用 USMART 调试接在串口 3 上的 ATK-HC05 模块
    void HC05_CFG_CMD（u8 *str）
    {
        u8 temp;
        u8 t;
        HC05_KEY=1;                            //KEY 置高，进入 AT 模式
        delay_ms（10）;
        u3_printf（"%s\r\n"，（char*）str）;
        for（t=0；t<50；t++）
        {
            if（USART3_RX_STA&0X8000）break;
            delay_ms（10）;
        }
        HC05_KEY=0;                            //KEY 拉低，退出 AT 模式
        if（USART3_RX_STA&0X8000）
        {
            temp=USART3_RX_STA&0X7FFF;
            USART3_RX_STA=0;
            USART3_RX_BUF［temp］=0;             //加结束符
            printf（"\r\n%s"，USART3_RX_BUF）;   // 发送回应数据到串口 1
        }
    }
```

此部分代码有 4 个函数：

1）HC05_Init 函数，用于初始化与 ATK-HC05 连接的 I/O 接口，并通过 AT 指令检测 ATK-HC05 蓝牙串口模块是否已经连接。

2）HC05_Get_Role 函数，用于获取 ATK-HC05 蓝牙串口模块的主从状态，这里利用 AT+ROLE？指令获取模块的主从状态。

3）HC05_Set_Cmd 函数，是一个 ATK-HC05 蓝牙串口模块的通用设置指令，通过调用该函数，可以方便地修改 ATK-HC05 蓝牙串口模块的各种设置。

4）HC05_CFG_CMD 函数，专为 USMART 调试组件提供，用于 USMART 测试 ATK-HC05 蓝牙串口模块的 AT 指令，在不需要 USMART 调试时，该函数可以去掉。

10.4.5　验证测试

1. 两个 ATK–HC05 蓝牙串口模块的对接通信

代码编译成功之后，下载代码到 STM32 开发板上（假设 ATK–HC05 蓝牙串口模块已经连接上开发板），LCD 显示图 10-20 所示界面。

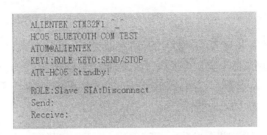

图 10-20　初始界面

可以看出，此时模块的状态是从机（Slave）、未连接（Disconnect）。发送和接收区都没有数据；同时，蓝牙模块的 STA 指示灯快闪（1 秒闪 2 次），表示模块进入可配对状态，目前尚未连接。

实验将演示两个 ATK–HC05 蓝牙串口模块的对接。首先来看两个 ATK–HC05 蓝牙串口模块的对接。两个 ATK–HC05 蓝牙串口模块的对接非常简单，将其中一个模块用 USB 转 TTL 串口模块（建议选择 ATK–USB–UART USB 转 TTL 串口模块）连接，从而连接计算机的串口，如图 10-21 所示。

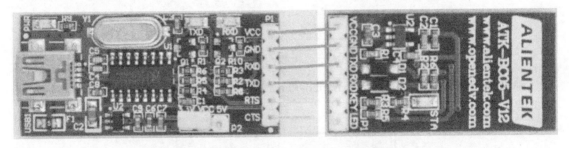

图 10-21　ATK–USB 转 TTL 串口模块连接 ATK–HC05 蓝牙模块

从图 10-21 可以看出，只需要用 4 根杜邦线，按图 10-21 所示的连接方式，将蓝牙串口模块和 ATK–USB–UART 模块连接起来，可实现蓝牙串口模块连接 TTL 串口，然后将 ATK–USB–UART 串口模块连接计算机，即可完成蓝牙串口模块和计算机的连接。

另外一个 ATK–HC05 蓝牙串口模块则直接插在开发板的 ATK MODULE 上即可。因为 ATK–HC05 蓝牙串口模块出厂默认都是从机状态的，所以只需要将连接在开发板上的 ATK–HC05 蓝牙串口模块上电，然后按一下开发板的 KEY1 按键，将连接开发板的 ATK–HC05 蓝牙串口模块设置为主机（Master），稍等片刻后，两个 ATK–HC05 蓝牙串口模块就会自动连接成功，同时 LCD 状态为 Connected，如图 10-22 所示。

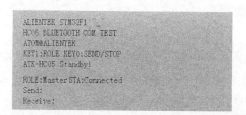

图 10-22　两个 ATK–HC05 蓝牙串口模块自动连接成功

　　此时可以看到，两个蓝牙串口模块的 STA 指示灯都是双闪（一次闪 2 下，2 秒闪一次），表示连接成功。连接在 USB 转 TTL 串口模块上面的蓝牙从机模块，可以通过串口调试助手，向开发板发送数据，也可以收到来自开发板的数据（开发板按 KEY0，开启 /关闭自动发送数据），如图 10-23 所示。

图 10-23　ATK–HC05 蓝牙串口模块从机发送和接收数据

　　单击串口调试助手的"发送"按钮，可以在开发板的液晶上看到来自蓝牙从机发过来的数据，如图 10-24 所示。

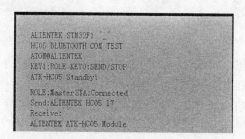

图 10-24　接收到来自从机的数据

2. ATK–HC05 蓝牙串口模块同手机的连接通信

　　先设置蓝牙串口模块为从机（Slave）角色，以便和手机连接；然后在手机上安装蓝牙串口助手 v1.97.apk；安装完后，打开该软件，进入搜索蓝牙设备界面，如图 10-25 所示。

　　从图 10-25 可以看出，手机已经搜索到模块 ATK–HC05 了，单击该设备，即进入选择操作模式，如图 10-26 所示。

图 10-25 搜索蓝牙设备

图 10-26 选择操作模式

这里选择"键盘模式",然后输入密码(仅第一次连接需要设置),完成配对,如图 10-27 所示。

可以看出,键盘模式界面共有 9 个按钮可以用来设置。单击手机的 menu 按钮,可以对按钮进行设置,这里设置前两个按钮,如图 10-28 所示。

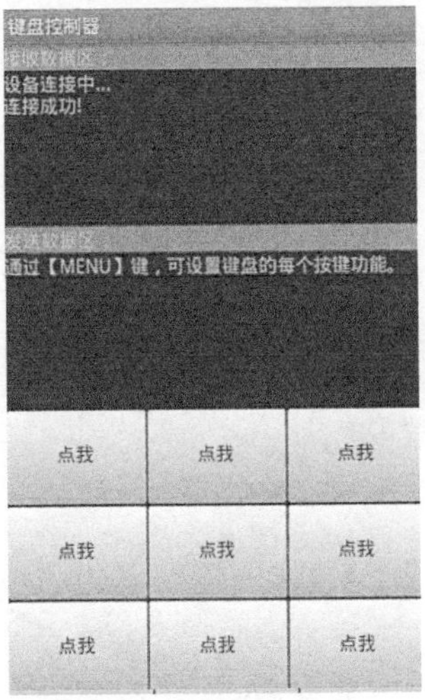

图 10-27 键盘模式连接成功

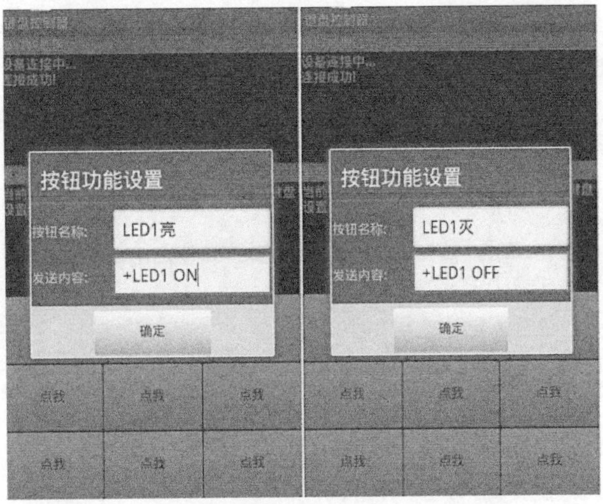

图 10-28 设置两个按钮名字和发送内容

在 main 函数里,通过判断是否接收"+LED1 ON"或"+LED1 OFF"字符串来决定 LED1(DS1)的亮灭。设置两个按钮的发送内容分别设置为"+LED1 ON"和"+LED1 OFF",可以实现对 LED1 的亮灭控制。设置完成后,可通过手机控制开发板 LED1 的亮灭,还可以接收来自开发板的数据,如图 10-29 所示。

图 10-29　手机控制开发板

通过单击"LED1 亮"和"LED1 灭"这两个按钮，实现对开发板 LED1（DS1）的亮灭控制。